新的全球寒武-奥陶系界线标准辅助层型——

中国北方大阳岔小洋桥剖面

THE NEW GLOBAL STANDARD AUXILIARY BOUNDARY STRATOTYPE (SABS)
FOR THE CAMBRIAN-ORDOVICIAN BOUNDARY——
THE XIAOYANGQIAO SECTION，DAYANGCHA，NORTH CHINA

汪啸风 Svend Stouge 王传尚 Jörg Maletz
阎春波 Gabriella Bagnoli 祁玉平 Elena G. Raevskaya ◎著

长江出版传媒 湖北科学技术出版社

图书在版编目（CIP）数据

新的全球寒武－奥陶系界线标准辅助层型：中国北方大阳岔小洋桥剖面 / 汪啸风等著 .—武汉：湖北科学技术出版社，2024.2

ISBN 978-7-5706-1758-6

Ⅰ. ①新… Ⅱ. ①汪… Ⅲ. ①古生代－地层界限 Ⅳ. ① P534.4

中国版本图书馆 CIP 数据核字（2021）第 274389 号

新的全球寒武－奥陶系界线标准辅助层型：中国北方大阳岔小洋桥剖面

XINDE QUANQIU HANWU-AOTAOXI JIEXIAN BIAOZHUN FUZHU CENGXING

ZHONGGUO BEIFANG DAYANGCHA XIAOYANGQIAO POUMIAN

策　　划：宋志阳　谭学军　邓子林　　　　责任校对：陈横宇

责任编辑：宋志阳　余　洋　胡晓波　　　　封面设计：胡　博

出版发行：湖北科学技术出版社

地　　址：武汉市雄楚大街 268 号（湖北出版文化城 B 座 13—14 层）

电　　话：027-87679468　　　　邮　　编：430070

印　　刷：湖北新华印务有限公司　　　　邮　　编：430035

889×1194　1/16　　　　15 印张　350 千字

2024 年 2 月第 1 版　　　　2024 年 2 月第 1 次印刷

审图号：GS（2024）0383 号　　　　定　　价：220.00 元

前　　言

对中国北方大阳岔小洋桥剖面高分辨率生物、层序、化学和磁性地层及其与加拿大纽芬兰绿岬全球寒武-奥陶系界线层型剖面和点位(GSSP)(即绿岬“金钉子”剖面)以及美国犹他州劳森湾辅助层型剖面和点位(ASSP)的精确对比研究,指出绿岬“金钉子”剖面(GSSP)存在明显的缺陷,已建立的劳森湾辅助层型剖面亦未能解决全球不同大陆和相区间寒武-奥陶系界线精确划分和对比问题。新的全球辅助层型剖面[(ASSP;根据修订的国际地层规范第7款,又被认定为标准界线辅助层型(SABS)]——中国北方大阳岔小洋桥剖面,地处连接浅水碳酸盐台地(如劳森湾ASSP)与深水下陆棚-斜坡相(如绿岬GSSP)以及深水下斜坡-盆地相沉积(如中国湖南瓦尔岗剖面)之间的关键性外陆棚-棚缘斜坡的古地理位置,不但弥补上述GSSP和ASSP的缺陷,而且可以展示出界线划分的生物、层序、化学和磁性地层标志。

(1)小洋桥剖面所定义奥陶系底界之上立即出现世界上最早的浮游笔石 *Rhabdinopora proparabola*。

(2)牙形石 *Cordylodus lindstromi* 首现(FAD)层位略高于产最早浮游笔石 *Rhabdinopora proparabola* 的层位。

(3)当前所定义的寒武-奥陶系界线位于两次全球海平面升降事件,即全球巴萨尔之家低位(Basal House Lowstand)事件和弓头虫低位(*Acerocare* Lowstand)事件之间。

(4)奥陶纪最早和最大的碳同位素($\delta^{13}C$)正波峰发生在 *Rhabdinopora parabola* 浮游笔石带的底部。

(5)全球标准寒武-奥陶系界线层位于小洋桥和绿岬这两个剖面所记录的明显碳同位素($\delta^{13}C$)和稀土元素负异常或偏移之上。

(6)牙形石 *Cordylodus intermedius* 带内存在的、称之为简单多刺牙形石峰(*Hirsutodontus simplex* spike,HSS)的显著的碳同位素正偏和牙形石 *Cordylodus intermedius* 带内的稀土元素(REE)异常,均直接位于这两个剖面寒武-奥陶系界线之下。

(7)绿岬 GSSP 剖面所定义的界线层应对应于小洋桥剖面 *Cordylodus intermedius* 带中上部,距剖面下部标志性的叠层石灰岩(即所设定的 0 m 层位)之上 19.9 m,位于含最早浮游笔石 *Rhabdinopora proparabola* 层位之下约 1m,牙形石 *Cordylodus lindstromi* 带底部之下 1.5m,界线处于弓头虫低位(*Acerocare* Lowstand)之中,并伴有特征的碳同位素负漂和稀土元素地球化学异常佐证。据此,国际奥陶系分会 2019 年 5 月通过表决,批准中国北方小洋桥剖面为新的全球奥陶系底界辅助层型剖面和点位[ASSP;即奥陶系底界标准辅助界线层型(SABS)],从而为准确定义全球寒武-奥陶系界线以及浅水壳相和深水笔石相寒武-奥陶系界线的精确划分和对比提供了依据。

衷心感谢科学技术部和中国地质调查局基础研究项目(2015FY310100-7、DD20160120-04)对该项研究的共同资助,感谢全国地层委员会和中国地质调查局武汉地质调查中心的大力支持,感谢自然资源部中南矿产资源检测中心(同位素地球化学研究中心)对所采岩石和微体古生物化石样品的分析测试,感谢丹麦哥本哈根嘉士伯(Carlsberg)基金会为 Svend Stouge 教授中国之行所提供的基金资助。还要感谢国家出版基金对本书的资助,感谢湖北科学技术出版社以及王保忠博士在本书出版过程中所做的工作。吉林省白山市江源区政府和大阳岔村在野外工作期间所给予的支持和帮助在此一并致谢。

著　者

2022 年 12 月

作者简介

汪啸风 中国地质调查局武汉地质调查中心教授、博士生导师。曾任国土资源部宜昌地质矿产研究所所长，中国古生物学会副理事长，国际奥陶系分会选举委员，德国学术交流中心（DAAD）访问学者，《地质学报》、*Gondwana Research* 等多种地学刊物编委。长期从事地层与古生物学，特别是奥陶系、志留系和笔石、几丁虫等多门类化石研究。1992 年获国务院特殊津贴，2007 年牵头创立宜昌黄花场全球中奥陶统暨大坪阶“金钉子”（GSSP），2011 年获“李四光地质科学奖”，2018 年被中国古生物化石保护基金会评为全国 10 位“非凡贡献人物”之一，2019 年在中国北方小洋桥建立了全球寒武-奥陶系界线标准辅助层型（SABS）。

Svend Stouge 丹麦高级研究员，博士，丹麦国家地质博物馆、自然历史博物馆微体化石馆馆长。曾任国际地科联 *Lethaia*、*Episodes*、*Stratigraphy & Paleontology* 杂志主编、责任编辑。著名地层与古生物学家、牙形石专家。宜昌黄花场全球中奥陶统暨大坪阶“金钉子”（GSSP）和中国北方小洋桥全球寒武–奥陶系界线标准辅助层型（SABS）主要创建者之一。长期从事挪威和瑞典斯堪的纳维亚、中国、加拿大纽芬兰等地寒武纪—志留纪地层和生物地层及牙形石系统分类学研究，以及格陵兰新元古代冰川沉积研究。

王传尚 中国地质调查局武汉地质调查中心地层古生物研究室教授。一直从事早古生代笔石和地层学研究，近 20 年来同时进行页岩气的调查与研究，重点研究中国南方黑色页岩、页岩气以及奥陶系与志留系过渡期间笔石的分带与对比。系宜昌黄花场全球中奥陶统暨大坪阶“金钉子”（GSSP）和中国北方小洋桥全球寒武-奥陶系界线标准辅助层型（SABS）主要贡献者之一。

Jörg Maletz 德国柏林自由大学古生物学家，世界著名笔石学家。长期从事羽鳃类（Pterobranchia）（笔石及其近缘类型）以及古生代放射虫研究，特别是古生代笔石系统分类和生物地层应用研究。已发表数百篇相关论著，近年来出版的具有教科书意义并在国际上产生影响的专著包括：《笔石古生物学》《无脊椎古生物专论——半索动物（含肠鳃类和羽鳃类）》，此外还从事中国、挪威和瑞典斯堪的纳维亚、加拿大纽芬兰等地奥陶系和志留系划分与对比的研究。

阎春波 中国地质调查局武汉地质调查中心高级工程师，主要从事牙形石生物地层学研究。目前主要研究内容包括华北寒武-奥陶系界线和二叠-三叠系过渡时期牙形石生物地层学以及早三叠世南漳-远安动物群沉积环境等。系中国北方小洋桥全球寒武-奥陶系界线标准辅助层型（SABS）主要贡献者之一。

祁玉平 中国科学院南京地质古生物研究所研究员，主要从事石炭系和寒武系牙形石、生物地层学、古生物地理学和全球对比研究。2008—2020年担任国际地层委员会石炭系地层分会选举委员。现为石炭系维宪阶与谢尔普霍夫阶、巴什基尔阶与莫斯科阶、莫斯科阶与卡西莫夫阶、卡西莫夫阶与格舍尔阶界线国际工作组成员。近20年来聚焦于石炭系牙形石及全球界线层型研究。

Elena G. Raevskaya 早古生代孢粉学专家，主要从事疑源类分类、生物地层和古生物地理研究，同时研究前寒武纪有机壳微体化石及其多样性和演化。俄罗斯古生代和中生代含油气盆地孢粉、微古生物、地层和区域地质领域地层部主任，圣彼得堡俄罗斯地质总公司副总裁和俄罗斯古生物学会副理事长。主要研究波罗的海、西西伯利亚和北极高纬度区等地奥陶纪疑源类。

目　　录

第 1 章
绪　论

1.1　研究背景

20 世纪 80 年代以来，在国际地层委员会（International Commission on Stratigraphy，ICS）所倡导多重地层划分理论及所修订的建立全球年代地层单位界线层型剖面和点位（Global Boundary Stratotype Section and Points，GSSP，即通常所称的“金钉子”）原理、准则和程序（Cowie et al.，1986；Salvador，1994；Remane et al.，1996）的指导和框架下，加上各个地层分会和全球有关专家的努力，从根本上改变了传统的以岩石地层单位为基础建立地质时间表的理论和方法，修订和建立了以年代地层单位（系、统和阶）之间界线层型和层型点为划分依据的国际通用的年代地层或地质年代表（表 1-1）。截至 2022 年 10 月，在全球拟建的 116 个界线层型剖面和点位（或时代）（“金钉子”）中已建立了 87 个，其中包括成冰纪至太古代的 13 个被称之为全球标准地层时代（Global Strandard Stratigraphic Ages，GSSA）的“金钉子”（表 1-1）；尽管目前还有一些系、统和阶之间的界线研究仍在进行中，但随着研究的深入和实践的检验，不仅传统的，其中也包括某些早期建立的“金钉子”剖面（GSSP）也暴露出一些需要修正、甚至重新选择的问题。包括 1985 年所建立的志留系年代地层系统中许多统和阶“金钉子”和 1992 年批准的以遗迹化石为划分标志的显生宙底界，即寒武系与前寒武系界线（Brasier et al.，1994），以及 2001 年批准的奥陶系底界，即奥陶-寒武系界线的“金钉子”（Cooper et al.，2001；Terfelt et al.，2012；Azmy et al.，

2014)等。就拿全球志留系年代地层系统来讲,1984 年莫斯科第二十七届国际地质大会上所通过、1985 年经国际地层委员会批准实施的全球志留系分统建阶的标准(Cocks,1985;Holland,1985),由于受传统观念和地域政治的影响,所建立的 8 个志留系“金钉子”剖面(GSSP)中的 6 个,都选择在传统志留系剖面所分布的威尔士和威尔士边境地带(Holland,1985;Holland et al.,1989),他们基本上都存在严重的缺陷或问题,完全不符合建立全球年代地层准则和条件(Salvador,1994;Remane et al.,1996),甚至有的剖面在所指定连续界线上下缺少界线的生物标志。为了保持全球志留纪划分对比的稳定,Holland 等(2003)曾建议,尽可能保持全球志留系两统四分的时代划分框架,但国际志留系分会和绝大多数志留系研究者,包括英国地质调查局(Davies et al.,2012),通过调查后都倾向于,与其维持一个不符合要求的“金钉子”,还不如对其进行修正或重新选择,这样才能真正实现全球志留系相关界线划分与对比的稳定和正确(Melchin,et al.,2004);故此,国际志留系分会早在 10 多年前就组织了专门工作组,在对原来所确定的苏格兰 Dob's Linn 全球志留纪底部的“金钉子”剖面的界线生物标志进行重新厘定的基础上,又组织若干个工作组,在摈弃原来指定的埃隆阶(Aeronian Stage)和特列奇阶(Telychian Stage)底界以及特列奇阶(Telychian Stage)/温洛克统(Wenlock Series)之间界线层型以及位于其上的申伍德阶(Sheinwoodian Stage)底界的界线层型的基础上,进行了新一轮的研究和选择(图1-1)。

实际上,在国际地层指南(Salvador,1994)和嗣后修订的建立全球年代地层单位准则(Remane et al.,1996)一文中,对如何建立全球标准年代地层都有明确要求,这些要求将在本书第 2 章中叙述。关键是每一个标准年代地层单位全球只能有一个 GSSP,该界线的层型剖面应该尽可能展示出易于识别和对比的标志性事件;一个 GSSP 或 GSSA 通过后来研究发现,如果非常有必要则可以更改,如某些特定年代地层单位界线最初给出的定义不够准确,或者某 GSSP 在建立后被永久毁坏或无法访问,或者后来发现其违反公认的地层原则,则可以通过指定辅助层型剖面和点位(Auxiliary Boundary Stratigraphic Section and Point,ASSP)的方式进行修订,以便在另一个相区或古生物地理环境下更好地阐明和识别该界线。此类辅助层型剖面和点位(ASSP)亦从属于“金钉子”(GSSP),但这种修改必须在这个 GSSP 建立后至少保持 10 年以上的稳定期(Cowie et al.,1986;Remane et al.,1996)。此外,建立此类辅助层型剖面(ASSP)不需要获得国际地层委员会的批准,但需要获得相关地层分会委员会的批准。需要补充说明的是,按照 2022 年国际地层委员会批准的新规范第 7 条说明:任何辅助层型点或辅助层型剖面已获得各自的分会委员会批准,以支持 GSSP 将被称为标准辅助界线层型 (SABS,Standard Auxiliary Boundary Stratotype)(Martin et al.,2022a,b)。

在科学技术部基础研究项目和中国地质调查局以及全国地层委员会支持下,由我方牵头,联合丹麦、德国、意大利以及俄罗斯等 5 个国家奥陶系专家组成的中欧研究团队,针对国际地质科学联合会(International Union of Geological Sciences,IUGS)和国际地层委员会 2000 年批准的加拿大绿岬全球寒武系与奥陶系“金钉子”剖面所暴露的问题(Terfelt et al.,2012;Albanesi et al.,2015),在过去 30 多年研究积累基础上，对我国吉林省白山市（原浑江市）大阳岔小洋桥及相邻剖面进行了为期4年的高精度岩石、生物、层序、事件和化学地层及其与加拿大绿岬“金钉子”剖面的综合对比研究。本书详细介绍该研究团队对小洋桥剖面所进行多学科的高精度生物（笔石、三叶虫、牙形石和疑源类）、稳定同位素（$\delta^{13}C$、$\delta^{18}O$），层序地层和海平面变化的综合研究所取得的新成果及其与加拿大的绿岬（Green Point）全球标准层型剖面（GSSP）和美国犹他州劳森湾（Lawson Cove）辅助层型剖面（ASSP）以及中国南方湖南桃源瓦尔岗剖面等进行的精确对比。说明中国小洋桥剖面寒武-奥陶系界线层中保存和记录了当前世界上已知最为完整的牙形石、笔石、疑源类和三叶虫序列以及碳同位素（$\delta^{13}C$）、层序、海平面升降事件和磁性地层等方面相关数据和重要的事件标志，完全具备了成为全球寒武-奥陶系界线层型剖面（GSSP）或辅助界线层型剖面（ASSP）的条件，并且可以成为全球广为分布、又相互分离的寒武-奥陶系界线剖面划分对比的纽带和标志，以弥补10多年前所定义的绿岬“金钉子”及劳森湾辅助“金钉子”剖面所定义的全球寒武-奥陶系界线的缺陷和问题。按要求和程序，该项研究成果在国际刊物《元古世界》（*Palaeoworld*）发表的同时，还据此向国际奥陶系分会提出关于“建立新的全球寒武-奥陶系界线辅助层型剖面”的正式建议（见附件1）。在建议中明确指出加拿大绿岬“金钉子”剖面存在问题，在修订并阐明绿岬剖面寒武-奥陶系界线划分对比标志及其界线定义的同时，还指出已批准建立的美国劳森湾寒武-奥陶系界线辅助层型剖面存在的问题；指出该辅助层型剖面并未解决全球不同大陆和相区间寒武-奥陶系界线精确划分和对比问题；指出所建议的新的全球辅助层型剖面（ASSP）——中国北方小洋桥剖面，由于地处连接浅水碳酸盐台地（如劳森湾ASSP）与深水下斜坡（如绿岬GSSP）以及深水下斜坡-盆地相沉积（如中国湖南瓦尔岗剖面）之间的关键性外陆棚-棚缘斜坡的古地理位置，不但可以弥补上述绿岬GSSP和劳森湾ASSP的自然地理缺陷，而且说明中国北方小洋桥剖面特有的古地理位置和丰富多样的各门类化石，以及通过高精度、厘米级采样研究和测试所获得的层序、事件、化学和物理数据和记录，不但可以弥补上述GSSP和ASSP的缺陷，而且为全球寒武-奥陶系界线划分和对比展示出相关的生物、层序、化学和磁性地层标志，说明和证实所指定的全球寒武-奥陶系界线应对应在中国小洋桥剖面距剖面标志性底界之上19.9m处，位于牙形石 *Cordylodus intemedius* 带中上部，处于该剖面所发现的世界最早浮游笔石 *Rhabdinopora proparabola* 层位之下1m，牙形石 *Cordylodus lindstromi* 带底部之下1.5m；界线位于显著的碳同位素（$\delta^{13}C$）负偏和稀土元素（rare earth element，REE）异常之上；处于巴萨尔之家低位（Basal House Lowstand）事件和弓头虫低位（Acerocare Lowstand）事件之间的海侵域中，同时伴有特征的碳同位素负漂移和稀土元素地球化学和磁性异常佐证，从而为全球，不论浅水还是深水，包括不含这些化石的地区，提供了精确划分和对比寒武-奥陶系界线的依据和划分与对比的新标准，其意义不亚于全球标准年代地层研究中奥运金牌的新纪录，是新时期我国为全球开创性树立的一个后“金钉子”时代全球年代地层界线研究的新标志。

表1-1　国际年代地质表（引自国际地层委员会，2022年10月）

宇(宙)	界(代)	系(纪)	统(世)	阶(期)	GSSP	年龄值(Ma)
显生宇	新生界	第四系	全新统	上/晚 梅加拉亚阶	✓	现今–0.0042
				中 诺斯格瑞比阶	✓	0.0082
				下/早 格陵兰阶	✓	0.0117
			更新统	上/晚 *上阶*		0.129
				中 千叶阶	✓	0.774
				下/早 卡拉布里雅阶	✓	1.80
				下/早 杰拉阶	✓	2.58
		新近系	上新统	上/晚 皮亚琴察阶	✓	3.600
				下/早 赞克勒阶	✓	5.333
			中新统	上/晚 墨西拿阶	✓	7.246
				上/晚 托尔托纳阶	✓	11.63
				中 塞拉瓦莱阶	✓	13.82
				中 兰盖阶		15.97
				下/早 波尔多阶		20.44
				下/早 阿基坦阶	✓	23.03
		古近系	渐新统	夏特阶	✓	27.82
				吕珀尔阶	✓	33.9
			始新统	普利亚本阶	✓	37.71
				巴顿阶		41.2
				卢泰特阶	✓	47.8
				伊普里斯阶	✓	56.0
			古新统	坦尼特阶	✓	59.2
				塞兰特阶	✓	61.6
				丹麦阶	✓	66.0
	中生界	白垩系	上白垩统	马斯特里赫特阶	✓	72.1 ±0.2
				坎潘阶	✓	83.6 ±0.2
				圣通阶	✓	86.3 ±0.5
				康尼亚克阶	✓	89.8 ±0.3
				土伦阶	✓	93.9
				塞诺曼阶	✓	100.5
			下白垩统	阿尔布阶	✓	~ 113.0
				阿普特阶		~ 121.4
				巴雷姆阶		~ 129.4
				欧特里夫阶	✓	~ 132.6
				瓦兰今阶		~ 139.8
				贝里阿斯阶		~ 145.0
		侏罗系	上侏罗统	提塘阶		149.2 ±0.7
				钦莫利阶	✓	154.8 ±0.8
				牛津阶		161.5 ±1.0
			中侏罗统	卡洛夫阶		165.3 ±1.1
				巴通阶	✓	168.2 ±1.2
				巴柔阶	✓	170.9 ±0.8
				阿林阶	✓	174.7 ±0.8
			下侏罗统	托阿尔阶	✓	184.2 ±0.3
				普林斯巴阶	✓	192.9 ±0.3
				辛涅缪尔阶	✓	199.5 ±0.3
				赫塘阶	✓	201.4 ±0.2
		三叠系	上三叠统	瑞替阶		~ 208.5
				诺利阶		~ 227
				卡尼阶	✓	~ 237
			中三叠统	拉丁阶	✓	~ 242
				安尼阶		247.2
			下三叠统	奥伦尼克阶		251.2
				印度阶	✓	251.902 ±0.024
	古生界	二叠系	乐平统	长兴阶	✓	254.14 ±0.07
				吴家坪阶	✓	259.51 ±0.21
			瓜德鲁普统	卡匹敦阶	✓	264.28 ±0.16
				沃德阶	✓	266.9 ±0.4
				罗德阶	✓	273.01 ±0.14
			乌拉尔统	空谷阶		283.5 ±0.6
				亚丁斯克阶	✓	290.1 ±0.26
				萨克马尔阶	✓	293.52 ±0.17
				阿瑟尔阶	✓	298.9 ±0.15
		石炭系 宾夕法尼亚亚系	上	格舍尔阶		303.7 ±0.1
				卡西莫夫阶		307.0 ±0.1
			中	莫斯科阶		315.2 ±0.2
			下	巴什基尔阶	✓	323.2 ±0.4
		石炭系 密西西比亚系	上	谢尔普霍夫阶		330.9 ±0.2
			中	维宪阶	✓	346.7 ±0.4
			下	杜内阶	✓	358.9 ±0.4
		泥盆系	上泥盆统	法门阶	✓	372.2 ±1.6
				弗拉阶	✓	382.7 ±1.6
			中泥盆统	吉维特阶	✓	387.7 ±0.8
				艾菲尔阶	✓	393.3 ±1.2
			下泥盆统	埃姆斯阶	✓	407.6 ±2.6
				布拉格阶	✓	410.8 ±2.8
				洛赫考夫阶	✓	419.2 ±3.2
		志留系	普里道利统		✓	423.0 ±2.3
			罗德洛统	卢德福特阶	✓	425.6 ±0.9
				高斯特阶	✓	427.4 ±0.5
			温洛克统	侯墨阶	✓	430.5 ±0.7
				申伍德阶	✓	433.4 ±0.8
			兰多维列统	特列奇阶	✓	438.5 ±1.1
				埃隆阶	✓	440.8 ±1.2
				鲁丹阶	✓	443.8 ±1.5
		奥陶系	上奥陶统	赫南特阶	✓	445.2 ±1.4
				凯迪阶	✓	453.0 ±0.7
				桑比阶	✓	458.4 ±0.9
			中奥陶统	达瑞威尔阶	✓	467.3 ±1.1
				大坪阶	✓	470.0 ±1.4
			下奥陶统	弗洛阶	✓	477.7 ±1.4
				特马豆克阶	✓	485.4 ±1.9
		寒武系	芙蓉统	*第十阶*		~ 489.5
				江山阶	✓	~ 494
				排碧阶	✓	~ 497
			苗岭统	古丈阶	✓	~ 500.5
				鼓山阶	✓	~ 504.5
				乌溜阶	✓	~ 509
			第二统	*第四阶*		~ 514
				第三阶		~ 521
			纽芬兰统	*第二阶*		~ 529
				幸运阶	✓	538.8 ±0.2

宇(宙)	界(代)	系(纪)	GSSP/GSSA	年龄值(Ma)
前寒武系 元古宇	新元古界	埃迪卡拉系	✓	538.8 ±0.2 – ~ 635
		成冰系		~ 720
		拉伸系	◷	1000
	中元古界	狭带系	◷	1200
		延展系	◷	1400
		盖层系	◷	1600
	古元古界	固结系	◷	1800
		造山系	◷	2050
		层侵系	◷	2300
		成铁系	◷	2500
太古宇	新太古界		◷	2800
	中太古界		◷	3200
	古太古界		◷	3600
	始太古界		◷	4000
冥古宇			◷	4567

所有全球年代地层单位均由其底界的全球界线层型剖面和点位（GSSP）界定，包括长期由全球标准地层年龄（GSSA）界定的太古宇和元古宇各单位。斜体代表非正式名称或尚未命名单位的临时名称。图件及已批准GSSP的详情参见国际地层委员会官网。本图件的网址见右下角。

年龄值仍在不断修订；显生宇和埃迪卡拉系的单位不能由年龄界定，而只能由GSSP界定。显生宇中没有确定GSSP或精确年龄值的单位，则标注了近似年龄值（~）。

已批准的亚统/亚世简写为上/晚、中、下/早；第四系、古近系上部、白垩系、侏罗系、三叠系、二叠系、寒武系和前寒武系的年龄值由各分会提供；其他年龄值引自Gradstein等主编的《地质年代表2012》一书。

所图中各单位的颜色参照了世界地质图委员会发布的色谱(http://www.ccgm.org)。

本图件由K.M. Cohen、D.A.T. Harper、P.L. Gibbard和N. Car绘制

引用：Cohen, K.M., Finney, S.C., Gibbard, P.L. & Fan, J.-X. (2013; updated) The ICS International Chronostratigraphic Chart. Episodes 36: 199-204.

本图件网址：
http://www.stratigraphy.org/ICSchart/ChronostratChart2022-10Chinese.pdf

宇	界	系	统	阶	年龄值/Ma
显生宇	古生界	志留系	普里道利统		419.2±3.2
					423.0±2.3
			罗德洛统	卢德福特阶	425.6±0.9
				高斯特阶	427.4±0.5
			温洛克统	侯墨阶	430.5±0.7
				申伍德阶	433.4±0.8
			兰多维列统	特列奇阶	438.5±1.1
				埃隆阶	440.8±1.2
				鲁丹阶	443.8±1.5

图 1-1 志留系年代地层表

引自2015年公布的国际年代地层表(International Chronostratigraphic Chart, ICC),图中蓝色钉子尖头的“金钉子”,均表示原定的界线及界线划分的生物标志存在问题,需要重新选择

经来自不同国家的18位奥陶系选举委员讨论,并于2021年5月投票表决通过,正式批准中国北方小洋桥剖面为新的全球奥陶系底界辅助层型剖面和点位(ASSP),即全球奥陶系底界标准辅助界线层型(SABS),从而解决了长期存在的全球寒武-奥陶系界线划分与对比问题,为准确定义和划分对比寒武-奥陶系界线提供了可靠且易于识别的依据。

1.2 研究成果的意义

按照国际地层委员会规定,全国地层委员会原计划2021年在大阳岔小洋桥剖面所在地,树立全球标准寒武-奥陶系界线层型标志,包括国际地质科学联合会、国际地层委员会、国际奥陶系分会主席在内的国内外有关专家均已表示前往参加此次揭碑仪式,这是我国地质人,本着开放合作精神,在地层古生物学和年代地层学研究方面取得的又一国际前沿成果。

在此特别指出,大阳岔小洋桥剖面自20世纪80年代就开始研究(Chen et al., 1983, 1986; Qian, 1986; Lin, 1986),并且在1992年曾经被国际奥陶系分会认为是寒武-奥陶系界线唯一的候选剖面。当前的研究成果是在原长春地质学院郭鸿俊等(1982)、中国科学院南京地质古生物研究所卢衍豪、陈均远、钱义元、林尧坤等地质学家所奠定的良好基础上进行的,是几代地质古生物工作者不畏艰辛、勇于攀登、用汗水和智慧共同创造出来的成果(Chen et al., 1986),并受到当地政府的高度重视、支持和帮助,因为这是在我国北方重工业区首次树立的全球年代地层界线标志,它的成功树立将为保护生态环境、开展科普教育、弘扬地质文化、拓展科学旅游、发展地方经济打开了一个新窗口。

第 2 章
建立全球年代地层划分标准的意义和原则

地质学是一门基础性科学，根据《国际地层指南》（Salvador，1994）和《国际地层委员会关于建立全球年代地层准则（修订本）》（Remane et al.，1996）所建立的全球和我国年代地层系统则是地质学基础的基础，也是开展和创新任何与地质学有关的资源环境调查与研究的基础。因为人类无论认识和探索地球、月球或者其他星球（如火星），首先都要建立一个能够反映这些星球演变历史的时间标尺，以便用“共同的语言”，即统一的时间尺度，去破译我国和世界其他大陆，乃至其他星球，曾经或当前正在发生的自然资源环境，包括生物、自然地理和生态环境的变化，讨论交流和化解当代自然资源和环境调查以及地质灾害监测和防治中面临的问题。

2.1　建立全球年代地层划分标准的意义

20 世纪 70 年代以前，正如前文所述，由于缺少全球通用的年代地层表，大多数国家和地区往往都是延续传统观念，根据统一地层学原理，将以往发表的文章和教科书中，所描述的某个国家或大陆先期确定的岩石地层单位视为该时代年代地层划分和对比的标准，譬如，奥陶系和志留系的年代地层系统，一般都以英国先期研究和建立的统和阶的划分方案为对比的标准。后来的研究表明，在某个小天地里，以某些地方性岩石地层剖面和所含化石为依据，先期建立的区域性岩石地层单位系统作为全球地质年代对比标准，存在巨大的缺陷和不准确性，往往导致不同国家和大陆间地层以及事件和古地理环境对比的错误。故此，国际地层委员会(ICS)从20世纪60年代中期开始，就把精确定义全球年代地层单位(宇、界、系、统、阶)界线的研究，作为委员会的主要目标和任务。在对1976年出版的《国际地层指南》(Hedberg,1976)修订的基础上，当时的国际地层委员会主席考伊等于1986年提出了关于建立全球年代地层界线层型剖面和点位(Global Boundary Stratotype Section and Point,GSSP,即“金钉子”)的原理、要求和程序，并明确指出：一个界线层型剖面和点位(“金钉子”)必须以正式发表的形式指定在所推荐剖面特定岩石序列中所标定的特定的点位，该点位则构成识别和定义两个已命名全球年代地层单位之间界线的标准(Cowie J. W. et al.,1986)。继而于1996年，国际地层委员会主席和所有副主席联名在国际地质科学联合会机关刊物 *Episodes* 上又发表《国际地层委员会(ICS)所修订的建立全球标准年代地层准则》[*Revised guidelines for the establishment of global chronostratigraphic standards by the International Commission on Stratigraphy* (ICS)](Remane et al.,1996)。在此准则中又进一步明确，建立全球层型剖面和点位的概念，并且指出考伊等的上述定义经国际地质科学联合会(IUGS)执行委员会和国际地层委员会主席团及所有国际地层委员会分会主席投票通过，并获得国际地质科学联合会(IUGS)执行委员会确认(Bassett,1990)，一个全球年代地层单位界线层型和点位(Global Boundary Stratotype Section and Point,GSSP,即“金钉子”)代表一个已批准的全球年代地层界线。其目的就是试图通过世界各国地质学家的调查和研究，并通过国际地层委员会和国际地质科学联合会讨论批准的程序，建立一个全球统一或通用的地质年代表，以便在全球不同国家和地区都能用统一地质时代划分标准，即共同语言，讨论与交流地球的演化历史及其自然地理和生态环境的变化。不言而喻，不论总结过去资料，还是解决当前面临的地质环境问题，抑或考虑未来全球环境变化，都需要建立一个精确的全球地质年代表。因为对全球事件的研究意味着对相隔遥远区域地层的比较，如果没有精确可靠的时间标尺，将无法确保事件对比的准确性。同样的道理，如果要建立全球海平面变化曲线或重建过去全球气候变化，离开了准确定义的计时单位也是不可能的，也无法理解和表达这些和许多其他地质研究领域所取得进展。

2.2 建立全球年代地层划分标准的原则

根据《国际地层指南》(Salvador,1994)和《国际地层委员会(ICS)所修订的建立全球标准年代地层准则》(Remane et al.,1996)，选择和确定一个全球年代地层单位层型剖面和点位除了对层型的一般描述外，还应满足以下条件。

2.2.1 地质要求

(1)必须出露足够厚度沉积:确保剖面具有充分的时间间隔,以便可以在界线附近插入能确定界线的辅助标志。

(2)沉积连续:界线层上下无间断,无凝缩沉积。

(3)充分的沉积速率,以便于分开相关联的事件。

(4)不存在同沉积和构造干扰。

(5)没有变质和强烈成岩作用改造(易于保存可以识别的化学和磁性地层信号)。

2.2.2 生物地层要求

(1)具有完好保存的丰富和多样的化石:在关键性界线间隔中具有完好保存的丰富和多样的化石,多样化的生物群将提供精确对比的最佳可能性。

(2)不存在纵向相变:界线或界线附近没有反映生态环境改变的岩相和生物相的变化,这些环境可能控制了界线层所指定物种的出现。明显的岩相变化可能对应于一次沉积间断,“一个明显的界线应该是可疑的”(Cowie et al.,1986)。

(3)具有理想的适合远距离生物地层对比的相:这种相通常对应于一个开阔的、更利于广泛地理分布物种的海洋环境,应避免沿海和大陆环境。

2.2.3 其他方法

在选择 GSSP 时,磁性地层、层序地层、旋回地层,稳定同位素分析等应给予适当重视。如果必须在或多或少具有相同生物地层条件的候选剖面间进行选择,则应选择提供了更好非生物地层方法的候选剖面。

(1)放射性定年:只要可能,在 GSSP 的年代地层界线上直接获得定量测试数据(数值年龄)非常重要。

(2)磁性地层:重现的磁倒转地层是了解 GSSP 在磁性地层序列中具体位置的理想要求。

(3)化学地层:包括研究可能指示全球事件的稳定同位素比值的纵向变化。

(4)应澄清层型剖面区域古地理背景和相的联系。对层序地层的研究将有助于理解这些关系。

2.2.4　其他要求

(1)GSSP 应建立永久固定的指示标记。

(2)交通方便:对于偏远地区通常只能组织昂贵的考察访问的候选剖面,应排除在选择之外。

(3)所有地层工作者,不论其国籍如何,均可自由进入层型剖面进行研究。

(4)一旦向国际地层委员会(ICS)提交正式材料,有关分会应设法通过有关当局获得自由进入研究和永久保护场地的承诺。

第3章
全球寒武-奥陶系界线层型研究历史

3.1 回顾

我国从1978年接待国际地层委员会(ICS)主席考伊(Cowie J. W.)和他带领的国际寒武-前寒武系界线工作组开始,就积极参与了全球年代地层界线的研究,由于得天独厚的客观地质条件和几代地质学家的长期积累,加上改革开放的助推和广泛的富有成效的国际合作,截至2019年我国共获得11枚"金钉子",成为世界上获得"金钉子"最多的国家之一,其中包括在全球奥陶系年代地层表中所树立的3枚"金钉子"(表1-1、表3-1)。Mitchell等(1997)在我国浙江常山黄泥塘所建立的奥陶纪达瑞威尔阶全球层型剖面和点位,是国际奥陶系分会在全球,也是在我国所树立的第一枚"金钉子"(陈旭等,1998b);继之又在我国宜昌王家湾建立了全球奥陶纪最末一个阶——赫南特阶的"金钉子"(陈旭等,2006)。截至2007年,随着中/下奥陶统和大坪阶全球界线层型剖面和点位在我国宜昌黄花场落户(Wang et al.,2005,2009),全球奥陶系年代系统已基本建立起来(表3-1、表3-2、图3-1),但地质人和他们所从事的地质科学的研究和其他科学一样,永远都处在不停地攀登之中。有关全球地质学最基础的年代地层学的研究也不会例外。"金钉子"的建立,并不意味着奥陶纪全球标准年代层型剖面和点位(GSSP)研究的终结,而恰恰标志更精准的后"金钉子"时代研究的开始。正如国际奥陶系分会主席Dronov A.在《2019年国际奥陶系分会通讯》(*Ordovician News*,2019)的前言中所指出:"根据辅助界线层型剖面和点位(ASSP)的概念对不同区域的全球阶的界线进行详细研究已提到日程上来。这些研究和由此产生的建议将提高全球关键性界线对比的准确性。”

3.2 全球寒武-奥陶系界线层型剖面的研究历史

尽管寒武-奥陶系界线的“金钉子”，早在2000年已经树立起来(Cooper et al., 2001)，但如何定义寒武系和奥陶系之间的界线一直是一个全球性讨论的问题。在过去几十年中，虽然发表了一些来自不同国家的寒武-奥陶系界线的综合研究成果，均试图说明所研究剖面寒武-奥陶系界线划分的生物标志及其在全球界线对比中的潜力(Albanesi et al.,2015;Zhen et al.,2017)，但问题一直未能获得很好地解决。这是因为从最晚寒武纪过渡到早奥陶世，距今约485.4Ma(据国际年代地层表，2022年10月)，是地球演化历史上重要的一幕。不难想象，由于地球的各个角落，都曾经历了距今4.8亿多年以来程度不同的各种内外力作用，因而非常不容易找到能够较完美保存地球演化过程中这重要一幕的地层剖面，以及反映该时间间隔中所形成岩石、各种生物化石以及岩石中所保存的各种物理和化学信息。

为了解决全球寒武-奥陶系界线划分和层型剖面的选择，在国际地层委员会指导下，1974年就成立了第一届国际寒武-奥陶系界线工作组(COBWG Ⅰ)，在此之后，工作组成员访问了世界各地所建议的若干个在澳大利亚、中国、英国、哈萨克斯坦、加拿大、美国、瑞典、挪威等地分布的候选剖面，并组织了多次实地考察，召开了多次工作会议和国际讨论会，专门讨论寒武-奥陶系的界线问题。这些在所出版的众多报告和出版物中均有记录(Norfold,1991)，其中包括Bassett、Dean (1982)和Norfold、Webby(1988)出版的两部有关候选界线剖面的论文集。陈均远等(Chen et al.,1985;Chen,1986)还出版了两本专著，专门介绍大阳岔剖面，其中包括一系列涉及广泛学科的专业论文。关于寒武-奥陶系界线问题的其他专业论文还发表在Barnes、Williams (1991)和Webby、Lauries (1992)主编的专著之中。由此不难看出，由于客观地质条件的限制，与奥陶系其他年代地层单位界线相比，选择和确定全球寒武-奥陶系界线的层型剖面和点位(GSSP,“金钉子”)是一件相当耗时、且难度很大的研究课题。

全球寒武-奥陶系界线工作组从1974年自成立之日起，为了寻找和确定全球寒武-奥陶系界线层型剖面和点位，经历了长达25年的探索，三届界线工作组主席轮换接力。他们的努力无疑为认识和提高全球寒武-奥陶系界线的研究水平积累了资料，并做出了巨大的贡献。其中第一届工作组讨论了寒武-奥陶系界线的划分原则、程序、候选剖面，以及界线划分的定义和潜在的界线位置(层位)等。该工作组的一项主要活动是选择界线划分的层位，继而是界线划分标记的分类单元及其选择问题。在1985年加拿大卡尔加里举行的全球寒武-奥陶系界线工作组工作会议上建议，理想的寒武-奥陶系界线最好划定在靠近最低浮游笔石出现的层位，并以牙形石 *Cordylodus* 完整的谱系演化系列中某一个生物种的首次出现为标志(Barnes,1988;Nicoll,1990,1991)。

表3-1 全球标准奥陶系年代地层划分及其与英国区域性年代地层划分的对比

全球奥陶系年代地层划分				区域性奥陶系、统（阶）划分		
统	阶	界线生物标志	修订的年龄/Ma	英国	中国（全国地层委,2001）	英国传统的划分
兰多维列统	鲁丹阶(Rhuddanian)					
		← *P.acuminatus* (GSSP,Dob's Linn)	→ 443.8±1.5			
上奥陶统	赫南特阶(Hirnantian)			阿什极尔阶(Ashigill)	钱塘江阶	阿什极尔阶(Ashigill)
		← *M.extraordinarius* (GSSP,宜昌王家湾)	→ 445.2±1.4			
上奥陶统	凯迪阶(Katian)		*D.complanatus* *A.ordovicicus*	阿什极尔阶(Ashigill) / 卡拉道克阶(Caradoc)	钱塘江阶 / 艾家山阶	阿什极尔阶(Ashigill) / 卡拉道克阶(Caradoc)
		← *D.caudatus* (GSSP,Black Knob R.)	→ 453.0±0.7			
上奥陶统	桑比阶(Sandbian)			卡拉道克阶(Caradoc)	艾家山阶	卡拉道克阶(Caradoc) / 兰德罗阶(Llandeilo)
		← *N.gracilis* (GSSP,Fagelsang)	→ 458.4±0.9			
中奥陶统	达瑞威尔阶(Darriwillian)			兰维恩阶(Llanvin)	达瑞威尔阶	兰德罗阶(Llandeilo) / 兰维恩阶(Llanvin)
		← *U.austrodentatus* (GSSP,常山黄泥塘)	→ 467.3±1.1			
中奥陶统	大坪阶(Dapingian)			阿伦尼克阶(Arenig)	大湾阶道	阿伦尼克阶(Arenig)
		← *B.triangularis* (GSSP,宜昌黄花场)	→ 470.0±1.4			
下奥陶统	弗洛阶(Floian)			阿伦尼克阶(Arenig)	道保湾阶	阿伦尼克阶(Arenig)
		← *T.approximatus* (GSSP,Diabasbrottet)	→ 477.7±1.4			
下奥陶统	特马豆克阶(Tremadocian)			特马豆克阶(Tremadocian)	新厂阶	特马豆克阶(Tremadocian)
		← *I.flluctivagus*? (GSSP,Green Point)	→ 485.4±1.9			

据英国修订的区域奥陶系年代地层划分（Forty et al., 2000）修改

表3-2　全球奥陶系界线层型剖面的分布、界线标志和批准后发表的时间

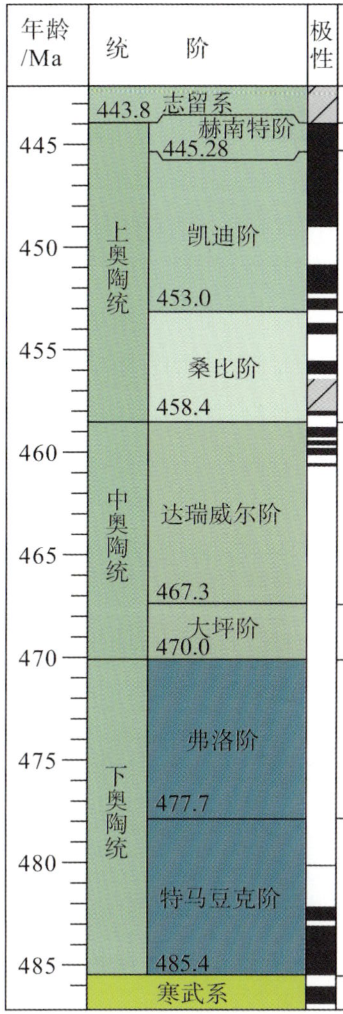

对应阶	GSSP标志	经纬度	界线位置	界线生物标示	参考文献
志留系 (443.8)	*Akidograptus ascensus* 首现层位				
赫南特阶 (445.28)	*Metabolograptus extraordinarus* 首现层位	30°59′ 2.68″N 111°25′10.76″E	0.39m below the base of the Kuanyinchiao Bed	Graptolite, FAD of *Metabolograptus extraordinarius*	Episodes 29/3, 2006
凯迪阶 (453.0)	*Diplacanthograptus caudatus* 首现层位	34°25.829′N 96°4.473′W	4.0m above the base of the bigfork Chert	Graptolite, FAD of *Diplacanthograptus caudatus*	Episodes 30/4, 2007
桑比阶 (458.4)	*Nemagraptus gracilis* 首现层位	55°42′49.3″N 13°19′31.8″E	1.4m below a phosphorite marker bed in the E14b outcrop	Graptolite, FAD of *Nemagraptus gracilis*	Episodes 23/2, 2000
达瑞威尔阶 (467.3)	*Undulograptus austrodentatus* 首现层位	28°51′14″N 118°29′23″E	base of Bed AEP 184	Graptolite, FAD of *Undulograptus austrodentatus*	Episodes 20/3, 1997
大坪阶 (470.0)	*Baltoniodus triangularis* 首现层位	30°51′37.8″N 110°22′26.5″E	10.57 m above base of the Dawan Formation	Graptolite, FAD of *Baltoniodus trangularis*	Episodes 32/2, 2009
弗洛阶 (477.7)	*Tetragraptus approximatus* 首现层位	58°21′32.2″N 12°30′08.6″E	in the lower Toyen Shale, 2.1m above the top of the Cambrian	Graptolite, FAD of *Tetragraptus approximatus*	Episodes 27/4, 2004
特马豆克阶 (485.4)	*Iapetognathus fluctivagus* 首现层位	49°40′58.5″N 57°57′55.09″W	at the 101.8m level, within Bed 23, in the measured section	Graptolite, FAD of *Iapetognathus fluctivagus*	Episodes 24/1, 2001

据国际地层委员会（2019）修改

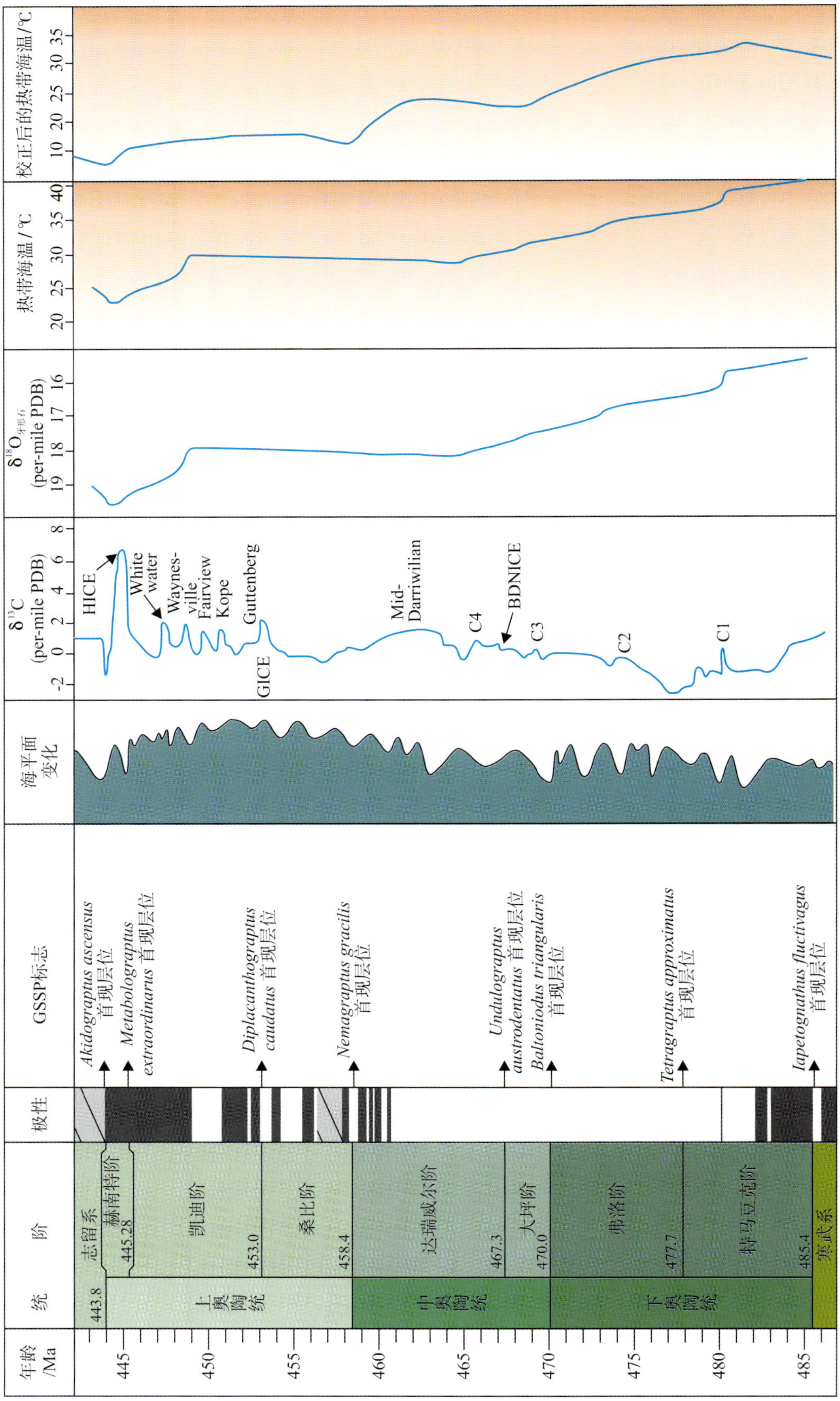

图3-1 全球奥陶系统与阶的划分及其生物、层序和化学标志
(国际地层委员会, 2019)

我国的地层古生物工作者,尤其是奥陶系专家们,一直十分关注全球寒武-奥陶系界线的划分和对比问题。周志毅等(1984)曾提议将大阳岔小洋桥剖面作为我国寒武-奥陶系界线层型剖面,陈均远等(Chen et al.,1985,1986,1988)在加拿大卡尔加里的全会上提出并推荐中国大阳岔小洋桥剖面为奥陶系底界的全球界线层型剖面和点位(GSSP)的候选剖面。在1990年于苏联新西伯利亚所举行的界线工作组会议上,经投票表决,以63.6%的赞成票战胜了加拿大的绿岬剖面而成为全球寒武-奥陶系界线唯一的候选剖面。遗憾的是,由于全球寒武-奥陶系界线层型的选择迟迟未果,第一届国际寒武-奥陶系界线工作组(COBWG Ⅰ)及执行和投票委员于1993年到期,继之成立了第二届工作组(COBWG Ⅱ)。在此期间,第二届工作组的委员们详细参观了小洋桥、加拿大绿岬(Green Point)和美国劳森湾(Lawson Cove)剖面,该工作组依然看好中国的小洋桥剖面。到了1995年在美国拉斯维加斯(Las Vegas)举行第七届国际奥陶系大会上,则发生了戏剧性的一幕,有从事牙形石研究的专家提出,原先建议的界线划分的生物标志 *Cordylodus lindstromi* (Barnes,1988),在系统分类方面还存在问题,故而被放弃,代之建议另一种被称之为波状古大西洋牙形石(*Iapetognathus fluctivagus*)(Nicoll et al.,1999)作为划分寒武-奥陶系界线的生物标志,尽管该种当时还是一个建立不久的新物种。

鉴于波状古大西洋牙形石(*Iapetognathus fluctivagus*)这个物种未在小洋桥剖面中发现,加之,不少寒武-奥陶系界线工作组的成员对于耗时20多年都未能拿下寒武-奥陶系界线的"金钉子"感到困惑、厌烦和耗费精力,故而1997年1月,第二届寒武-奥陶系界线工作组对3个候选剖面进行了通讯投票,表决结果大阳岔(小洋桥)剖面仅获2票而惨遭淘汰,加拿大绿岬(Green Point)剖面和美国劳森湾(Lawson Cove)剖面分别获6票和5票。接着1999年10月在布拉格举行的国际奥陶系讨论会上,纽芬兰西部绿岬沿海岸平台上出露的纽芬兰绿岬剖面就顺理成章地成为奥陶系底界"金钉子"(GSSP)的候选剖面,尽管当时我国奥陶系分会选举委员提出,考虑该牙形石为建立不久的新物种,建议推迟表决,但未被采纳。又经过一段时间的研讨和争论后,加拿大绿岬剖面先后被国际奥陶系地层分会(ISOS)于1999年9月,国际地层委员会于1999年11月,最后由国际地质科学联合会(IUGS)于2000年1月批准,成为全球奥陶系底界(即特马豆克阶底界)的全球标准界线层型剖面和点位(GSSP,"金钉子")。

值得提出的是,中国北方大阳岔小洋桥剖面[陈均远等的小洋桥组合剖面或XCS(Xiaoyangqiao composite section)]极其完美地保存了从寒武纪末期过渡到早奥陶世这重要一幕的地球演化历史(图3-2)(Chen et al.,1985,1986,1988)。与欧亚乃至全世界相当时代的沉积序列相比,小洋桥剖面所出露寒武-奥陶系连续的灰岩-页岩沉积序列为全球范围内提供了最完美的寒武-奥陶纪过渡沉积;还保存了世界上已知最为完美的牙形石、笔石、疑源类和三叶虫序列以及所测得的可靠的碳同位素($\delta^{13}C$)数据和磁性、层序以及事件地层学的重要资料，从而为解决全球寒武-奥陶系界线划分和对比问题提供丰富的资料和可靠的依据。

图 3-2　沿小河出露的大阳岔小洋桥剖面及广场上树立的寒武-奥陶系界线保护区标志

照片系白山市江源区政府提供，拍于 2019 年初冬，红箭头指剖面下部出露的寒武系芙蓉统

3.3　加拿大纽芬兰绿岬剖面

绿岬剖面位于加拿大纽芬兰西部古劳伦大陆斜坡末端，这里所出露的被称之为牛头群的寒武纪到奥陶纪页岩和碳酸盐岩地层，主要分布在几个横贯大陆斜坡且穿时的异地推覆体上(allochthonous thrust sheets)(James and Stevens，1986)，绿岬剖面处于该大陆斜坡最远端的深水沉积环境(Cooper et al.，2001)(图 3-3、图 3-4)。很多国际奥陶系专家都曾参观或考察过该剖面，其中包括参与本项目研究的三位同行(Stouge S.，Bagnoli G.，Maletz J.)，他们都曾对该剖面进行过详细的研究以及牙形石和笔石化石的采集和鉴定；项目组另两位(王传尚和汪啸风)也曾分别考察或详细研究过 Erdtmann B. D. 在该剖面所系统采集的笔石化石。正如 Bagnoli 和 Stouge(Bagnoli and Stouge，2014；Begnolli，2017；Stouge et al.，2017)在重新评估绿岬剖面寒武-奥陶系界线划分的生物标志——波状古大西洋牙形石(*Iapetognathus fluctivagus*)一文中所指出的那样：“令人惊讶的是，所选择的界线层是基于一个罕见的、认识不足、地理分布相当有限、生物地层对比上制约性较差的牙形石物种——波状古大西洋牙形石(*Iapetognathus fluctivagus*)(Nicoll et al.，1999)，并且，现已证明该物种在绿岬‘金钉子’GSSP 剖面之外是存在对比问题的。”

绿岬剖面虽然地层倒转,但出露很好(图 3-3、图 3-4),该剖面的寒武-奥陶系界线地层系由黑色、灰色和绿色页岩,微晶瘤状、带状石灰石和砾岩层组成(图 3-5),砾石层主要局限于 19 层(或 19 单元)和呈透镜状分布的 25 层(或 25 单元)。所产笔石和牙形石化石及其在界线剖面中的地层分布曾被 Erdtmann(1988),Cooper 等(1998),Fahraeus、Nowlan(1978),Bagnoli 等(1987),Barnes (1988),Pohler(1994)分别研究和报道。按照国际地质科学联合会(IUGS)和国际地层委员会(ICS)所批准的、Cooper 等(2001)等所建议绿岬全球寒武-奥陶系界线标准层型剖面(GSSP,即"金钉子")的定义,全球寒武-奥陶系界线被定义在该剖面绿岬组(Green Point Formation)下布鲁姆岬段(Lower Broom Point)23 层(或 23 单元)内的 101.8m 处,与波状古大西洋牙形石(*Iapetognathus fluctivagus*) (Nicoll et al.,1999)首次出现(first appearance datum,FAD)的层位一致,而且该界线层位于此剖面所发现的浮游笔石出现的层位之下 4.8m(Cooper et al.,2001)(图 3-5)。然而,过去十多年越来越多的来自不同国家的寒武-奥陶系界线的综合研究表明,目前的绿岬 GSSP 剖面存在严重的缺陷(Terfelt et al.,2012;Albanesi et al.,2015;Dong and Zhang,2017;Zhen et al.,2017),甚至在所指定的界线层中没有所指定的界线划分标志性物种——波状古大西洋牙形石(*Iapetognathus fluctivagus*),代之出现的是 *Iapetognathus preaengensis*;真正的波状古大西洋牙形石(*Iapetognathus fluctivagus*)并不是出现在所指定的 23 层(或 23 单元)中,而是出现在该剖面含 *Rhabdinopora parabola* 笔石层位之上近 2.2m 的 26 层(或 26 单元)中(图 3-3、图 3-4、图 3-5、表 3-3);新的研究表明,绿岬剖面笔石序列并不完整,所出现的 *Rhabdinopora parabola* 和 *Rhabdinopora* "*praeparabola*"均属 *Rhabdinopora parabola* 带的 *Rhabdinopora parabola*,共生的还有 *Staurograpus* 。他们并非是奥陶纪最早的浮游笔石,其下缺失了小洋桥剖面所保存和发现的真正的最早的浮游笔石,即 *Rhabdinopora proparabola* 带的 *Rhabdinopora proparabola*。该种在小洋桥剖面出现在含 *Rhabdinopora parabola* 笔石带的层位之下 5.8m 处。按照《国际地层委员会所修订的建立全球标准层型剖面和点位(GSSP)的准则(修订本)》(Remane et al.,1996):"一个全球层型或全球标准年龄确定后,如果以后的研究表明非常有必要,则可以更改,同时必须给出一个稳定的参考点",此外,"为了更好定义不同相或古生物地理背景下的界线而需要一些参考剖面或参考点时,也可以定义一个辅助层型点(Auxiliary Stratotype Point),这样的辅助层型点亦属于全球层型"。所以,无论从精确限定全球寒武-奥陶系界线划分与对比考虑,还是解决不同大陆和相区之间寒武-奥陶系界线划分与对比问题,都有必要建立一个辅助层型点(Auxiliary Stratotype Point),在保持寒武-奥陶系界线划分与对比稳定的同时,提高全球该界线划分与对比的精度。

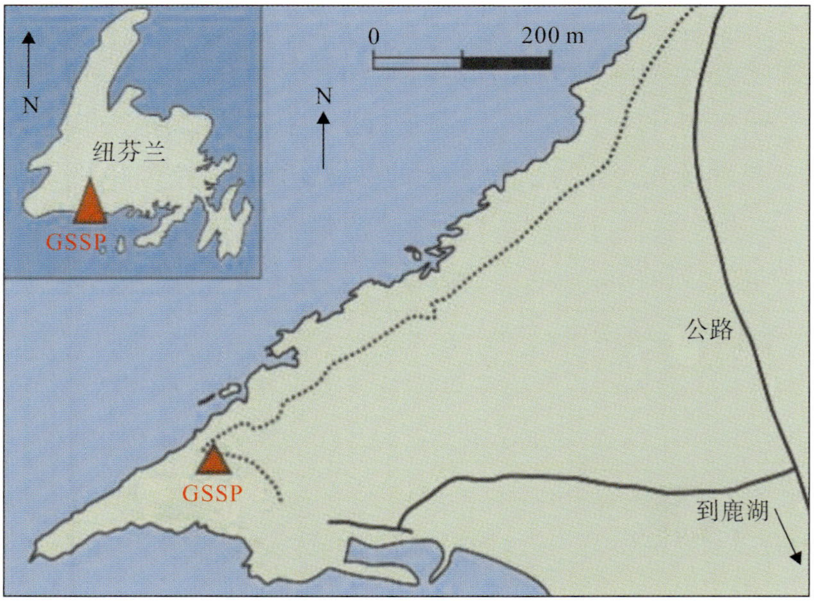

图 3-3　加拿大纽芬兰绿岬寒武-奥陶系界线层型剖面(GSSP)位置

(据 Barnes, 1988; Cooper et al., 2001 修改)

图 3-4　加拿大纽芬兰绿岬"金钉子"剖面

寒武-奥陶系界线被定义在该剖面 23 层(或 23 单元)(箭头所指处)内的 101.8m 处,认为与所定义的波状古大西洋牙形石(*Iapetognathus fluctivagus*)(Nicoll et al., 1999)首次出现(FAD)的层位一致(Cooper et al., 2001)

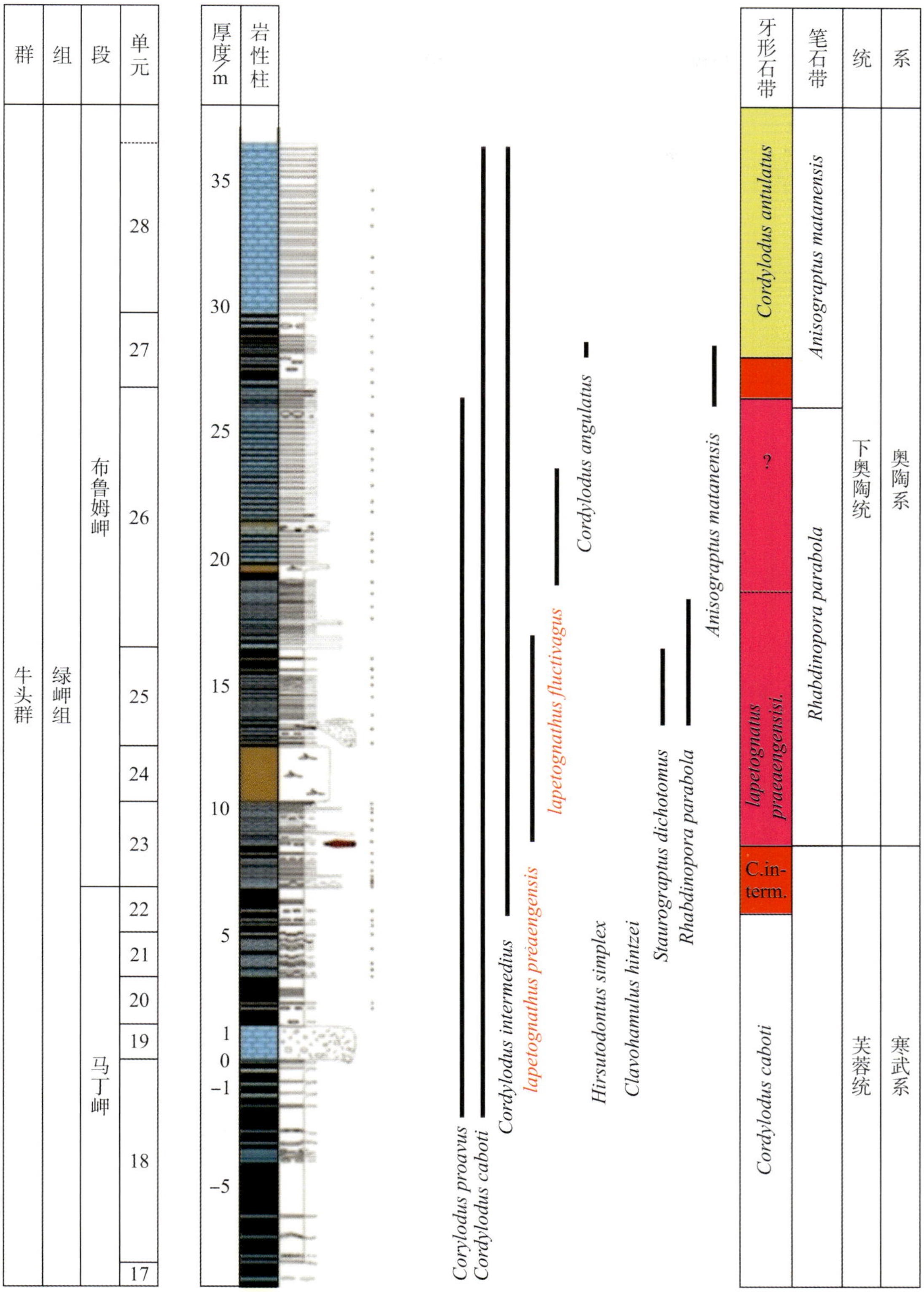

图 3-5　重新修订的绿岬“金钉子”剖面牙形石和笔石化石地层分布（据 Cooper et al.,2001 修改）

注意：所指定的界线生物标志（*Iapetognathus fluctivagus*）（Nicoll et al.,1999）并不是出现在所指定的 23 层（或 23 单元）（“金钉子”所指层位），而是出现在 26 层（或 26 单元）；在 24 和 25 层之间缺少了小洋桥剖面发现的最早浮游笔石 *Rhabdinopora proparabola*。该剖面仅发现位于其上的 *Rhabdinopora parabola* 带的笔石，而 *Iapetognathus fluctivagus* 出现在后者之上

表 3-3　阿根廷西北部科迪勒拉 Orietal 地区寒武-奥陶系界线

<table>
<tr><td rowspan="2">系</td><td rowspan="2">统</td><td rowspan="2">阶</td><td colspan="4">牙形石带</td></tr>
<tr><td colspan="2">北美</td><td colspan="2">阿根廷西北部</td></tr>
<tr><td>奥陶系</td><td>下奥陶统</td><td>特马豆克阶</td><td colspan="2">Cordylodus angulatus
Iapetognathus</td><td colspan="2">Cordylodus angulatus
Iapetognathus</td></tr>
<tr><td rowspan="7">寒武系</td><td rowspan="7">芙蓉统</td><td rowspan="7">第十阶</td><td colspan="2">Cordylodus lindstromi</td><td colspan="2">Cordylodus lindstromi</td></tr>
<tr><td rowspan="2">Cordylodus intermedius</td><td>Clavohamulus hintzei</td><td rowspan="2">Cordylodus intermedius</td><td>?</td></tr>
<tr><td>Hirsutodondus simplex</td><td>Hirsutodondus simplex</td></tr>
<tr><td rowspan="3">Cordylodus proavus</td><td>Clavohamulus elongatus</td><td rowspan="3">Cordylodus proavus</td><td rowspan="2">?</td></tr>
<tr><td>Fryxellodontus inomatus</td></tr>
<tr><td>Hirsutodontus hirsutus</td><td>Hirsutodontus hirsutus</td></tr>
</table>

注意：*Iapetognathus* 带牙形石均产于 *Cordylodus lindstromi* 上部与 *C. angulatus* 带之间，与北美和我国湖南瓦尔岗剖面吻合（据 Albanesi et al.，2015 修改）。

3.4　美国劳森湾辅助层型剖面

鉴于 Cooper 等（2001）在其提交和发表的全球奥陶系底界的 GSSP 建议中，并未提供任何辅助层型剖面（ASSP）。为了不同大陆和相区的精确对比，建立 1 ~2 个辅助层型剖面是可以的。遗憾的是 Miller 等（2015）所建议的美国劳森湾辅助层型剖面并未能解决这个问题。

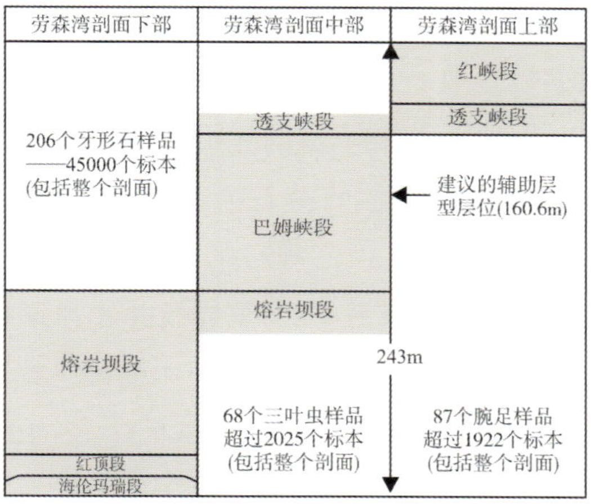

图 3-6　美国劳森湾寒武-奥陶系 ASSP 剖面

该剖面由厚 243m 的三个岩性段(阴影)组合而成(据 Miller et al.,2015 修改)

图 3-7　美国劳森湾剖面三个岩性段和所建议的寒武-奥陶系界线位置

(据 Miller et al.,2015)

Miller 等(2015)着眼于不同相区寒武-奥陶系界线划分及其与纽芬兰绿岬 GSSP 剖面的精确对比,建议位于美国犹他州米勒德城伊贝克斯地区(Ibex Area)的劳森湾剖面(Lawson Cove Section)为寒武-奥陶系辅助层型剖面(图 3-6),亦以波状古大西洋牙形石(*Iapetognathus fluctivagus*)(Nicoll et al.,1999)的首次出现(FAD)作为奥陶纪底界的标志。该建议提出不久就获得奥陶系分会的批准(Miller,2016,2019)。问题是由于奥陶纪时期劳森湾剖面与绿岬剖面均位于同一大陆,即北美劳伦大陆,因此将劳森湾剖面定为 ASSP 剖面,实际上并没有解决或有助于解决长期存在的不同大陆间的精确对比问题；另一方面，劳森湾剖面是由厚243m的三个相互衔接剖面叠加而成(图3-6、图3-7)。在这套含丰富浅水介壳动物化石以碳酸盐沉积序列为特点的寒武-奥陶系界线层中，产有丰富的牙形石和三叶虫、腕足类等多门类介壳化石，遗憾的是几乎不产任何笔石，尽管劳森湾剖面仍坚持以波状古大西洋牙形石(*Iapetognathus fluctivagus*)(Nicoll et al.,1999)的首次出现(FAD)作为奥陶系底界的标志，但据此所划分的劳森湾剖面寒武-奥陶系界线并非与绿岬GSSP剖面所定义的界线层，即23层底界相当，因为在绿岬剖面23层中实际上出现的是牙形石 *Iapetognathus preaengensis*(Bagnoli and Stouge,2014；Terfelt et al.,2012)，而所指定的界线"划分标志"——波状古大西洋牙形石(*Iapetognathus fluctivagus*)(Nicoll et al.,1999)——并非存在于所指定的界线层型和点位上，而出现在含 *Rhabdinopora parabola* 带笔石的层位之上。因此劳森湾辅助层型剖面所定义的辅助层型点位，貌似与绿岬剖面一致，实际上比绿岬GSSP剖面所定义的寒武-奥陶系界线层高，并不能与含牙形石 *Iapetognathus preaengensis* 的全球寒武-奥陶系界线，即绿岬剖面23层对比；故而无形中给出了另外一个、位于含 *Rhabdinopora parabola* 带笔石之上的全球寒武-奥陶系界线，因此需要尽快矫正(表3-3)。基于上述全球寒武-奥陶系界线划分和对比中出现的问题，汪啸风等(Wang et al.,2019)正式向国际奥陶系分会提出中国北方大阳岔小洋桥剖面为奥陶系底界新的全球辅助层型剖面(ASSP)的建议(见附件1和附件2)。该建议于2019年5月经国际奥陶系分会选举委员讨论和投票表决通过，正式批准为新的全球寒武-奥陶系界线的辅助层型剖面，从而为解决全球寒武-奥陶系界线的精确划分以及不同大陆沉积相区对比提供了一个新的可信标志和纽带。

3.5 全球奥陶系底界标准辅助界线层型(SABS)的条件和相关性问题

参考国际寒武-奥陶系界线工作组所确定的关于选择奥陶系底界标准层型剖面和点位的原则(Barnes,1988；Nicoll,1990,1992)，作为全球辅助层型剖面(ASSP)，或新修订的标准辅助界线层型(SABS)(Martin J.H.et al.,2022a,b)，无疑必须满足所有或几乎所有代表全球标准层型剖面(GSSP)的条件(Remane et al.,1996)，因此，推荐奥陶系底界辅助层型剖面(ASSP)应该具备以下三点。

(1)年代地层界线应定义在没有任何明显间断的连续岩石序列中。

(2)该序列中无疑应具有首次出现的经过精心选择和研究的作为"金钉子"标志的化石物种。

(3)选择和定义的界线层应位于且靠近最早出现的含浮游笔石的层位之下。

小洋桥新的辅助层型剖面(ASSP)坐落在与绿岬"金钉子"剖面完全不同的大

陆和沉积相区，并且远离北美大陆。小洋桥剖面所在的关键古地理位置和所发育的完美的沉积序列和所具有的多门类化石，使其有条件成为跨越不同古地理区域寒武-奥陶系界线划分的纽带和诠释二者之间界线精确洲际对比的钥匙。前已述及，一方面，美国劳森湾 ASSP 剖面与加拿大绿岬 GSSP 剖面同属同一个古地理板块（即劳伦大陆），对于北美大陆和其他浅水碳酸盐台地沉积地区间的对比可能有用，但前提是，首先需要正确查实与绿岬界线层型剖面的点位真正对应的界线层，而不是目前根据波状古大西洋牙形石（*Iapetognathus fluctivagus*）所确定的界线，因为该种在绿岬剖面并非产在所指定的界线层中，而是出现在产浮游笔石 *Rhabdinopora parabola* 的层位之上；另一方面，即便如此，劳森湾剖面也无法解决不同相区奥陶系底界的精确对比问题，因该剖面不含奥陶系最低层位的笔石，也无法确认最早出现的浮游笔石与波状古大西洋牙形石的关系，故此有必要选择一个新的辅助层型剖面，以便连接和揭示北美寒武-奥陶系浅水沉积，如美国劳森湾 ASSP 剖面及加拿大绿岬 GSSP 剖面的深水斜坡沉积间的关系（Terfelt et al.，2012；Wang et al.，2019），并进一步阐明全球标准奥陶系底界的生物、物理及化学标志。

在不同剖面上去识别一个年代地层界线涉及相互间的相关性或对比问题。如果最初选择用于定义界线的化石物种在其他地区尽可能多的剖面也常见，或者如果典型剖面中出现的其他化石物种也分布广泛，并且还存在其他可用的证据，那么这种对比就比较容易（Hedberg，1976）。

上述北美以及其他类似的浅水沉积地区与绿岬 GSSP 剖面深水斜坡沉积之间对比乃是一个长期未能解决的困难问题。劳森湾 ASSP 剖面序列中不产最早浮游笔石，因而以往所有试图将劳森湾 ASSP 剖面与绿岬 GSSP 剖面精确对比的尝试都以失败而告终（Fortey et al.，1982；Erdtmann，1986，1988；Cooper，1999；Dubinina，2000；Miller and Flokstra，1999；Cooper et al.，2001；Miller et al.，2003，2015；Terfelt et al.，2012；Miller，2019）。截至本著发表之时，唯独所批准的小洋桥标准辅助层型剖面有条件解决这个难题，因为小洋桥剖面在古地理位置上正好处于连接浅水碳酸盐台地（如劳森湾 ASSP）与深水斜坡（如绿岬 GSSP）以及深水下斜坡-盆地相沉积（如中国湖南瓦尔岗剖面）之间的关键性外陆棚-棚缘斜坡地带，不但可以弥补上述绿岬 GSSP 和劳森湾 ASSP 的自然缺陷，而且通过高精度综合对比研究，还能解决上述 GSSP 和 ASSP 在界线划分和对比方面的问题，并为全球寒武-奥陶系界线划分和对比展示出相关的生物、层序、化学和磁性地层标志（Wang et al.，2019）（图 3-2、表 3-4）。从以下章节的论述中可见，即使在我国，类似小洋桥剖面这样至今还完美保存的寒武-奥陶系界线剖面也是十分罕见的，当地政府和群众一直将小洋桥剖面视为珍贵地质文化遗迹，特别树碑立标将其长期保护起来，作为宣传和保护地质文化的胜地。2017 年参加大阳岔国际讨论会的中外专家就曾考察了小洋桥剖面，并在地方政府树立的标志前合影留念（图 3-2、图 3-8、图 3-9）。

表3-4 据小洋桥剖面所修订中国华北、华南扬子板块及其与劳伦大陆、阿根廷西北部和澳大利亚寒武-奥陶界线划分与对比以及牙形石、笔石带之间的关系

	华北板块			华南板块			劳伦大陆			阿根廷西北部	澳大利亚
	小洋桥剖面 (Chen et al.,1988);此次研究		河北唐山 (王志浩等.,2016)	扬子克拉通 (宜昌)	湖南–江西斜坡相 (Dong and Zhang, 2017)		绿岬剖面 (Cooper et al.,2001)		劳森湾剖面台地相 (Müller, 1988; Rose et al.,1997)	(Albanesi et al., 2015)	(Zhen et al., 2017)
	牙形石带	笔石带	牙形石带	牙形石带	牙形石带	笔石带	牙形石带	笔石带	牙形石带	牙形石带	牙形石带
奥陶系（特马豆克阶）	*Cordylodus lindstromi* s.l.	*Anisograptus matanensis*	*Iapetognathus jilinensis*	*Cordylodus lindstromi* s.l.	*Cordylodus lindstromi* s.l.	*Anisograptus matanensis*	*Lindstromi-prion-lapetognathus*	*Anisogr. matanensis*	*Iapetognathus*	*Iapetognathus*	*Iapetognathus fluctivacu*
		Rhabdinopora parabola	*Cordylodus lindstromi* s.l.			*Rhabdinopora parabola*		*Rhabdino. parabola*	*Cordylodus lindstromi* s.l.	*Cordylodus lindstromi* s.l.	*Cordylodus lindstromi* s.l.
	Cordylodus intermedius	*R. proparabola*		*Cordylodus intermedius /H. simplex*	*Cordylodus intermedius*		*Iapetog. preaengensis* GSSP *Cordylodus intermedius*	?	*Cordylodus intermedius*	*Cordylodus intermedius /H. simplex*	*Hirsutodondus simplex*
寒武系	*Cordylodus proavus*		*Cordylodus proavus*	*Cordylodus proavus*	*Cordylodus proavus*		*Cordylodus proavus*		?	?	*Cordylodus proavus*
	Eoconodontus notchpeakensis			*Eoconodontus*	*Eoconodontus*		(no zoned)				

图 3-8　小洋桥剖面位于大阳岔寒武-奥陶系界线地质自然保护区内，一直受到各级政府的保护

图 3-9　2017 年参加大阳岔寒武-奥陶系界线国际讨论会的中外专家在小洋桥剖面保护标志前合影

第 4 章
中国寒武-奥陶系界线的划分与对比问题

在小洋桥国际奥陶系底界界线辅助层型剖面(ASSP)正式批准之前,由于缺乏国内和国际统一的、精准的奥陶系底界划分标志,即寒武系与奥陶系界线划分和对比标志,我国的寒武-奥陶系界线的划分一直处于不够稳定和莫衷一是的状况。20世纪 70 年代,一般都采用新厂阶代表奥陶系最下部年代地层单位,并且与英国传统特马豆克阶对比(穆恩之,1974)(表 3-1);后又根据宜昌黄花场两河口剖面牙形石研究,将界线划在西陵峡组 *Hirsutodontus simplexus-Monocostatus sevierensus* 牙形石组合带之下(曾庆銮等,1987)(表 3-4);在江南陆棚-斜坡相区,奥陶系底界一般都根据笔石化石的研究将界线划在 *Rhabdinopora parabola* 笔石带下部,或者后者与下伏产三叶虫 *Hysterolenus* 的地层之间(余建华等,1984;汪啸风,2016)或者内部(彭善池,2018);随着近年来认识和牙形石研究的深入,该区奥陶系底界则划在上下 *Cordylodus lindstromi* 牙形石带之间(Dong and Zhang,2017),或者与 *Cordylodus lindstromi* 牙形石带底部大致对比(张元动等,2019)。由此不难看出,无论是在全球还是在中国,奥陶系底界划分和对比方面出现多种不同认识的原因,正如前文所提到的,是由于 20 世纪 80 年代以前,全球缺少统一的寒武-奥陶系界线划分和对比的标准,一般都以英国的特马豆克阶为对比的标准,而英国的特马豆克阶底界又无法精确限定(Fortey et al.,2000),以致不同国家和地区奥陶系底界的划分与对比各不相同;2000 年以后,国际地质科学联合会和国际地层委员会批准了加拿大绿岬剖面为全球奥陶系底界的界线层型(GSSP)(Cooper et al.,2001),按理全球寒武-奥陶系界线划分与对比问题应据此得到解决，但遗憾的是，绿岬 GSSP 剖面作为寒武-奥陶系界线划分的生物标志——波状古大西洋牙形石（*Iapetognathus fluctivagus*）（Nicoll et al.，1999），并非出现在该“金钉子”剖面所指定的寒武-奥陶系界线层中（即 23 层或 23 单元），实际上存在于该剖面产 *Rhabdinopora parabola* 笔石带之上的 *Cordylodus lindstromi* 带上部（26 层或 26 单元）（图 3-4、图 3-5、表 3-4）；真正在奥陶系底界界线层（即 23 层或 23 单元）中所出现的则是该属的另一种——*Iapetognathus preaengensis*（Bagnoli and Stouge，2014；Terfelt et al.，2012），从而导致不同国家和地区奥陶系底界因根据波状古大西洋牙形石（*Iapetognathus fluctivagus*）（Nicoll et al.，1999）的首次出现来进行划分与对比而参差不齐，或者高于绿岬“金钉子”所指定的界线层，包括前述的劳森湾辅助层型剖面亦是如此。随着我国北方小洋桥剖面被认定为新的全球标准寒武-奥陶系界线辅助层型，无疑为解决上述全球寒武-奥陶系界线精确划分和对比的矛盾和问题提供了新的资料和依据。

4.1 华夏地块

在我国南方，奥陶系底界过去都以新厂阶为对比标准，并视新厂阶为我国奥陶系最下部年代地层单位。命名剖面位于广东台山新厂（穆恩之，1974）（图 4-1、表 3-1）。该剖面在构造古地理位置上处于华夏褶皱带南侧，似属华夏地块的深水陆缘岛弧相区（汪啸风，2016；潘桂棠等，2009；何卫红等，2014），自下而上被划分 *Staurograptus-Adelograptus*（X_1）、*Aletograptus-Triograptus*（X_2）、*Adelograptus- Clonograptus*（X_3）等 3 个笔石带，与原始含义的特马豆克阶对比（穆恩之，1974）。嗣后的研究表明，在新厂阶命名剖面寒武系与奥陶系界线间隔中，笔石序列不完整（图 4-1），所划分的 X_1 并非代表奥陶系最低层位浮游笔石组合，在 X_1 之下和 X_3 之上均缺乏连续的笔石系列证据，其时限难以准确限定（汪啸风等，1979；Wang and Erdtmann，1992）。

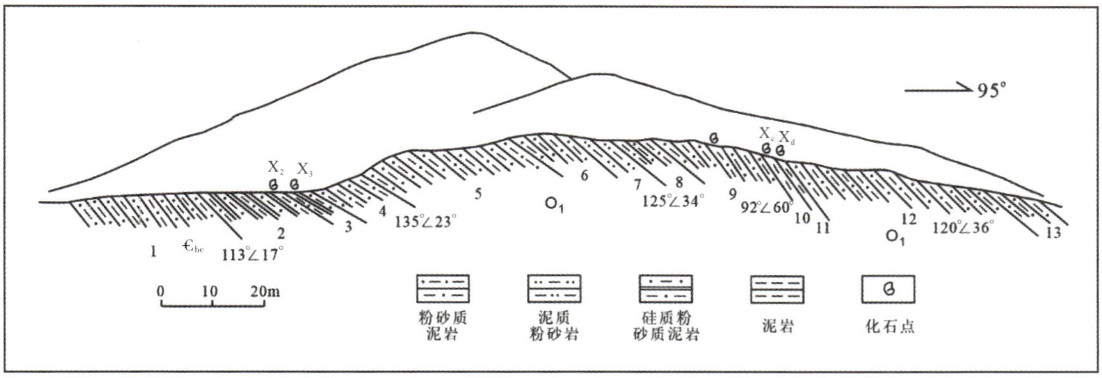

图 4-1 广东台山新厂奥陶纪组剖面（X_2、X_3 产 *Anisograptus* 带的笔石，X_c、X_d（$=X_3$）产 *Adelograptus* 带的笔石（据汪啸风等，1979 修改）

4.2 扬子板块

4.2.1 江南斜坡带

在我国南方扬子板块台缘斜坡带的寒武系与奥陶系界线剖面中，Dong 和 Zhang(2017)等所报道的湖南桃源瓦尔岗剖面最为重要，该剖面牙形石序列保存完美，并有三叶虫共生(图 4-2)。尤其值得注意的是，在该剖面奥陶系底部盘家嘴组 *Cordylodus lindstromi* 牙形石带上部发现波状古大西洋牙形石(*Iapetognatus fluctivagus*)(Nicoll et al.,1999)，与绿岬 GSSP 剖面和劳森湾 ASSP 剖面以及阿根廷西北部该种产出的层位相当，从而进一步证明，波状古大西洋牙形石(*Iapetognatus fluctivagus*)(Nicoll et al.,1999)产于 *Cordylodus lindstromi* 带与 *Cordylodus angulatus* 带之间；新的研究表明，瓦尔岗剖面的牙形石序列及寒武-奥陶系界线与本著所修订的绿岬 GSSP 剖面以及小洋桥标准辅助界线层型剖面牙形石序列及所标定寒武-奥陶系界线易于对比(图 4-2、表 3-4、表 4-1)。

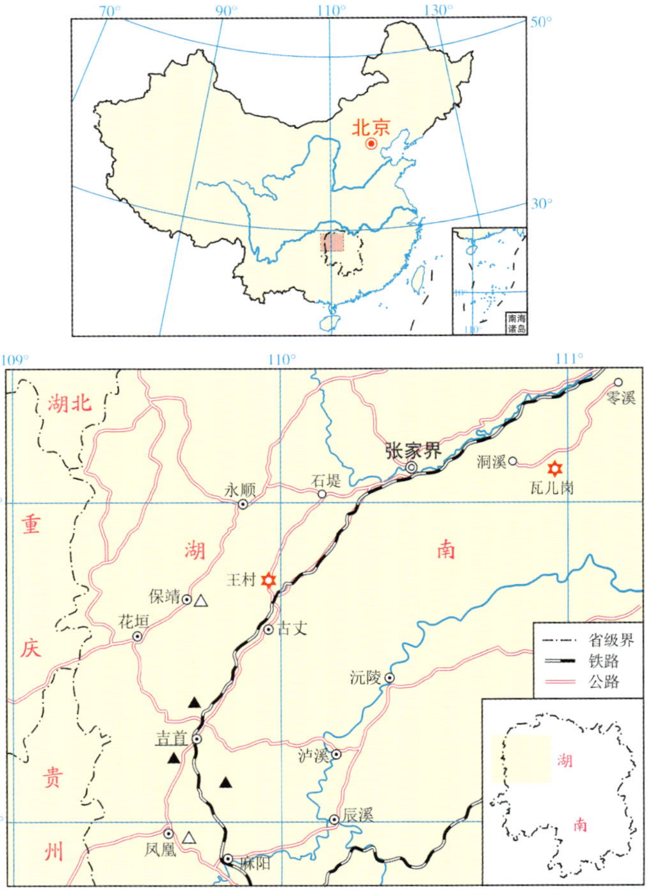

图 4-2　湖南桃源瓦尔岗剖面地理交通位置(据 Dong and Zhang,2017)

在江西修水武宁奥陶系最下部薄层灰岩夹页岩中，曾报道有划分奥陶系底界的辅助标志 *Rhabdinopora parabola* 和 *Rhabdinopora praeparabola* 存在（俞建华等，1984），除后者个体较小，横耙少一些外，外形和始端发育均与 *Rhabdinopora parabola* 一致，且产于同一层中，亦应归属于 *Rhabdinopora parabola* 属之中。根据所产笔石化石，武宁剖面的寒武-奥陶系界线应划在产 *Rhabdinopora parabola* 带之下的灰色薄层灰岩夹页岩之中，如果进一步进行研究，可能会有 *Cordylodus lindstromi* 带牙形石发现。在湖南桃江白水溪剖面白水溪组底部黄绿色页岩中也曾报道 *Staurograptus* ? 和 *Rhabdinopora taojiangensis* 存在（金玉琴、汪啸风，1977），前者有可能是后者的始部标本；后者从形状、始部发育特征等均与 *Rhabdinopora praeparabola* 相似，亦应归属于 *Rhabdinopora parabola* 之中。根据与小洋桥剖面对比，那里的寒武-奥陶系界线应下移含笔石层之下，确切位置，还需进一步研究。相比之下江西武宁剖面易于揭露，进一步工作后有可能发现寒武-奥陶系界线层中的牙形石或更早层位的笔石。

4.2.2 扬子碳酸盐岩台地

我国南方扬子碳酸盐岩台地相的奥陶系下界过去多以宜昌黄花场两河口剖面为对比标准（图 4-3、图 4-4）（曾庆銮等，1987），界线一般都划在黄花场剖面西陵峡组 *Hirsutodontus simplex/Monocostatus servisicus* 组合带之下，后者可能较 *Cordylodus lindstromi* 带低，而与 *Cordylodus intermedius* 带下部大致相当。根据与小洋桥剖面的对比，宜昌黄花场两河口剖面奥陶系底界应上移到西陵峡组上部灰色中-厚层钙质白云岩夹薄层或瘤状硅质岩内部，位于厚 1.5m 左右的产腕足和三叶虫碎片的生物碎屑灰岩之下，确切层位还需进一步研究（图 4-4）。

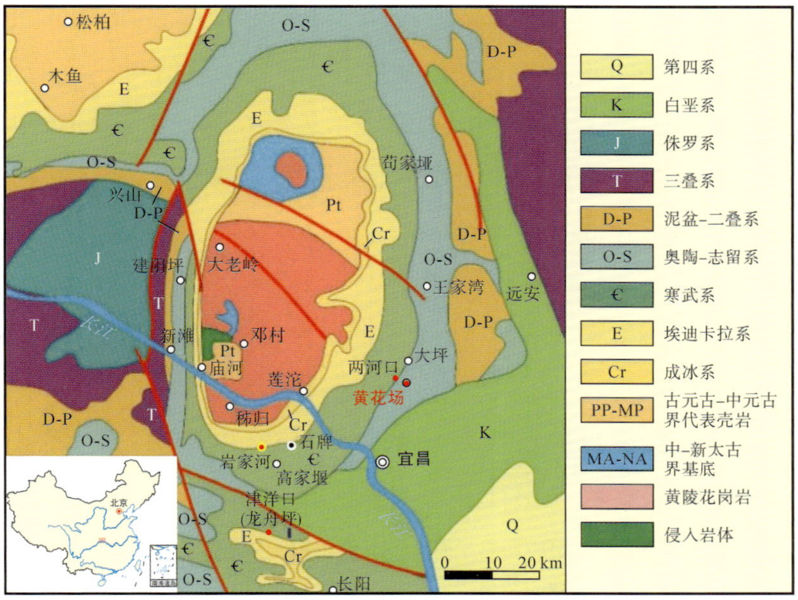

图 4-3 湖北宜昌黄花场地质简图及两河口剖面位置

图 4-4 湖北宜昌黄花场两河口寒武-奥陶系界线剖面

照片所示呈波状起伏的层序转换面为西陵峡组底界，这里寒武-奥陶系界线大致位于照片最上部——薄层钙质白云岩夹瘤或带状硅质岩中间

4.3 华北板块

在华北板块，除大阳岔小洋桥寒武-奥陶系界线剖面外，曾研究过的较好的寒武-奥陶系界线剖面主要分布在唐山和辽西太子河一带。根据与大阳岔小洋桥剖面的对比，唐山赵阁庄冶里组的命名剖面以及辽西太子河等地寒武-奥陶系界线应从原先所划分的冶里组 *Rhabdinopora flabelliformis* 带底部，下移至原视为寒武纪的三山子组底部（山西）或原凤山阶炒米店组顶部（河北—山东）（Zhou et al.，1984；彭善池，2018），略低于牙形石 *Cordylodus lindstromi* 带，位于牙形石 *Cordylodus intermedius* 带上部，大致与三叶虫 *Yosimuraspis* 带中上部对比（表 4-1）。值得注意的是，在武桂春等（2005）所报道的山东省青州尧王山剖面炒米店组 *Cordylodus lindstromi* 带中（45 ~ 47 层）亦有 *Iapetognathus* 共生，那里的寒武-奥陶系界线应划在位于其下的牙形石 *Cordylodus intermedius* 带上部。

4.4 塔里木板块

塔里木板块台缘斜坡相的寒武系与奥陶系界线，以新疆巴楚西侧大坂塔格一带，蓬莱坝组研究较好，该剖面保存了较完整的特马豆克期牙形石生物带。据周志毅等（1995，2001），陈旭等（1998a），张师本（2003），张师本、高琴琴（1992）的研究，那里的寒武系与奥陶系界线似应置于 *Monocostatus sevierensis* 带之上，确切层位还需进一步厘定（图 4-5）。

表4-1 中国南北方之间及其与劳伦大陆寒武–奥陶系界线间隔中笔石、牙形石和三叶虫生物带对比

统(阶)	劳伦大陆(台地) 三叶虫带/亚带		劳伦大陆(台地) 牙形石带/亚带			首现层位(笔石/牙形石)	中国北方 牙形石带/亚带	中国北方 三叶虫带/亚带	中国南方 牙形石带/亚带	中国南方 三叶虫带/亚带
特马豆克阶	Symphysurina	Symphysurina bulbosa		Cordylodus angulatus Iapetognathus	Fauna B		Cordylodus angulatus-Chosonodina herfurthi	not zoned	Cordylodus angulatus	not zoned
		Symphysurina brevispicata		Cordylodus lindstromi s.l.		R.parabola (=R.campanulatum)	Cordylodus lindstromi s.l.	Yosimuraspis	C.lindstromi(upper part)-Iapetognathus fluctivagus Cordylodus lindstromi s.l. (lower part)	
芙蓉统			Cordylodus intermedius	Clavohamulus hintzei		R.proparabola I.preaengensis	Cordylodus intermedius		Cordylodus intermedius	Hysterolenus-Onychopyge
				Hirsutodontus simplex	Fauna A	Cordylodus intermedius				
	Missisquoia	Missisquoia typicalis	Cordylodus proavus	Clavohamulus elongatus			Cordylodus proavus	Richardsonella-Platypeltoides	Cordylodus proavus	Leiostegium constrictum-Shenjiawania brevica
				Fryxellodontus inornatus						
		Missi. depressa		Hirsutodontus hirsutus		Cordyiodus andresi		Pseudokoldinioidea perpetis		Mictosaukia striata-Fatocephalus
	Eurekia apopsis									
	Saukia	Prosaukia serotina	Eoconodontus	Cambrooistodus minutus			Cambrooistodus	Mictosaukia	Eoconodontus	
		Saukiella junia		Eoconodontus notchpeakensis		Eoconodontus notchpeakensis	Proconodontus: Proconodontus muellen			A.taoyuanense-L.cf.bexelli
				Proconodontus muelleri				Changia	Proconodontus	Lotagnostus americanus
		Saukiella pyrene		Proconodontus posterocostatus			Proconodontus posterocostatus			
		unnamed interval		Proconodontus tenuiserratus		Lotagnostus americanus	Proconodontus tenuiserratus	Ptychaspis-Tsinenia	Procondontus tenuiserratus	Probinacunaspis nasalis-Peichiashania hunanensis
	Ellipsocephaloides			not zoned			W.aff. fossa-P. rotundatus	Kaolishania	W. cf.calix-P. rotundatus	Eolotagnostus decorus-Kaolishaniella

中国北方据小阳桥剖面，南方三叶虫据湘西武陵山区(彭善池, 2018)，牙形石主要据桃源瓦尔岗剖面(Dong and Zhang, 2017)

与上述我国南方、北方所发现的寒武系与奥陶系界线剖面相比，下章将要详细讨论和介绍我国北方大阳岔小洋桥寒武系与奥陶系界线剖面。该剖面地层出露完美，化石门类多样，研究详细，在奥陶系与寒武系界线间隔中各门类生物，包括牙形石、笔石、三叶虫、疑源类等序列发育完整，而且适宜开展层序、事件、化学和磁性地层学研究，此外，剖面所在地风景优美、安静，一直受到当地政府的保护。因此，Wang、Erdtmann(1992)，Chen 等(1988)等都曾建议用浑江阶一名取代“新厂阶”作为我国乃至全球奥陶系最下部年代地层划分与对比的标准。

图 4-5　新疆柯坪大湾沟剖面奥陶系底部蓬莱坝组(原上丘里塔格组)剖面

(据张师本等，2003)

第 5 章
小洋桥剖面地质地理背景和研究方法

5.1　地质环境

寒武纪末，早奥陶世沉积在稳定的华北克拉通（North China Craton，NCC）或中朝克拉通（Sino-Korea Craton，SKC），包括中国北部大部分地区和朝鲜半岛部分地区（Zhu et al.，2012）分布较广泛。该克拉通构成华北地块的核心，是中国三大泛冈瓦纳地体之一，即华北、华南和塔里木板块的陆缘盆地（Meyerhoff et al.，1991；Torsvik and Cocks，2016）；至于华夏褶皱带东南在奥陶纪时期究竟应属于华南板块的盆地相区，还是属于华夏地块的陆缘岛弧区，目前还存有不同的看法（汪啸风，2016）。当今，华北克拉通位于中亚造山带南侧（阿尔泰，Altaids）（Meng et al.，1997；Zhang et al.，2013），特提斯构造亚域（subdomain）以西，秦岭-桐柏-洪安-大别-苏鲁造山带以北（Li and Powell，2001；Kusky et al.，2007；Xiao et al.，2009；Zhai and Santosh，2013）。其东缘被与华南地块对接碰撞而形成的太平洋俯冲带所限定（Lee and Chough，2011）。因此，今天的华北地块的面积从东到西约 1500km，从北到南达 1000km（Meng et al.，1997）。

华北克拉通的基底系由太古（东地块）和古元古（西地块）组成，其中最古老的岩石记录达 3800Ma。其上为巨厚的新元古代到古生代沉积不整合覆盖（Zhao and Zhai，2013）。其中包含 500 ~1000m 厚寒武-奥陶系台地沉积，主要由浅海碳酸盐岩与一些在克拉通上聚积的碳酸盐岩、硅质碎屑岩和蒸发岩(膏岩)、鲕粒灰岩、含砾灰岩相混合沉积组成。在华北板块东南缘的中-外陆棚和斜坡上则覆盖着由碳酸盐岩和硅质碎屑岩相互混生组成的相当厚的成套沉积组合(package)。在晚寒武世-早奥陶世期间,华北碳酸盐岩台地东部坐落在类似斜坡的边缘;中部陆棚的硅质碎屑-碳酸盐岩带向海一方被叠层石礁所镶边,而在碳酸盐岩台地的外陆棚边缘则构成了一个富含页泥岩的外边缘碎屑带沉积。

由于末寒武世(芙蓉统)—早奥陶世期间,华北板块位处热带位置,所出露的沉积序列主要形成于广袤的陆表海中(Meyerhoff et al.,1991;Meng et al.,1997)。古生代早期华北板块向北漂移,古地理位置靠近赤道附近,到了寒武纪晚期,华北板块的古地理位置则处于赤道10°以内(图5-1),到了最晚寒武世和最早奥陶世时又漂移到有飓风的亚赤道带。这一点被华北板块最晚寒武世至最早奥陶世沉积序列中风暴、石膏、蒸发岩、鲕状和碎屑碳酸盐沉积的增加得到证实(Kwon et al.,2006)。在寒武纪大部分时间内华北板块构造上是稳定的;至寒武-奥陶系界线之交,华北碳酸盐岩台地由于受板块西缘区域构造抬升的影响,在晋冀鲁豫不少地点存在不同规模沉积间断。继之出现奥陶纪沉积序列因受后期“怀远运动”(Huaiyuan Movement)的影响而中断,从而形成了从中晚弗洛期(mid-late Floian)(早奥陶世)到达瑞威尔期早期(early Darriwilian)之间的缺失(Zhen et al.,2016;王志浩等,2016)。至中奥陶世华北板块又继续沉降并接受沉积,并持续到晚奥陶世早期,继之发生的第二次抬升导致地层出现巨大缺失,以致上奥陶统下部的地层被上覆由海相-海陆交互相沉积组成上石炭统-下二叠统不整合覆盖(Zhao and Zhai,2013)。

5.2 剖面的交通地理位置

吉林省白山市江源区大阳岔村的小洋桥剖面(北纬42°3′24″,东经126°42′21″,海拔642m),位于浑江的支流——一条小河的西北侧,距大阳岔镇北北西2.5km[(图5-1(b)],交通十分便利,从白山市驾车约40分钟、江源区约10分钟,距大阳岔村约5分钟车程;此外从白山市乘火车大约需要30分钟。郭鸿俊等(1982)、周志毅等(Zhou et al.,1984)、陈均远等(Chen et al.,1983,1985,1988)(陈均远等,1995)先后对小洋桥剖面寒武系芙蓉统的第十阶至下奥陶统的特马豆克阶的岩石、化石和地层序列做过详细的研究。剖面中保存的动物群,包括高分异度和丰度的疑源类、牙形石、笔石、三叶虫等。其中的笔石曾被林尧坤(Lin,1986),汪啸风、Erdtmann(Wang and Erdtmann,1987),Erdtmann(1986),张元动、Erdtmann(Zhang and Erdthmann,2004)等进行过研究(图5-2、图5-3)。

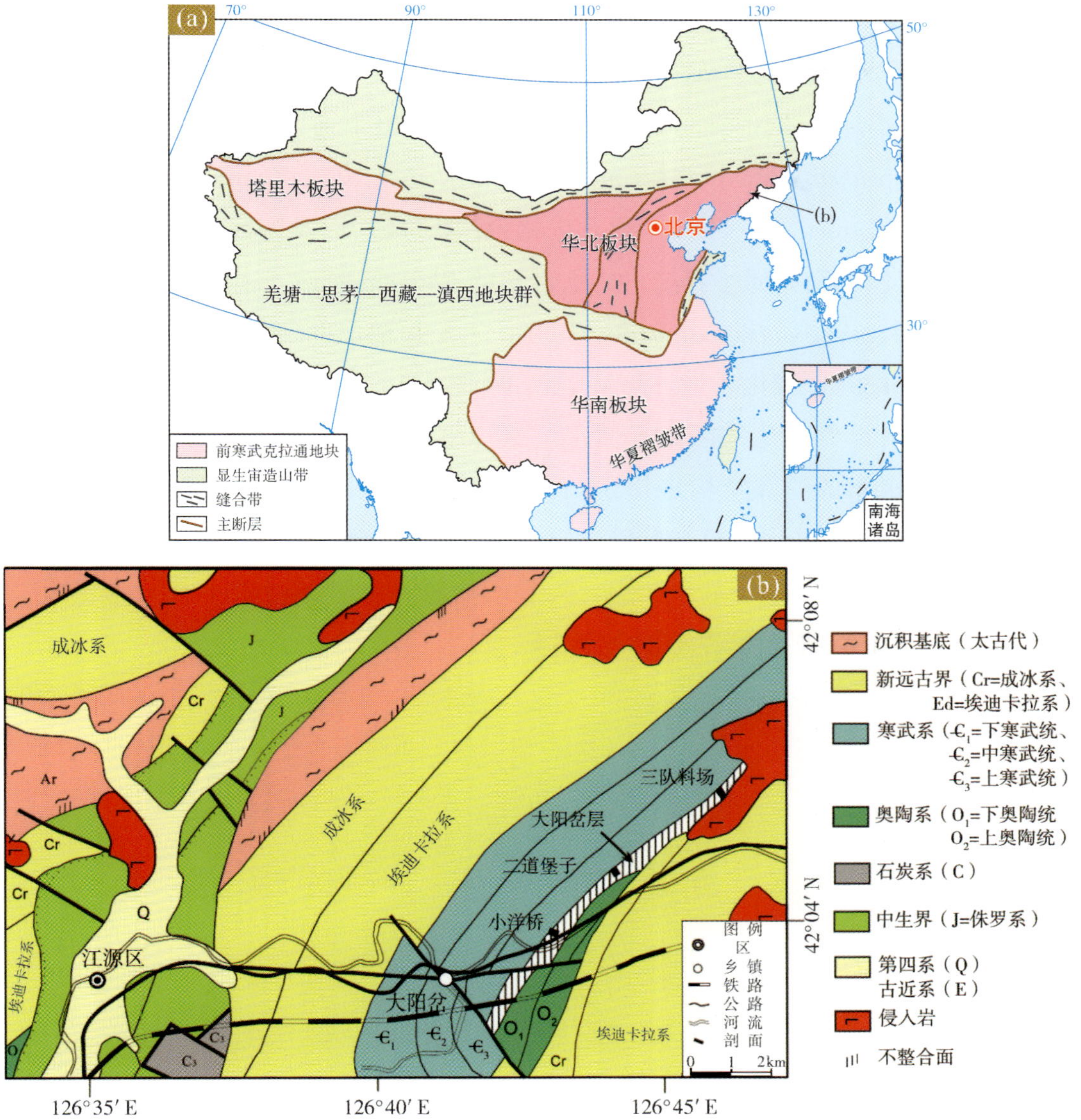

图 5-1　板块构造及研究区地质剖面图

(a)示中国大陆奥陶纪的主要板块；(b)研究区地质和剖面位置图，示大阳岔东北重要的小洋桥、二道堡子和三队料场剖面位置，白山市是江源区的主管城市，位于大阳岔村西南 42km 处

针对 2000 年所批准的全球寒武-奥陶系界线层型剖面（GSSP）（Cooper et al.，2001）所暴露出来的问题，来自中国、丹麦、德国、意大利、俄罗斯等 5 个国家 10 位地质工作者组成的中欧国际合作团队，在以往 30 多年研究积累的基础上，又围绕中国大阳岔小洋桥剖面与绿岬“金钉子”剖面高精度综合对比问题进行了为期 4 年的研究。结果表明：

（1）小洋桥剖面所保存的连续寒武-奥陶系灰岩-页岩序列，为广袤地区和全球范围内寒武-奥陶纪过渡沉积的划分和对比提供了最佳的客观条件（图5-2）。

（2）小洋桥剖面寒武-奥陶系界线间隔内保存了世界上独一无二的完美和重要的牙形石和笔石序列，以及可用于广泛国际对比的大量的三叶虫、介形类和疑源类

(图 5-3、图 5-4)。

(3)小洋桥剖面展示了从牙形石 *Eoconodontus notchpepepeensis* 通过 *Cordylodus primitivus* 到 *Cordylodus* lindstromi 的完整的演化序列,自下而上可以识别和建立 *Eoconodontus notchpeakensis*、*Cordylodus proavus*、*Cordylodus caboti*、*Cordylodus intermedius* 和 *Cordylodus lindstromi* 等一系列牙形石生物带(图 5-4),以及完整的最早奥陶纪浮游笔石系列,它们分别归属于目前世界上已知的 *Rhabdinopora proparabola*、*Rhabdinopora parabola* 和 *Anisograptus matanensis* 生物带。其中 *Rhabdinopora proparabola*(Lin, 1986)是 *Rhabdinopora* 演化系列上的最早代表(图 5-5),除了阿根廷(Zeballo et al., 2005)有可能外,世界其他地区尚未发现。该种笔石可以通过其胎管顶端所发育、相互间呈 120°夹角的三翼结构来识别,目前还没有一个标本可以证明其胎管顶端具有线管以及此三翼结构直接与胎管尖端相连(图 5-6、图 5-7)。

图 5-2　小洋桥剖面标志性底界

红线示剖面标志性底界:含 *Cordylodus proavus* 带牙形石的灰色厚层叠层石灰岩

图 5-3　小洋桥剖面寒武-奥陶系界线牙形石系列

示剖面所保存的完整牙形石系列及其首次出现层位;剖面标志性底界定在含 *Cordylodus proavus* 带牙形石的灰色厚层叠层石灰岩系近底部

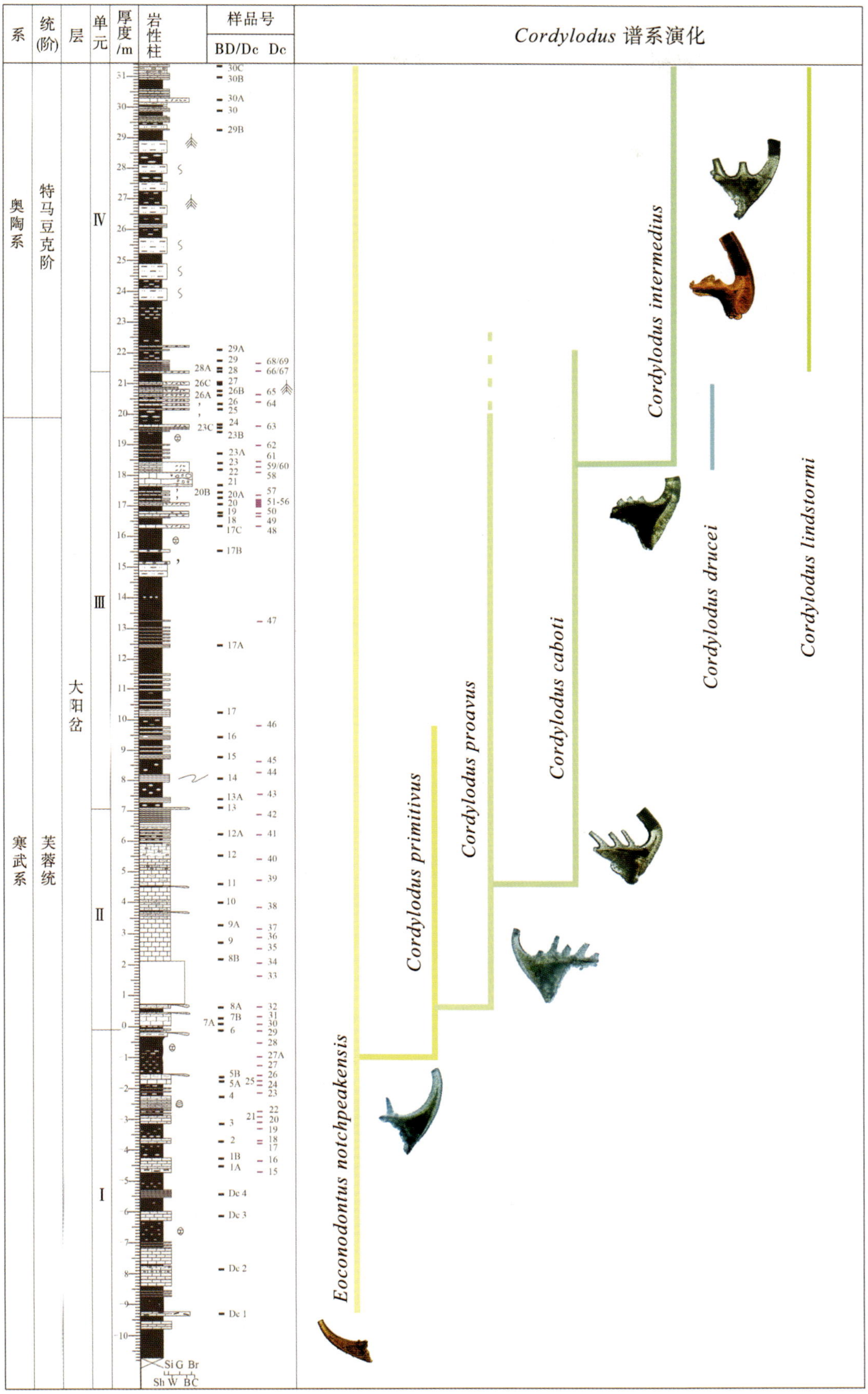

图 5-4 小洋桥剖面牙形石 *Cordylodus* 谱系演化序列

每个牙形石带化石首次出现层位同图 5-3、图 6-7

图 5-5　小洋桥剖面寒武-奥陶系界线

BD22：为灰色薄层瘤状含海绿石生物碎屑灰岩，产首次出现的 *Cordylodus intermedius*（BD22），其下为 *Cordylodus caboti* 带牙形石；*Cordylodus lindstromi* s. l. ，首次出现于 BD27，位于含最早浮游笔石（BD26）*Rhabdinopora proparabola* 之上 0.5m，小洋桥剖面位于 *Cordylodus intermedius* 带中部（红线），距剖面下部标志性的叠层石灰岩+19.9m，位于含最早浮游笔石 *Rhabdinopora proparabola* 层位（BD26）之下约 1m，牙形石 *Cordylodus lindstromi* 带（BD27）底部之下 1.5m

图 5-6　小洋桥剖面 BD26 层所保存的世界上最早的浮游正笔石（一）

——*Rhabdinopora proparabola*（Lin，1986）

（a）~（c）：可见胎管顶端所发育的线囊构造。含 *Rhabdinopora proparabola* 的笔石层位于 *Cordylodus lindstromi* s. l. 首次出现层位 BD27 之下 0.5m，标本号 WHCG-001-005；层位：小洋桥剖面 BD26

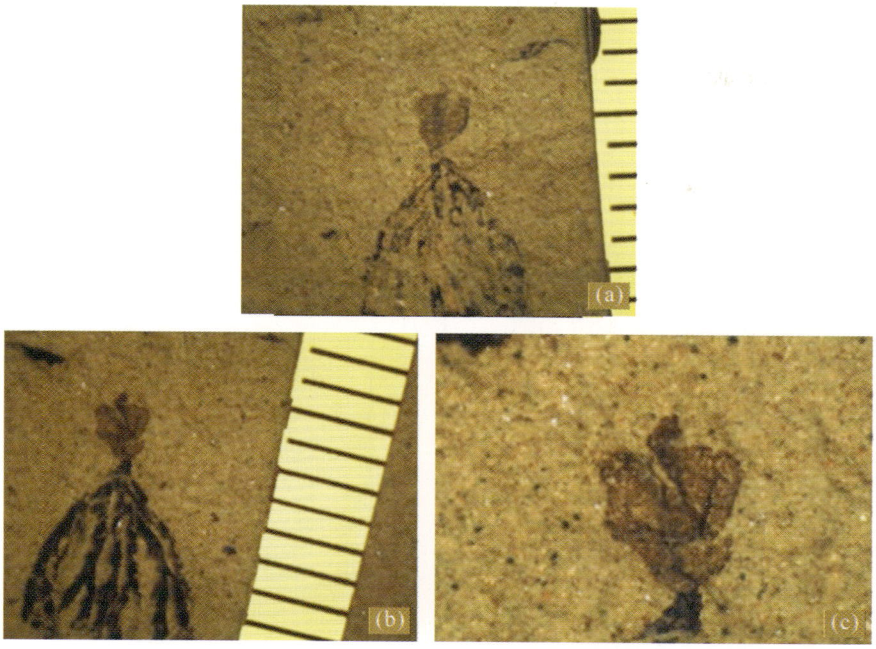

图 5-7 小洋桥剖面 BD26 层所保存的世界上最早的浮游正笔石(二)

——*Rhabdinopora proparabola*(Lin,1986)

(a)~(c):囊内保存有相互间呈 120°夹角的三翼结构。(c)为(b)始部的放大。含 *R. proparabola* 的笔石层位于 *Cordylodus lindstromi* s. l. 首次出现层位 BD27 之下 0. 5m,标本号 WHCG-001-005;层位:小洋桥剖面 BD26

5.3 资料和方法

2014—2016 年笔者等曾对小洋桥剖面进行过详细测量。层的厚度(Tucker,2003)、颜色、岩石、结构、沉积构造、大化石和地层的叠加模式等均在野外做了详细记录。对碳酸盐岩的研究主要根据邓纳姆(Dunham,1962)的分类进行描述;硅质碎屑-碳酸盐混合沉积和硅质碎屑沉积则分别采用 Mount(1985)和 Wentworth(1922)的分类,同时采用综合的岩石、生物、层序和同位素地层学方法对该剖面进行研究。为了研究其中的牙形石,对上寒武统-奥陶系最下部地层进行了详细、几乎是逐层的采集(图 5-3、图 5-4、图 5-5、图 5-8),同时还收集和记录了含 115 个牙形石样品的两套样品系列(BD 和 Di)的数据(表 5-1)。此外,陈均远等(Chen et al.,1986)描述和出版的原始资料也被用于此次调查之中。所有牙形石标本均在立体显微镜下进行了研究和鉴定,并挑选其中有的标本进行了光学显微镜和扫描电子显微镜(scanning electron microscope,SEM)研究。

为了研究小洋桥剖面中的笔石化石,在以往林尧坤(Lin,1986),汪啸风、Erdtmann(Wang and Erdtmann,1987),Erdtmann(1986),张元动、Erdtmann(Zhang and Erdtmann,2004)等研究基础上又进行了详细采集,对相邻的二道堡子和三队料场等剖面含笔石地层也进行了化石采集和对比研究(图 5-9、图 5-10),此外还对林尧坤(Lin,1986)当年所采、现保存在中科院南京地质古生物研究所的笔石化石进行了再研究,从而肯定了小洋桥剖面三个笔石带的存在及其类型、层位、分布和对比,尤其发现和进一步肯定小洋桥剖面所产的最早的奥陶纪的浮游笔石的层位和类型。

图 5-8　小洋桥剖面下部采样位置及野外编号

新的孢粉或疑源类数据采自 46 个新样本(BD 系列),这些样本采自或与牙形石样品同层或与之接近,或者正好位于陈均远等(Chen et al.,1986)所采集样品层位之间;另外还补充了一些新的采样层位,因为这些层位中富含可以扩展先前研究地层已知的疑源类形态特征。

为了查明小洋桥剖面寒武-奥陶系界线上下所保存的具有全球对比意义的碳氧同位素异常,又进行了详细地球化学样品的采集和研究,在 32m 厚的界线间隔中采集的 96 个样品,样品在武汉地质调查中心同位素地球化学实验室,利用 MAT 253 质谱仪进行了碳和氧同位素分析。分析全过程采用国家和国际标样和重复样(数量为样品总数的 30%)进行质量监控。测试结果如表 5-1 所示。

就层序地层学研究而言,由于缺少地表的、可能用作层序边界的不整合记录,故采用 Embry、Johannessen (1992)所引入的海侵-海退(transgressive-regressive, T-R)旋回的方法。此方法将地表不整合作为海侵-海退(T-R)旋回界面的一部分,对应于最大海退面(maximum regression surface,MRS)在深水沉积区的整合界面。每个 T-R 层序均由最大海退面分界,而不同于传统的埃克森(Exxons)层序地层模式所表示的层序的边界(Catuneanu et al.,2009,2011)。

单个海侵-海退(T-R)层序可以进一步分为下部的向上变细的海侵体系域(transgressive systems tract,TST)和上部向上变粗的海退体系域(regressive systems tract,RST),其中最大海泛面(maximum flooding surface,MFS)则是二者之间的界线。

这些独特的代表没有沉积或饥饿段沉积和浓缩段的界面，其下是海侵体系域（TST）顶部粒度最细沉积物，其上为向上变粗的沉积旋回的开始。

所有这些资料均为本书所讨论的层序地层序列提供了依据，说明这种海侵-海退（T-R）的研究方法，在距岸较远、缺少或难以看见地表剥蚀不整合面的剖面中具有良好的效果。

图 5-9　产 *Psigraptus* 带笔石的二道堡子剖面

（Wang and Erdtmann，1987；Wang and Wang，2001）

图 5-10　三队料场剖面

下部站人处产 *Rhabdinopora parabola* 带笔石；上部站人处产 *Anisograptus matanensis* 带笔石

表 5-1　96 个样品的碳氧同位素测试结果

序号	样本	岩石	$\delta^{13}C_{VPDB}$ /‰	$\delta^{18}O_{VPDB}$ /‰	序号	样本	岩石	$\delta^{13}C_{VPDB}$ /‰	$\delta^{18}O_{VPDB}$ /‰
1	BD6i		0.60	-8.68	49	Di04		0.58	-9.17
2	BD9i		1.34	-8.57	50	Di05		0.69	-9.01
3	BD10i		1.20	-8.67	51	Di06		0.59	-9.00
4	BD11i		1.22	-8.55	52	Di07		0.48	-9.30
5	BD12i		0.87	-9.02	53	Di08		0.60	-8.93
6	BD13i		1.16	-8.87	54	Di09		0.52	-9.30
7	BD18i		0.76	-9.15	55	Di10		0.58	-9.29
8	BD19i		0.77	-8.63	56	Di11		0.78	-9.02
9	BD20i		0.83	-8.94	57	Di12		1.44	-9.28
10	BD21i		0.35	-9.04	58	Di13		1.41	-8.52
11	BD22i		0.05	-9.01	59	Di13-1		0.74	-8.82
12	BD23i		0.32	-9.25	60	Di14		0.66	-8.88
13	BD24i		0.41	-9.49	61	Di15		0.77	-8.83
14	BD25i		0.43	-8.70	62	Di16		0.52	-8.95
15	BD26i		0.36	-9.26	63	Di17		0.66	-8.10
16	BD27i		0.09	-9.01	64	Di18		0.90	-8.41
17	BD28i		0.35	-8.35	65	Di19		0.70	-8.29
18	BD29i		0.39	-8.11	66	Di20		1.00	-8.61
19	BD30i		0.40	-8.70	67	Di21		0.66	-8.08
20	BD31i		1.04	-8.49	68	Di22		1.04	-8.87
21	BD32i		0.73	-8.27	69	Di23		0.55	-10.10
22	BD33i		-0.34	-8.23	70	Di24		0.64	-10.24
23	BD34i		0.15	-8.71	71	Di25		0.88	-8.09
24	BD35i	石灰岩	0.11	-8.52	72	Di26	石灰岩	0.88	-8.40
25	BD36i		0.19	-8.67	73	Di27		0.89	-8.21
26	BD37i		0.21	-9.28	74	Di28		0.99	-8.26
27	BD38i		0.27	-8.32	75	Di29		0.75	-10.00
28	BD39i		0.29	-10.11	76	Di29A		1.04	-8.25
29	BD40i		0.75	-8.56	77	Di30		0.77	-9.75
30	BD41i		0.70	-9.53	78	Di31		0.66	-9.89
31	BD42i		0.87	-8.60	79	Di32		0.87	-8.77
32	BD43i		0.69	-8.20	80	Di33		0.81	-8.40
33	BD44i		1.03	-5.18	81	Di34		0.88	-8.73
34	BD45i		1.18	-8.59	82	BD1Ai		0.57	-9.34
35	BD46i		1.08	-8.28	83	BD1Bi		0.66	-9.12
36	BD47i		0.77	-9.30	84	BD2i		0.66	-9.02
37	BD48i		1.06	8.33	85	BD3i		0.74	-8.90
38	BD49i		1.06	-8.15	86	BD4i		0.71	-9.37
39	BD50i		0.60	-8.68	87	BD5itop		0.63	-9.00
40	BD17Ai		0.34	-8.76	88	BD5xi		0.43	-8.57
41	BD24Ai		0.41	-8.43	89	BD5xyi		0.59	-8.79
42	BD26Ai		1.12	-8.06	90	BD6ilower		0.67	-8.94
43	BD26Bi		0.85	-7.97	91	BD6imid		0.96	-8.86
44	BD26Ci		1.13	-8.11	92	BD6itop		1.16	-8.22
45	BD28Ai		0.89	-8.66	93	BD14i		1.01	-8.96
46	Di01		0.59	9.44	94	BD15i		1.18	-8.80
47	Di02		0.52	9.97	95	BD16i		0.94	-8.94
48	Di03		0.50	-10.09	96	BD17i		1.16	-9.19

第 6 章
小洋桥剖面的再研究

6.1 地层

大阳岔地区的寒武-奥陶系界线间隔沉积序列以海相硅质碎屑岩混以碳酸盐岩,并展示向上变深与向上变浅旋回出现的沉积特征。该套在小洋桥剖面完美出露的上寒武统-下奥陶统地层被 Erdtmann(1986)非正式地命名为大阳岔层(Dayangcha Bed)[图 5-1(b)]。下伏紧接小洋桥剖面南端、并沿着小洋桥路边出露的小洋桥下剖面(Xiaoyangqiao lower section,XLS),属寒武系芙蓉统凤山组,主要由碳酸盐岩和少许页岩组成。覆于大阳岔层之上的是下奥陶统特马豆克阶冶里组,主要为碳酸盐岩夹次生钙质页岩沉积。此外,大阳岔一带冶里组还沿小洋桥剖面东南另一条小溪和南东约 400m 新开主干公路两侧、老乡称之小料荒地剖面(42°03′17″N,126°42′13″E)出露(Zhang and Erdtmann,2004)(图 6-1、图 6-2、图 6-4)。小洋桥剖面和西侧出露冶里组剖面与小洋桥南东端剖面一起被陈均远等(Chen et al.,1986)[图 5-1(b)]称之为小洋桥组合剖面(Xiaoyangqiao composite section)(Zhang,1986)(图 6-3)。

6.1.1 岩石地层

由碳酸盐岩夹硅质碎屑岩组成大阳岔剖面的大阳岔层,主要由向 NE21°至

NE48°方向均匀倾斜的灰岩、粉砂岩和页岩以及少许砾岩和层状角砾岩（stratabound breccias）组成，可以进一步细分为4个非正式的岩石地层单元（单元Ⅰ～Ⅳ）（图6-5～图6-13）。

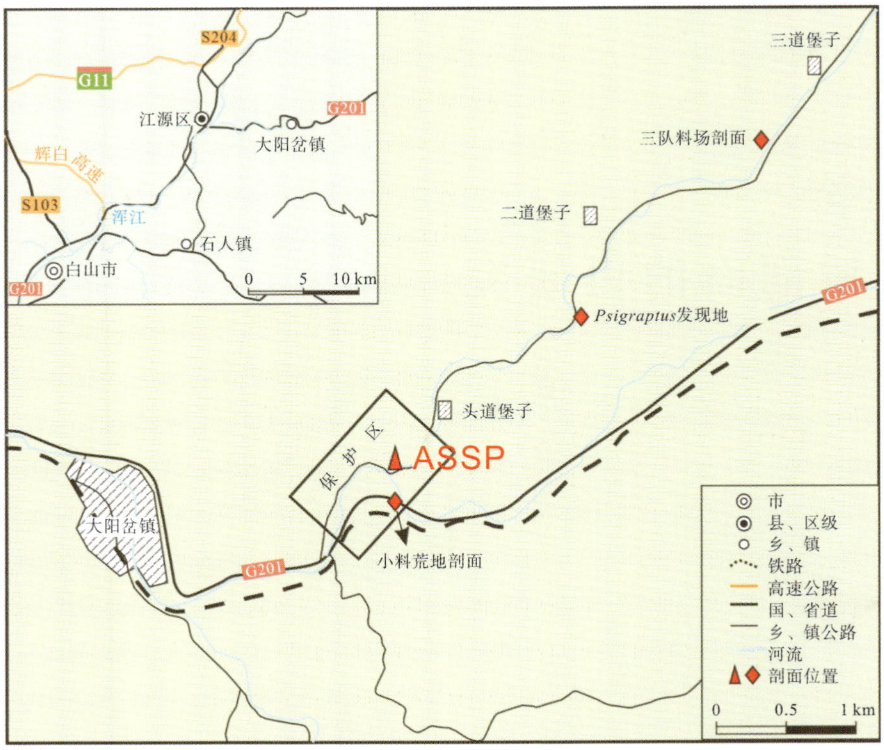

图6-1　大阳岔地区交通和剖面位置图

（据 Zhang and Erdtmann，2014 修改）

图6-2　大阳岔镇（距小洋桥剖面2.5km）

图 6-3　小洋桥剖面南端沿小溪出露的寒武系芙蓉统剖面

图 6-4　小料荒地剖面，灰岩中产 ***Chosonodina herfurthi*** 和 ***Rossodus manitouensis*** 带的牙形石（Yan et al.，2019）

6.1.1.1　第Ⅰ单元

第Ⅰ单元由页岩混以页岩夹薄层石灰岩透镜体组成，厚度约 11m，包括一系列向上变深的米级旋回组成，但单元的最上部和上覆灰岩层之下，粉砂岩的丰度增加。在此单元中，碳酸盐与硅质碎屑岩的比例大约是 1∶1，但硅质含量向上增加。第Ⅰ单元从小洋桥下部剖面（XLS）中部开始，沿通向大阳岔（XCS）的路边出露（图 6-3），并上延至小洋桥组合剖面（XCS）基部；其结束层略低于小洋桥剖面底部标志性的叠层石灰岩之下的 BD6 层（0 层）（图 6-5）。此处产页岩中常见三叶虫与腕足类化石。

6.1.1.2　第Ⅱ单元

第Ⅱ单元以碳酸盐岩沉积为主，从浅水碳酸盐岩开始，深水碳酸盐岩向上逐渐增加，后者通常为瘤状灰岩及少许页岩夹层。此单元包含一个显著的柱状叠层石标志层（厚 1.4~1.6m）（图 6-5，BD8~9 层；图 6-8 第Ⅱ单元底部开始），略高于前述剖面第Ⅰ单元底部的参考层。第Ⅱ单元（图 6-8）从负 0.20m 开始上延至剖面的 7.1m 处（图 6-9、图 6-10），此单元产三叶虫。

第Ⅱ单元代表该碳酸盐台地硅质碎屑输入减少和碳酸盐“工厂”的短暂恢复。

图 6-5　小洋桥剖面底部

岩石地层组合Ⅰ上部和组合Ⅱ，放大照片见图 5-3；岩石地层组合Ⅱ底部定在 BD7a 层，组合Ⅱ包括 BD7a 至 BD14 层，其上属于组合Ⅲ

图 6-6 小洋桥剖面寒武-奥陶系界线间隔

示组合Ⅲ上部，最早浮游笔石首次出现于剖面标志性底部之上 19.9m，BD26a 底部之上

图 6-7 小洋桥剖面产最早浮游笔石的层位

最早浮游笔石首次出现于层位 BD26a 底部，此层位于产 *Cordylodus lindstromi*（BD27）首次出现层之下 0.5m。寒武-奥陶系界线位于产最低层位笔石——*Rhabdinopora proparabola* 之下 1.0m

6.1.1.3 第Ⅲ单元

第Ⅲ单元主要是硅质碎屑页岩和粉砂岩夹少许薄层泥质瘤状石灰岩。灰岩砾石和叠瓦状灰质角砾层在该单元中部出现。本单元顶部则以一系列层状或透镜状含钙质角砾的灰岩出现为特点。海绿石出现是本单元中上部的一个特征。三叶虫

在第Ⅲ单元中频繁出现，最早的浮游笔石出现在此单元的顶部（图 6-6、图 6-7、图 6-11、图 6-12、图6-13）。第Ⅲ单元厚 13.95m，从+7.45m 开始，向上延伸到+21.4m，海绵骨针在灰岩中很常见。

所含灰质角砾被解释为因风暴或飓风而产生风暴沉积（Kwon et al.，2006）。第Ⅲ单元上部海绿石的存在，暗示其深度在 150～200m（Porrenga，1967）、且沉积速率低（Odin，1988）。

6.1.1.4 第Ⅳ单元

第Ⅳ单元（图 6-11）几乎完全由硅质碎屑岩组成，主要是绿色、浅灰色页岩到黑色页岩、灰色到浅灰色粉砂岩夹少许细砂岩，在深灰色到黑色页岩中夹薄且平的透镜状碳酸盐岩；在此单元的顶部见少许灰岩层。海绿石在除黑色页岩外的其他岩层中常见。第Ⅳ单元中所产最重要宏体化石是浮游笔石组合。该单元从+21.4m 一直上延到本剖面所出露岩层的顶部，厚度为 9.80m。小洋桥剖面未达到该单元顶部，其上相当于 *Cordylodus angulatus* 带地层可能被小河沉积所覆盖；但在剖面顺走向东南 400m 左右新开主干公路两侧出露的小料荒地剖面灰岩中产 *Chosonodina herfurthi* 和 *Rossodus manitouensis*、*Cordylodus angulatus* 带的牙形石（图 6-4）；其层位有可能与三队料场产 *Anisograptus* 笔石带笔石及其上的灰白色厚层白云质灰岩加薄层钙质泥岩相当（Yan et al.，2019）。

图 6-8 小洋桥剖面底部岩石地层单位划分

示岩石地层组合Ⅰ顶部和组合Ⅱ底部；白线标志为图 6-15 中所分单元的底界

图 6-9　小洋桥剖面岩石地层单位组合Ⅱ

含 1.6m 厚叠层石灰岩,其层位划归组合Ⅱ下界

图 6-10　示小洋桥剖面岩石地层单位组合Ⅱ和组合Ⅲ及其之间的界线

图 6-11　示小洋桥剖面组合Ⅲ上部和组合Ⅳ下部

图 6-12　小洋桥剖面岩石地层单位组合

示组合Ⅲ上部和寒武-奥陶系界线层和层型点，介于 BD23 和 BD25 之间，含最早浮游笔石层(BD26a)之下约 1m(见图 6-6、图 6-7)

图 6-13　小洋桥剖面产最早浮游笔石的层位

铁锤示最早浮游笔石——*Rhabdinopora proparabola* 产出层位(BD26)(见图 6-6、图 6-7)。最早浮游笔石首次出现(FAD)的具体层位,位于标志性底界之上+20.9m

6.2　生物地层

小洋桥剖面牙形石序列完整,保存完美,并有重要的笔石群相伴出现,现概述如下;同时对所发现疑源类进行了初步修订,并按组合对其进行了非正式的生物地层单位划分;对陈均远等(Chen et al.,1983,1985,1986,1988)所描述的三叶虫序列则以检索的形式呈现。

6.2.1　牙形石

小洋桥剖面的牙形石动物群,包括真牙形石(euconodont)和副牙形石(paraconodonts),动物群的丰度中等到相当丰富,多样性适中。本书主要讨论在地层划分与对比中具有重要意义的真牙形石类。所分析出的牙形石标本显示仅经历了轻微变质,色变指数(conodont alteration index,CAI)为 1.5 ~2.0,这表明含化石母岩曾被加热到最高 140℃ 左右(Epstein et al.,1977)。标本一般保存完好,少许标本基腔(cups)破损,有的标本有粉砂附着。

6.2.1.1　牙形石谱系演化(conodont evolutionary lineages)

在所研究的小洋桥剖面寒武-奥陶系界线间隔中,保存了从 *Eoconodontus notch-*

peakensis (Miller,1969)演化出来的 *Cordylodus*(Pander,1856)谱系序列。*Cordylodus* 属的谱系演化始于 *Cordylodus primitivus*(Bagnoli et al.,1987),依次出现 *Cordylodus proavus*(Müller,1959)、*Cordylodus caboti*(Bagnoli et al.,1987)、*Cordylodus intermedius* (Furnish,1938)和 *Cordylodus lindstromi*(Druce and Jones,1971)等。'*Cordylodus*' *andresi* Viira and Sergeeva (Kaljo et al.,1986),首次出现于所测剖面的-2.4m处,层位上略低于 *Cordylodus primitivus*(图6-14、图6-15),但'*Cordylodus*' *andresi* 与狭义的 *Cordylodus* s. s. (Bagnoli and Stouge,2014)之间并无谱系演化上的联系。

小洋桥剖面 *Iapetognathus jilinensis*(Nicoll et al.,1999)代表该属在谱系发生上值得充分考虑的一个片段,系从它可能的祖先 *Iapetognathus preaengensis* Landing in (Fortey et al.,1982)演化出来的分类单位,而 *Iapetognathus preaengensis* 则被 Fortey 等(Fortey et al.,1982)认为是该属已知最古老的代表。Nowlan 和 Nicoll (1995)在小洋桥剖面第Ⅳ单元的上部灰岩中曾记录有"古大西洋牙形石属的先进物种"(an advanced species of *Iapetognathus*),该含化石灰岩应出露在小洋桥剖面的顶部,但这些作者未对此做进一步阐述;遗憾的是,本书作者在含 *Iapetognathus jilinensis*(吉林古大西洋牙形石)的层位之上,没有发现 *Iapetognathus* 的分子。

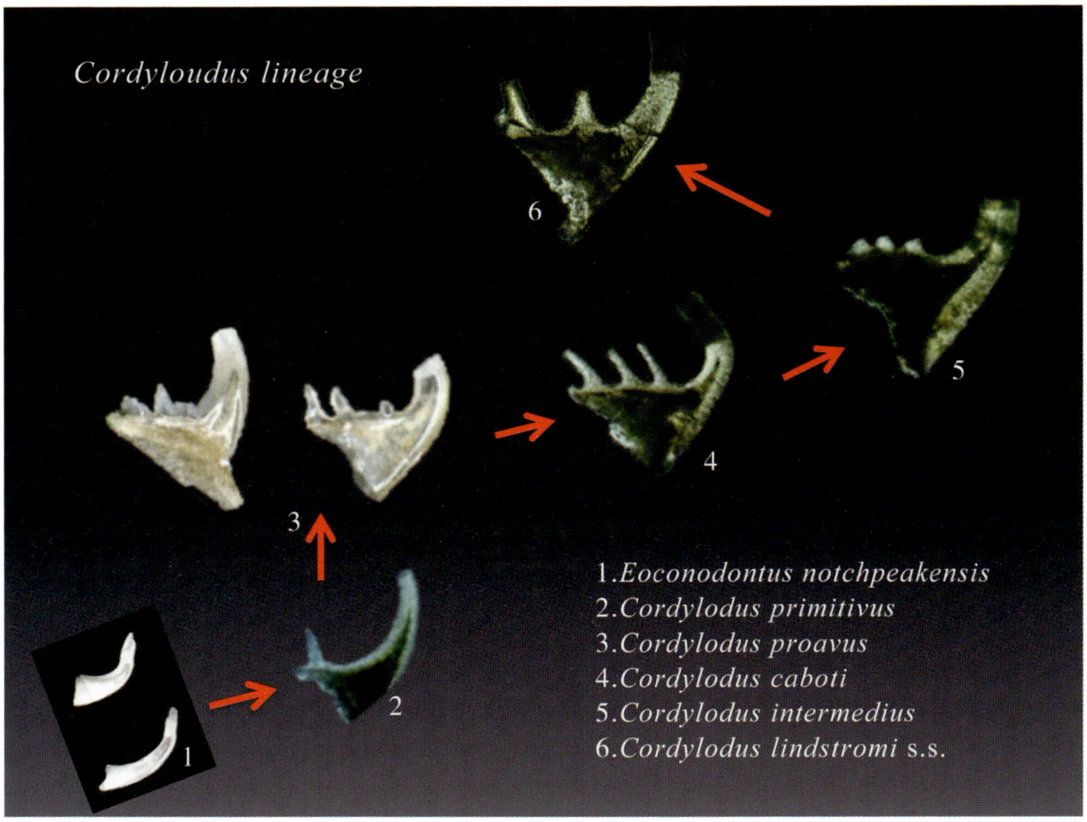

图 6-14　小洋桥剖面牙形石 *Cordylodus*(Pander,1856)谱系演化

每个带化石在地层中出现层位和分布见图 5-3、图 5-4、图 6-15

6.2.1.2　牙形石分带(conodont zonation)

Eoconodontus-Cordylodus 的完整的演化序列可以自下而上精确分为以下牙形石生物带:即 *Eoconodontus notchpeakensis*、*Cordylodus proavus*、*Cordylodus caboti*、*Cordylodus intermedius* 和 *Cordylodus lindstromi* 生物带(图 6-15)。小洋桥剖面上覆产 *Cordylodus angulatus* 的层位被小河冲积物所掩盖,但从相邻的另一个剖面中亦有该带的记录(Chen and Gong,1986)。现将所采用牙形石生物地层序列简述如下(图 5-3、图 5-4、图 6-15)。

Eoconodontus notchpeakensis 带,以命名物种的首次出现(FAD)为标志,上延至 *Cordylodus proavus* 的首次出现(FAD)(图 6-16)。*Cambroistodus cambricus* (Miller, 1969)和 *C. minutus* (Miller,1969)乃是该带特征和常见的共生物种。共生的还有常见的、但时代较长的 *Teridontus nakamurai* (Nogami,1967),以及从下覆地层上延到此带的 *Proconodontus muelleri*(Miller,1969)和 *P. serratus*(Miller,1969);此外还有此带上部和最上部出现、并上延至下一个带的 *Cordylodus primitivus* 和'*Cordylodus*' *andresi*。

小洋桥剖面 *Eoconodontus notchpeakensis* 带底部未出露完全,因该命名种已见于剖面底部灰岩之中(Chen and Gong 1986)。*Eoconodontus* 带一般可以细分为 *Eoconodontus notchpeakensis* 亚带和 *Cambroistodus minutus* 亚带。Chen 和 Gong (1986)在小洋桥剖面同一地层间隔中采用了 *Cambrooistodus* 带,但一般认为 *Cordylodus primitivus* 才是新建一个牙形石带或亚带的最具潜力的物种(Barnes,1988)。

Cordylodus proavus 带,小洋桥剖面 *Cordylodus proavus* 带厚 4.1m。该种首次出现于小洋桥剖面底部标志性的叠层石灰岩之下 0.6m 的样品(BD8a/DC32)之中(图 6-16);上界位于 *Cordylodus caboti* 首次出现之层位,共生的物种包括 *Teridontus nakamurai* 和 *Fryxellodontus inornatus*(Miller,1969)。考虑'*Cordylodus*' *andresi* 在小洋桥 SABS 剖面首次出现于剖面所标志 0m 底界之下 1.9m,厚 0.4m,较 *Cordylodus proavus* 首次出现层位低 0.6m 左右(图 5-3、图 5-4、图 5-8、图 6-5、图 6-15)(Wang et al.,2019)。

美国劳森湾辅助层型剖面的 *Cordylodus proavus* 带被进一步分为 *Hirsutodontus hirsutus*,*Fryxellodontus inornatus* 和 *Clavahamulus elongatus* 等三个浅水相牙形石亚带,由于这些浅水相命名物种未能出现在小洋桥 ASSP 剖面,因而没法确定。

Cordylodus caboti 带,该带在小洋桥剖面厚度达 13.8m(图 5-3、图 5-4、图 5-8、图 6-5、图 6-15、图 6-19)。底部和顶部分别以 *Cordylodus caboti* 和 *Cordylodus intermedius* 的首次出现为标志(FAD)。在小洋桥剖面,前者首次出现于剖面标志性零层之上 4.6m 处的样品 BD11 之中。共生物种包括 *Cordylodus proavus* 带已知物种,以及 *Cordylodus prion*(Lindström,1955;Nicoll,1991)(图 6-15)。在该带最顶部所出现新类型包括:*Monocostodus sevierensis*(Miller,1980)、*Semiacontiodus lavadamensis*(Miller,1969)、*Hir-*

sutodontus simplex（Druce and Jones，1971）及 *Cordylodus drucei*（Miller，1980）（图 6-20）。

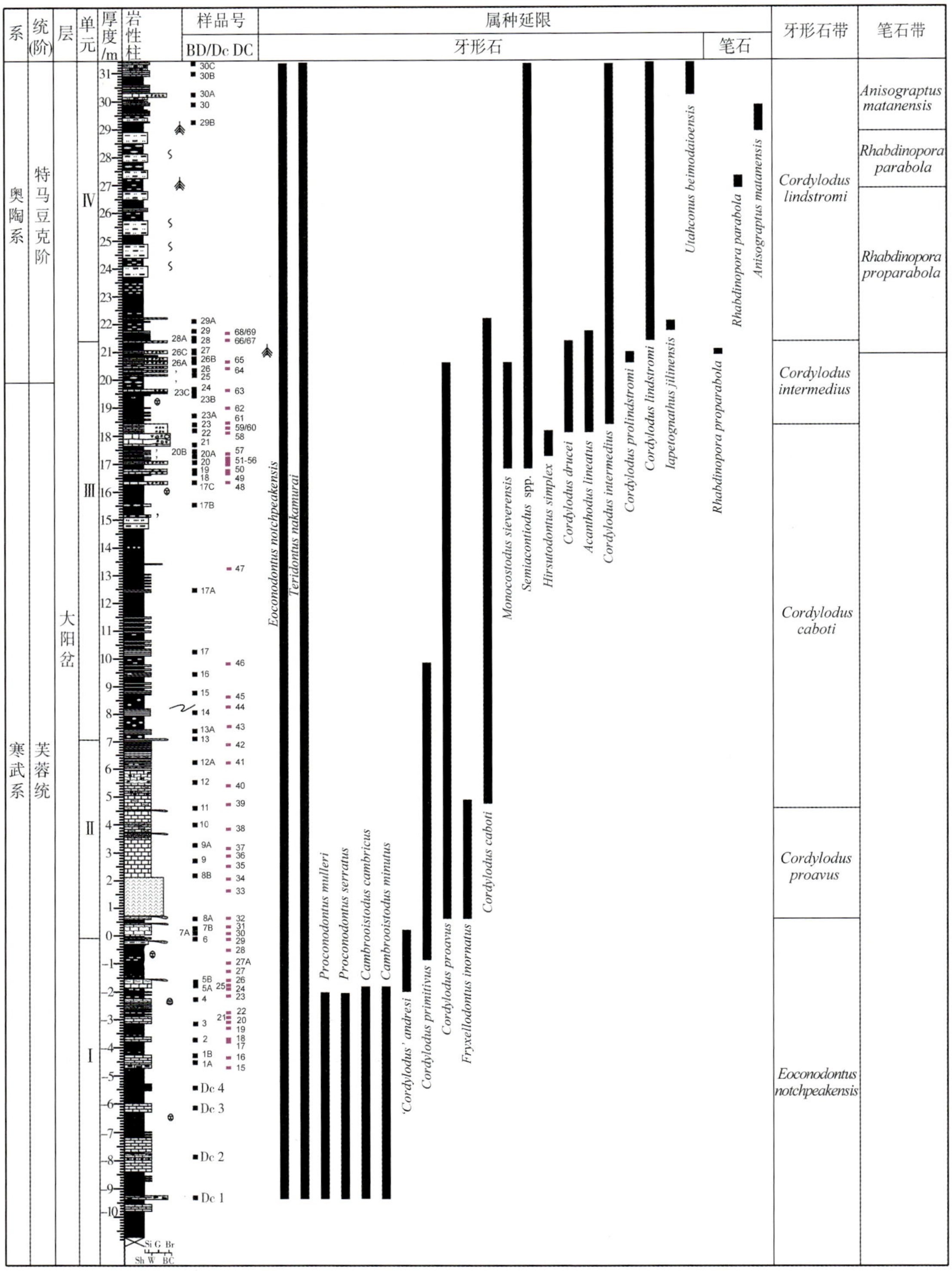

图 6-15　小洋桥剖面上寒武-下奥陶统地层及所选牙形石和笔石的地层分布

所用缩写字说明如下：Sh 为 shale（页岩）；Si 为 siltstone（粉砂岩）；Br 为 breccia（角砾岩）；W 为 wackestone（粒泥灰岩）；G 为 grain stone（颗粒灰岩）；B 为 boundstone（黏结灰岩）；C 为 conglomerate（砾岩）

图 6-16　小洋桥剖面底部标志性的叠层石灰岩，*Cordylodus proavus* 首次出现于剖面底部标志性的叠层石灰岩之下 0.6m 的样品（BD8a/DC32）（红线之下 0.6m，薄层灰岩底部）

Cordylodus intermedius 带，该带底界以命名种的首次出现（FAD）划定，顶界定在上覆 *Cordylodus lindstromi* 带底部。*C. intermedius* 在小洋桥剖面首次出现于标志底界之上 18.40m 的薄层灰岩夹层之中（BD22/DC61）（图 6-6、图 6-7、图 6-12、图 6-15、图 6-21）；顶界划在剖面底界之上 21.40m 处，以 BD28 层样品所出现的 *Cordylodus lindstromi* 为标志（图 6-7、图 6-13、图 6-22），此带厚 3.0m 。该带产新加入的'*Cordylodus drucei*' sensu（Miller，1980）以及从下伏地层延续上来的 *Hirsutodontus simplex*、*Monocostodus sevierensis*、*Semiacontiodus* spp. 和 *Utahconus utahensis* 等。

Cordylodus lindstromi 带以命名种的首次出现为标志，位于剖面所标底界之上 21.40m（BD28）（图 6-22），位于最早浮游笔石 *Rhabdinopora proparabola* 首次出现层位（BD26a）（距底 20.90m）之上约 0.50m（图 6-6、图 6-13）。在小洋桥剖面此带上界因覆盖而未发现上覆 *Cordylodus angulatus* 带的标志种。所共生的 *Cordylodus proavus*、*Cordylodus caboti* 和 *Cordylodus intermedius* 等多系下伏地层延续上来牙形石，除上述 *Cordylodus* 的分带化石外，还有时代延续很长的 *Teridontus nakamurai*。值得注意的是在该带的下部距剖面底 21.70m 的 BD29 层样品之中出现了典型的 *Iapetognathus jilinensis*（Nicoll et al.，1999），而且时限很短[图 6-23（b）、图 6-24（a）]。除此之外，该带最上部还有 *Utahconus beimodaoensis* Chui and Zhang（安太庠等，1983）[与 Chen 和 Gong（1986）同义]等新的分子出现，此种见于距剖面底界之上 30.2m 处的 *Anisograptus matanensis* 笔石带之中。这个相对而言不太常见的牙形石因在劳伦古大陆（Laurentia）有过报道（Landing et al.，1996；Landing and Westrop，2006），因而对于长距离大陆间的对比可能有用。

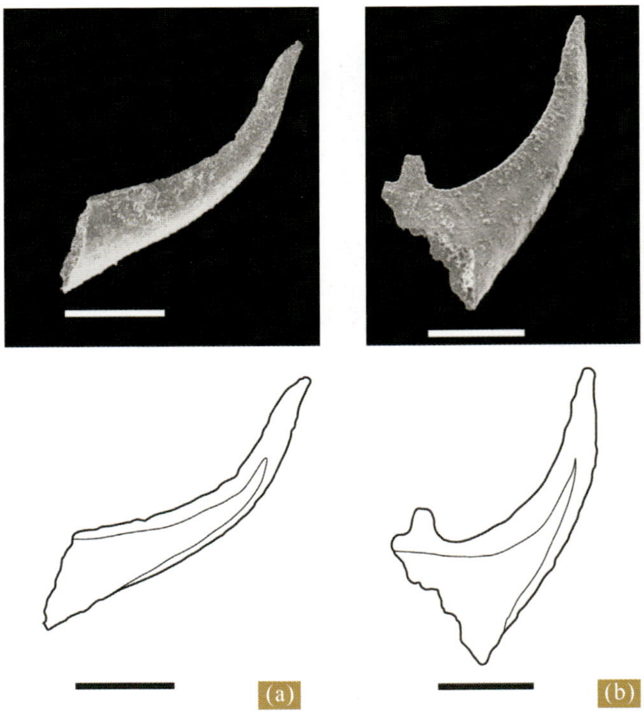

图 6-17　小洋桥剖面代表性牙形石(一)

(a) *Eoconodontus notchpeakensis*(Miller, 1969), 侧视(lateral view), BD15, NIGP 171035; (b) *Cordylodus primitivus* (Bagnoli, Barnes and Stevens, 1987), 侧视(lateral view), BD15, NIGP 171036; 图中标出的标准线段为 200μm

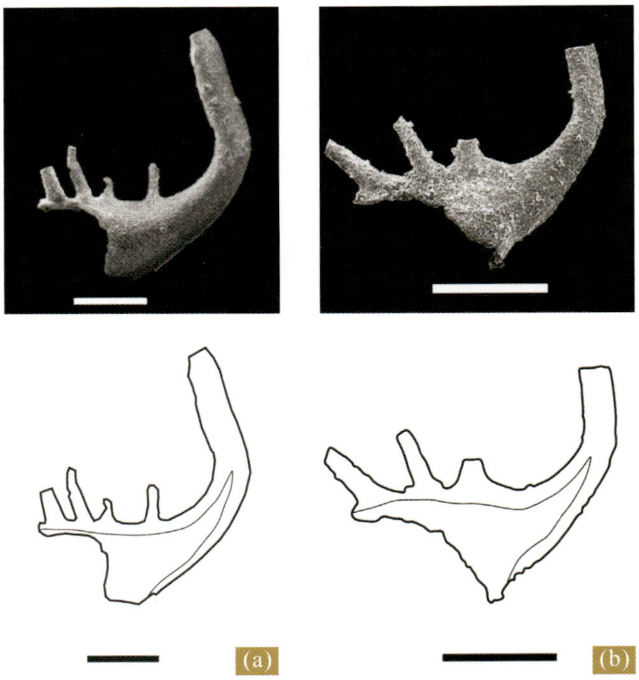

图 6-18　小洋桥剖面代表性牙形石(二)

Cordylodus proavus(Müller, 1959), 圆形分子(rounded elements), 侧视(lateral view); (a) BD8B, NIGP 171034; (b) BD15, NIGP 171037; 图中标出的标准线段为 200μm

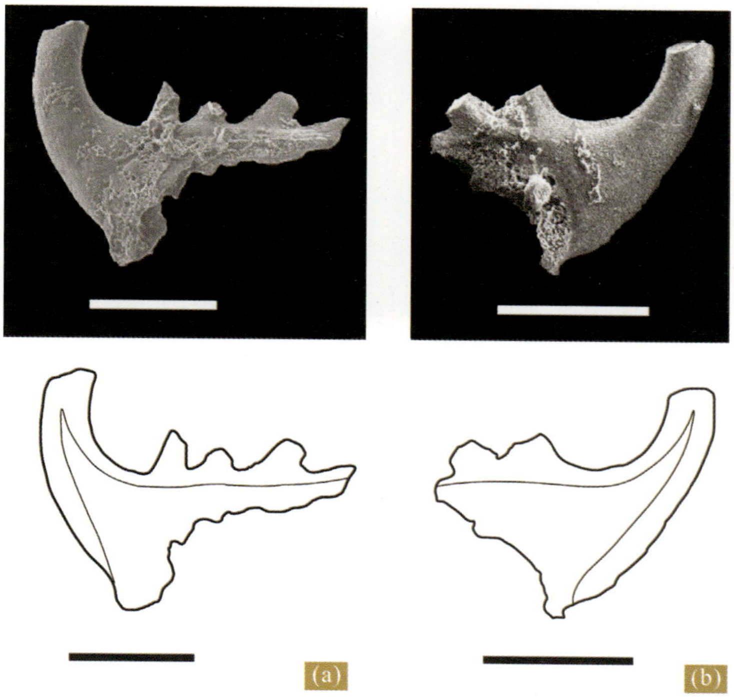

图 6-19　小洋桥剖面代表性牙形石(三)

Cordylodus caboti (Bagnoli,Barnes and Stevens,1987),圆形分子(rounded elements),侧视(lateral view);(a)BD23A,NIGP 171042;(b)BD22,NIGP 171039;图中标出的标准线段为 200μm

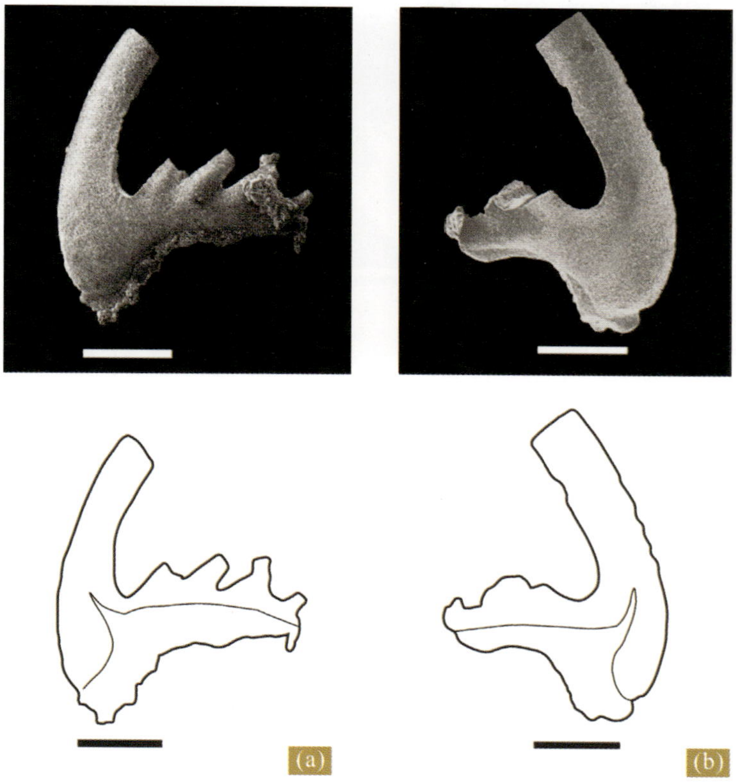

图 6-20　小洋桥剖面代表性牙形石(四)

Cordylodus drucei (Miller,1980),外侧视(outer lateral view),BD22;(a)NIGP 171040;(b)NIGP 171041;图中标出的标准线段为 200μm

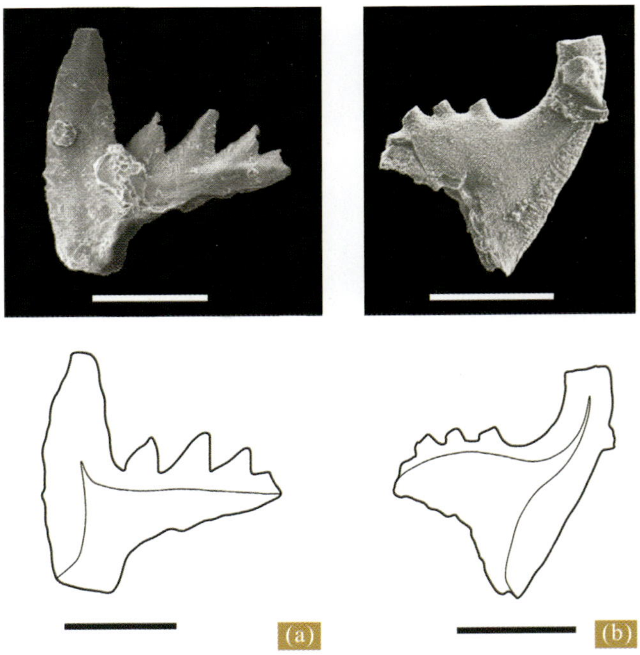

图 6-21　小洋桥剖面代表性牙形石(五)

Cordylodus intermedius (Furnish, 1938), 侧视(lateral view); (a)扁形分子, BD23A, NIGP 171043; (b)圆形分子(rounded elements), BD24, NIGP 171044; 图中标出的标准线段为 200μm

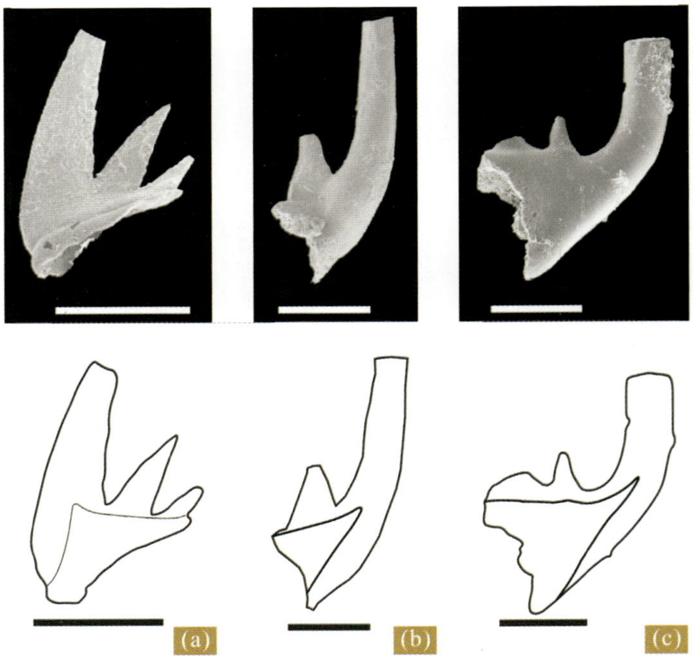

图 6-22　小洋桥剖面代表性牙形石(六)

Cordylodus lindstromi(Druce and Jones, 1971), 侧视(lateral view); (a)扁形分子, BD30, NIGP 171048; (b)圆形分子(rounded elements), BD30, NIGP 171049; (c)圆形分子(rounded elements), BD28B, NIGP 171045; 图中标出的标准线段为 200μm

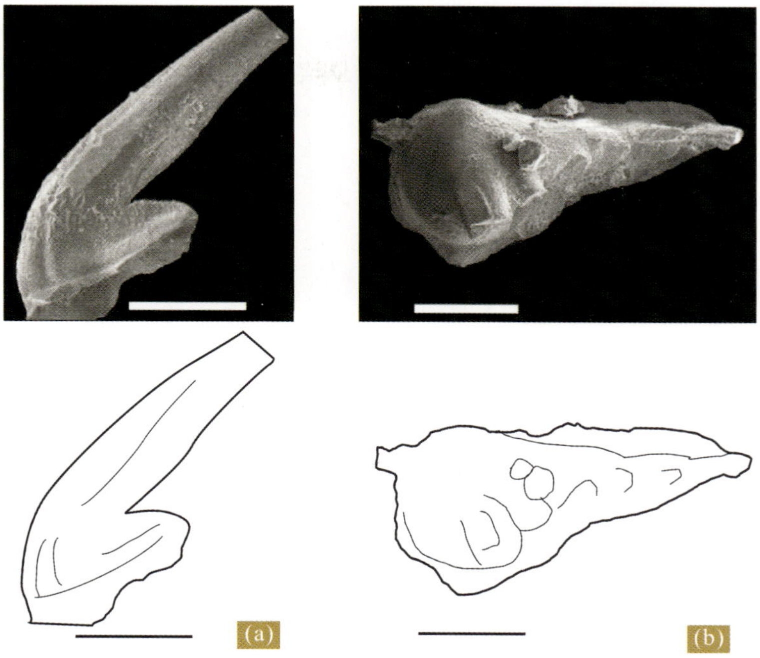

图 6-23　小洋桥剖面代表性牙形石(七)

(a) *Utahconus beimadaoensis* Chui and Zhang in An et al., 1983(安太庠等,1983),侧视(lateral view),BD30A,NIGP 171050;(b) *Iapetognathus jilinensis* (Nicoll, Miller, Nowlan, Repetski and Ethington, 1999),左与右分子(left and right elements),上视(upper view),BD29,NIGP 171046;图中标出的标准线段为 200μm

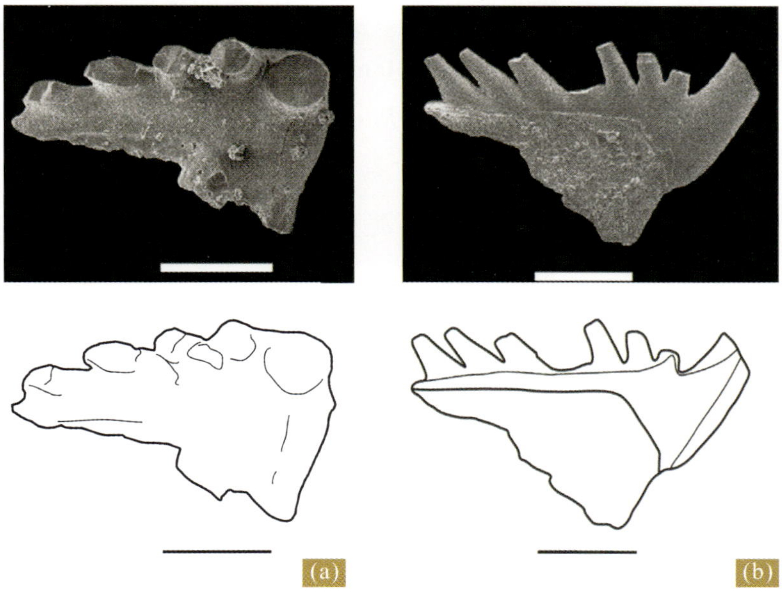

图 6-24　小洋桥剖面代表性牙形石(八)

(a) *Iapetognathus jilinensis* (Nicoll, Miller, Nowlan, Repetski and Ethington, 1999),左与右分子(left and right elements),上视(upper view),BD29,NIGP 171047;(b) *Cordylodus prion* (Lindström, 1955), sensu Nicoll (1991),圆形分子(rounded elements),外侧视(outer lateral view),BD19,NIGP 171038;图中标出的标准线段为 200μm

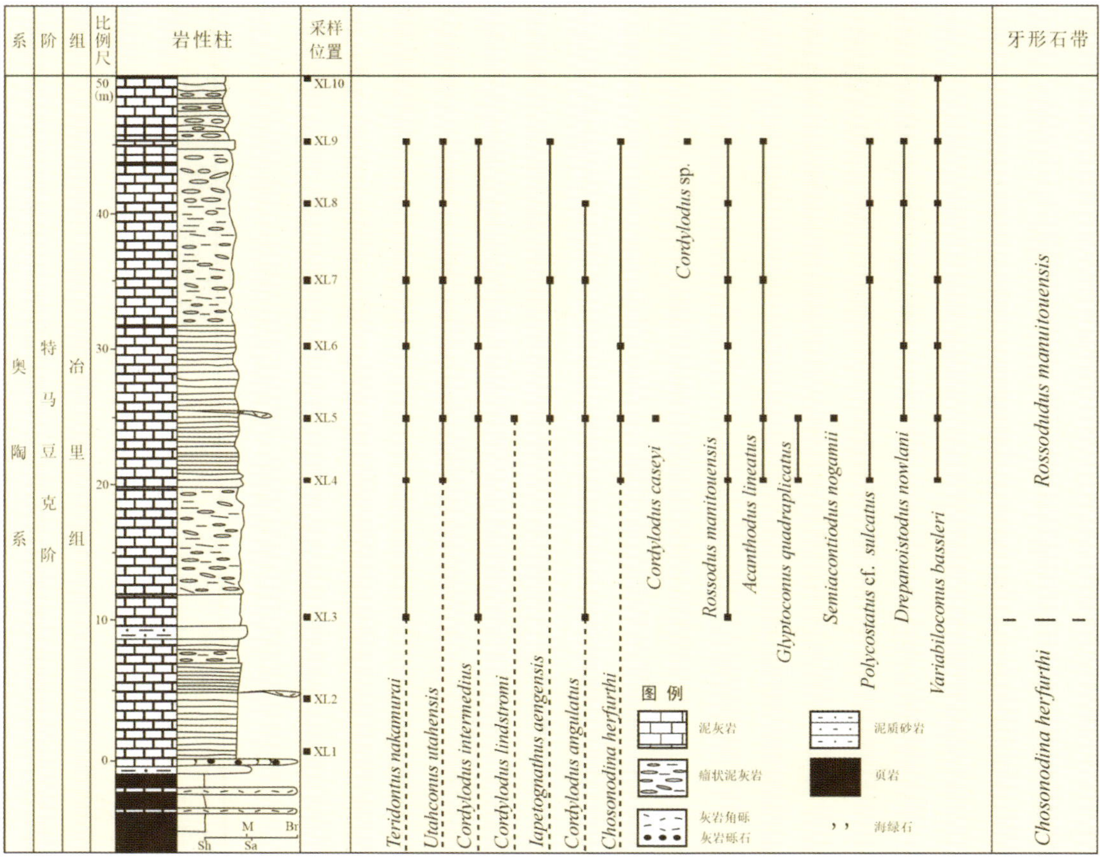

图 6-25　小料荒地剖面所产 *Chosonodina herfurthi* 和 *Rossodus manitouensis* 带的牙形石（据 Yan et al.，2019）

此外，项目组还在小洋桥剖面东南 400m 左右的小料荒地剖面冶里组中发现下特马豆克阶上部 *Chosonodina herfurthi* 和 *Rossodus manitouensis* 带的牙形石（图 6-1、图 6-2、图 6-4、图 6-25），其层位似应与 *Cordylodus angulatus* 带相当或与三队料场（图 5-10）产 *Anisograptus* 带笔石及其上部泥页岩类薄层灰岩对比。

6.2.2　笔石

6.2.2.1　最早浮游笔石的出现和分类

由于笔石通常呈压平或碎片保存，加之杆笔石（*Rhabdinopora*）属具有众多种和亚种，再加上对他们在不同地区所出现层位以及生物地层分布范围认知的不同，因而识别最早营浮游生活的笔石是相当困难的。自从扇形杆笔石 *Rhabdinopora flabelliformis*（Eichwald，1840）被描述而且被认为是识别奥陶系和英国特马豆克阶底部最有用的化石以来（Whittington et al.，1984；Fortey et al.，1995，2000；Zalasiewicz et al.，2009），由于该种在野外易于被识别，而且在世界许多地区的地层中都有发现，以至杆笔石 *Rhabdinopora* 属中某些物种常习惯性地被用作早奥陶世生物地层的划分标志，继而又描述了扇形杆笔石 *Rhabdinopora flabelliformis* 的许多附加的亚种，由于他们中间的大多数从未做过修订,实际上其中许多被命名的物种是不合适的,是对少数真正物种保存方式的误判,而不应该命名为新的物种。Erdtmann(1982a,1988)就曾提到,大约只有50个被描述的类型应归属于他所修订的杆笔石 *Rhabdinopora* 属的分类之中,不包括那些单列出的29个物种和亚种,这中间包括2005年才描述和建立的扇形杆笔石 *Rhabdinopora flabelliformis* 的新亚种,如 *Rhabdinopora flabelliformis acenolazai*;*Rhabdinopora turneri*(Gutierrez Marco and Esteban,2005)。

Bulman(1954)在讨论笔石鉴定的问题时提到,"几乎没有任何两个标本看起来完全可以对比"。因此,Cooper 等(1998)利用数理统计的方法,根据笔石胞管和枝的密度以及复体一般形状,横耙存在与否及其间距等,分离出一些分类,并且认为具有发达的网格构造的溜肩杆笔石(*Rhabdinopora parabola*)属于最老的类型;更老一点的是具有很小管室或管体(tubarium)和很少或者没有横耙的原溜肩杆笔石(*Rhabdinopora praeparabola*)。值得注意的是,如果他们的祖先是底栖的,这样的看法对一个没有横耙的小分类单位,也许还可以考虑,但实际情况是,世界不少地方都已经详细调查了所出现的奥陶纪早期浮游杆笔石 *Rhabdinopora*。根据这些笔石类型和他们管室(tubarium)结构的比较,没有哪个剖面的资料能够说明底栖的笔石是浮游的杆笔石 *Rhabdinopora* 的祖先。长期以来所形成的关于杆笔石 *Rhabdinopora* 的习惯解释显然是一个从未得到证实的假设,因为自维曼1986年首次报道底栖的 *Dictyonema cavernosum*(Wiman,1896)以来,经过100多年实践和检验,至少目前仍然没有资料可以说明,晚寒武世底栖的网格笔石 *Dictyonema* 或其他类型营底栖生活的树形笔石与浮游的杆笔石 *Rhabdinopora* 有系统演化上的联系。Erdtmann(1982a)曾根据 Kozłowski(1971)的建议,将浮游的杆笔石 *Rhabdinopora* 与底栖的网格笔石(*Dictyonema*)区别开来,并且认为,存在线管的笔石营浮游的生活方式,但据 Hutt(1974)对采用化学方法所处理出来立体笔石标本的研究表明,作为原胎管(prosicula)的尾部或近尾部(cauda)构造仅存在于浮游笔石之中,而未在底栖笔石中发现;此外,目前还不清楚,也无法解释,树形笔石类所发育的呈瓶状直立的原胎管如何能够分化出浮游笔石胎管所具有的锥体(conus)和尾部(cauda)[图6-26(d)~(g)]。当前唯一能够佐证的是,许多较年轻的浮游笔石胎管的末端存在线管。小洋桥最早笔石的资料说明,早期浮游笔石的线管显然并非呈简单的直线,而是发育成复杂的分支模式或其他样式[图6-26(b)、(c)],这些构造不应该说成与线管类似,并被解释为是一种漂浮结构(例如,Müller and Schauer,1969)。正如 Kozłowski (1963,1971)所详细描述的那样,树形笔石类用他们直立的、管状胎管的扁平一侧所形成附着盘附着在海底[图6-26(a)],以稳定和加强最初较小的附着区域,以支持更大的复体的生长。据此,有理由认为,早期的浮游笔石并不存在一个很发达的线管,因而不能把 *Rhabdinopora proparabola* 始端不寻常的发育出的构造[图6-26(b)]与底栖祖先的附着盘构造相提并论。

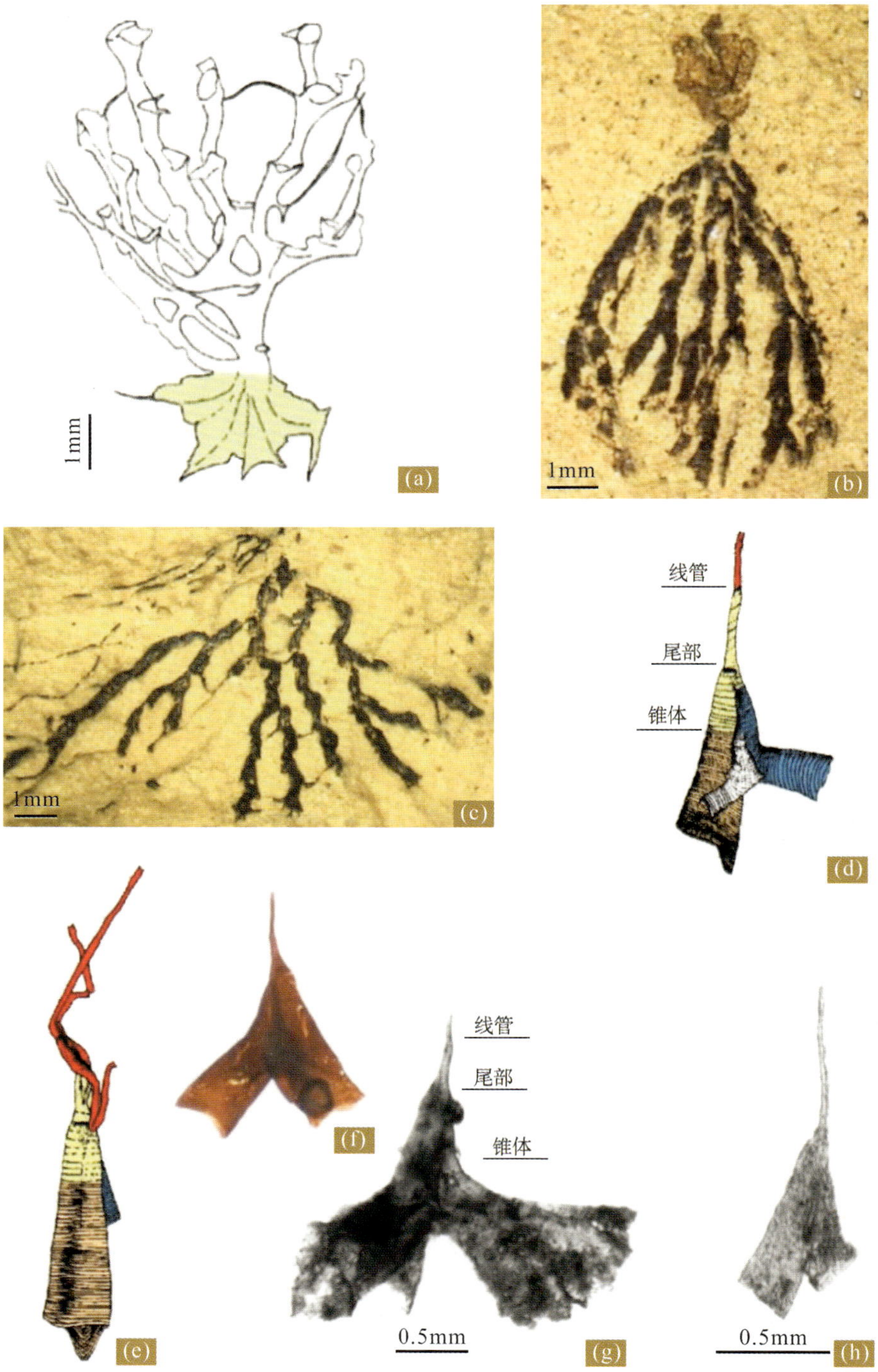

图 6-26 树形笔石附着盘和线管囊结构比较

(a) *Dictyonema cavernosum* (Wiman, 1896); (b) *Rhabdinopora proparabola* (Lin, 1986), NIGP; (c) *Rhabdinopora campanulatum* (Harris and Keble, 1928), NIGP; (d)、(e) *Adelograptus tenellus* (Linnarsson, 1871), 见 Maletz et al., (2017); (f) *Anisograptus matanensis* Bulman, GSC, 纽芬兰西部, 绿岬剖面, 锥体和尾部可以区分开来(conus and cauda can be differentiated; show); (g) *Triramograptus atavus* (Erdtmann in Cooper et al., 1998), GSC, 纽芬兰西部, 绿岬剖面(Green Point section, western Newfoundland); (h) *Anisograptus matanensis* (Ruedemann, 1937), GSC, IR-photo, Green Point, western Newfoundland [所展示标本分别保存在中国科学院南京地质古生物研究所(NIGP) 和加拿大地调局(GSC)], 标本号见 Maletz et al., 2017, 2022

林尧坤（Lin，1986）曾在小洋桥剖面产始溜肩杆笔石（*Rhabdinopora proparabola*）层位中描述了一些被称之为 *Heterograptus* 和 *Staurograptus* 属的笔石，显然他们都是 *Rhabdinopora proparabola* 幼年期的标本，*Staurograptus* 并未在此层发现；此外，他还将一些大一点的笔石鉴定为 *Dictyonema proparabola*；而将小一点的标本定为 *Dictyonema flabelliforme eosociale*，实际上这些笔石都应归属于始溜肩杆笔石（*Rhabdinopora proparabola*）同一种群之中，而不能将保存大小不同或不同个体发育阶段的个体描述成一种新的类型（Maletz et al.，2017，2022）。

当前的标本和研究表明，始溜肩杆笔石（*Rhabdinopora proparabola*）这个物种最显著的特征似乎是在始端发育的由三翼片组成的似叶片构造，而不存在线管［图 6-26（b）］。Lin（1986）曾在大阳岔产 *Rhabdinopora proparabola* 这个物种的层位中描述的许多类型都具有这种构造。所有这些类型在此均被认为是这单个物种，*Rhabdinopora proparabola*，所表现的不同保存模样和生长阶段。

截至目前始溜肩杆笔石（*Rhabdinopora proparabola*）仅见于中国小洋桥剖面（图 6-27～图 6-32）。Störmer（1933）曾讨论过在挪威奥斯陆地区单个杆笔石（*Rhabdinopora*）标本所具有的可能的漂浮构造，但在该构造内没有发现具有任何构造细节。他所描述标本在枝的密度上（10mm 中 8 个枝）明显低于 *R. proparabola*。Zeballo 等（2005）曾描绘过一个类似、可能是三翼的线管构造的 *R. flabelliformis* 标本，标本来自阿根廷特马豆克阶底部；此外，Erdtmann（1988）从绿岬 GSSP 剖面所定的？*Rhabdinopora praeparabola* 中也曾描绘过类似的构造。

目前还不清楚为什么 Erdtmann（1982a）把 *R. praeparabola* 列入了带有问号的杆笔石 *Rhabdinopora* 属中，可能是对建立该种的疑问，因该类群的所有标本都采自挪威奥斯陆地区 Naersnes 剖面，根据其复体较小、保存不全和明显缺乏横板而将其与 *Rhabdinopora* 其他类群分开似乎不大合适，因在此标本上仅见胎管顶端，并无线管显示。值得注意的是，Erdtmann（1982a）曾明确指出，这个被称之为 *Rhabdinopora* 标本具线管，但在标本的照片上很难识别，不过从加拿大纽芬兰所采的、归入此类型的标本中可见短线管，据此可清楚地说明，该类型应具有横耙和线管［Erdtmann，1988，图 6-17（a）、（b）］。在这一点上与 *Rhabdinopora parabola*（= *Rhabdinopora campanulatum*）（Harris and Keble，1928）始端发育情况基本一样（Maletz et al.，2017，2022）。

图 6-27　小洋桥剖面产 *Rhabdinopora proparabola*（Lin,1986）的层位

(a)、(b)位于距剖面所标注底界(即厚层叠层石灰岩底部 0.6m 处)之上±20.9m 处(BD26)(红五星所示);(b)是(a)图的局部放大(红五星所指);图 6-29、图 6-30、图 6-31、图 6-32 的笔石均产于此层之中

图 6-28 示小洋桥剖面产 *Rhabdinopora parabola* (Bulman,1954)的层位

BD26 之上 5.8m(BD28)的灰色风化呈黄绿色页岩中产大量 *Rhabdinopora parabola* (Bulman,1954)(图 6-15),该种应与 *Rhabdinopora campanulatum* (Harris and Keble,1928)同义

6.2.2.2 笔石演化系列(*Graptolite evolutionary lineages*)

小洋桥剖面最早出现的浮游的笔石是始溜肩杆笔石 *Rhabdinopora proparabola* (Lin,1986)[图 6-26(b)、图 6-27、图 6-29~图 6-34]。他们见于距剖面所标注底界(即厚层叠层石灰岩底层)之上 20.9m 处(图 6-6、图 6-7、图 6-13、图 6-37),是奥陶纪早期在 *Rhabdinopora* 笔石谱系演化序列中最早出现的浮游笔石。林尧坤(Lin,1986)首次发现该层笔石。可能由于那时对物种概念认识的不同,他描述了该层笔石群,并将其划分为 9 个种,分别归属于 *Dictyonema*、*Heterograptus* 和 *Staurograptus* 三个属之中。如前文讨论中所指,所分的这些属种实质上代表单个物种不同生长阶段和保存方式,都应归属于 *Rhabdinopora proparabola* 这一个物种之中。该物种可以根据其始端具有彼此呈 120°夹角的三翼结构来识别,至少目前还没有一个标本可以证明此物种具有线管(nema)以及这种特征性三翼结构直接与胎管(sicula)顶端相连接。当前尚不清楚这一特征构造的起源,如果当前的认识是正确的话,那么始溜肩杆笔石 *R. proparabola* 则不可称之或命名为具线管的正笔石(Kozłowski,1971;Erdtmann,1982a,b),他们很可能代表另一种浮游笔石的类型,因为至今也没有发现该物种具有可以作为附着盘的构造,而这种奇特的三翼构造又发育的很规则,不可能是附着构造。这些翼片构造具纺锤状(fusellar)结构,始于胎管尖端,后包裹胎管两侧,且部分覆盖胎管[图 6-29(a)~(d)、图 6-31~图 6-34]。

图 6-29　始溜肩杆笔石(一)*Rhabdinopora proparabola*（Lin,1986）

(a)DA-PRO 07,非完全保存的小标本,示始端的囊状构造,箭头所指为横耙,注意左侧枝胞管的口部;(b)DA-PRO 04,幼年期标本,可见 4 个一级枝和“浮漂”结构;(c)DA-PRO 08,标本的“漂浮”构造,隐约可见纺锤层;(d)DA-PRO 09,具始端破碎的‘漂浮’构造。每个照片中标出的标准线段为 1mm

图 6-30　始溜肩杆笔石(二)*Rhabdinopora proparabola*(Lin,1986)

(a)DA-PRO 03,具横耙的胞管的碎片,背视,未见胞管口部;(b)DA-PRO 18,具大量横耙的较大的碎片。每个照片中标出的标准线段为 1mm

图 6-31　保存不全的始溜肩杆笔石(一)*Rhabdinopora proparabola* (Lin,1986)

胎管均被包裹在始端发育的线管囊(nemata)构造,无线管,但具似翼片构造

图 6-32　保存不全的始溜肩杆笔石(二)*Rhabdinopora proparabola* (Lin,1986)

注意始端囊状构造内的翼片,WHCG-006-7

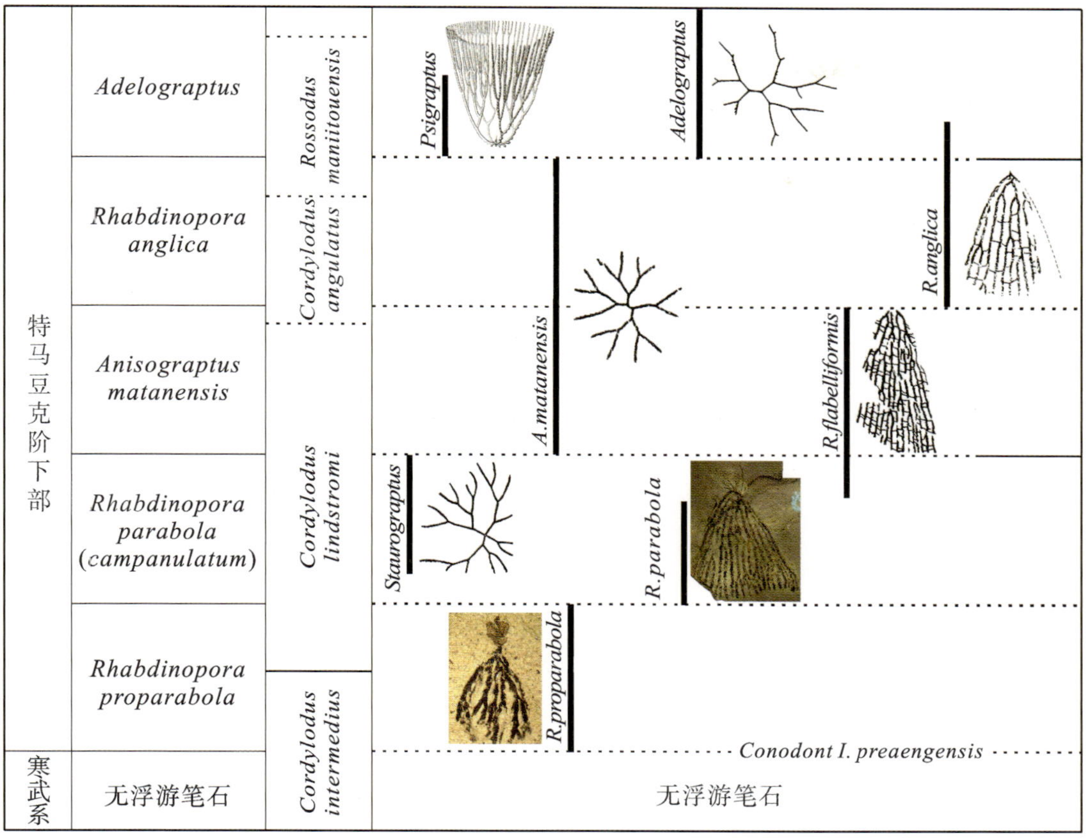

图 6-33　寒武-奥陶系界线和早特马豆克阶的笔石系列(据 Maletz et al.,2017,2019 修改)

图 6-34　始溜肩杆笔石 *Rhabdinopora proparabola*(Lin,1986)

(a)登记号 NIGP 98646,较大的标本,具有破碎的但可展示复体形状和始部构造;(b)、(c) NIGP98605,展示具三翼的始部构造,注意(c)具纺锤状(fusellar)结构。每个照片中标出的标准线段为 1mm。(所有标本均保存在中国科学院南京地质古生物研究所,登记号:NIGP)

图 6-35 *Rhabdinopora parabola*（Bulman，1954）

（a）登记号 NIGP 168426，背视（dorsal view），示 4 分的发育；（b）、（c）登记号 NIGP 168427 和 NIGP 164496，侧面保存的标本，示复体形状和分支的线管；（d）登记号 NIGP 168428，立体的枝的碎片，表面覆有氯酸铵（stipe fragment in relief，coated with ammonium chlonate）。每个照片中标出的标准线段为 1mm（所有标本均保存在中国科学院南京地质古生物研究所，登记号：NIGP）

图 6-36 *Anisograptus matanensis*（Ruedemann，1937）

登记号 NIGP 168429，几个展示胎管（箭头）的小标本。照片中标出的标准线段为 1mm（标本保存在中国科学院南京地质古生物研究所）

对原称 *Rhabdinopora parabola* 及其共生的以往定为 *Rhabdinopora praeparabola* 标本的研究表明，过去所报道的 *Rhabdinopora praeparabola*（Erdtmann，1982）被认为是代表 *Rhabdinopora parabola* 幼年期类型，因而应视为后者的同义名。小洋桥剖面所采获的所有保存完整的标本均表明，*Rhabdinopora parabola* 具有从胎管顶端伸出的且发育很好的线管，此线管具有多次分支[图 6-35（b）、（c）]，在结构上无法与 *Rhabdinopora proparabola* 始部发育的翼状或叶片状结构相提并论。在世界各地早奥陶纪地层中曾描述过许多具有分支线管的类型，例如，最早从澳大利亚报道的 *Rhabdinopora campanulatum*（Harris and Keble，1928），*Rhabdinopora enigma*（Cooper and Stewart，1979）和 *Rhabdinopora scitulum*（Harris and Keble，1928）[图 6-26（c）]，从比利时发现的 *Rhabdinopora flabelliformis belgica*（Bulman，1970）。对所报道的上述类型笔石的修订正在研究之中，因而不排除这些类型笔石可能与 *Rhabdinopora parabola* 同义；故而，根据优先律的命名原则，*Rhabdinopora parabola*（Bulman，1954）一名则应被先期命名的 *Rhabdinopora campanulatum*（Harris and Keble，1928）所取代，正如图 6-26（c）、图 6-33、图 6-35 所标注的那样。过去从统计学的角度，一直将 *Rhabdinopora* 属中各个物种的分枝和横耙的密度作为区分不同物种的依据（Cooper et al.，1998），如果考虑扭曲和不同的保存方式等因素的影响，这种区别不同物种方法是值得商榷的（Maletz et al.，2017，2022）。根据对小洋桥剖面所产 *Rhabdinopora proparabola* 和 *Rhabdinopora parabola* 笔石群的研究，目前世界上不少地区所确定的最早的浮游笔石都是值得怀疑的。

6.2.2.3 笔石分带(graptolite zonation)

Rhabdinopora proparabola、*Rhabdinopora campanulatum* 和 *Anisograptus matanensis* 是小洋桥剖面最具代表性的三个笔石带。*Rhabdinopora proparabola* 带见于剖面底部之上 20.9m、厚约 5cm 的页岩夹层(BD26)之中(图 6-37),也是目前唯一发现产此种最早浮游笔石的层位(图 6-6、图 6-7、图 6-13)。考虑种类变异和保存原因,林尧坤(Lin, 1986)在此层曾发现且描述了许多属种,均应归入于 *Rhabdinopora proparabola* 这单一的物种之中。

小洋桥剖面的 *R. campanulatum* 带位于 *Rhabdinopora proparabola* 带之上 5.8m 处厚约 10cm 的黄绿色页岩之中(图 6-38、图 6-40),此外在三队料场剖面[图 6-41(a)、图 6-42]亦发现大量保存十分完美的 *R. campanulatum*(图 6-43)。通过对所采以及林尧坤(Lin,1986)所描述的该属从幼年期到成年期以及老年期等所有个体发育阶段标本的研究,现在看来这些所谓个体不同发育阶段的标本,多为保存不全的碎片。此外,根据大量立体的、可以展示该类型笔石胞管和始端结构,包括 Cooper 等(1998)所建议的四分枝的始端发育类型的标本的研究,说明 *Rhabdinopora praeparabola* (Bruton, Erdtmann and Koch, 1982)与 *Rhabdinopora campanulatum*(即原 *R. parabola*)同义(Maletz et al.,2017,2022)。

Anisograptus matanensis 带以命名种的出现为标志,见于小洋桥剖面底界之上 29.8m的薄层灰岩夹钙质页岩之中[图 6-39、图 6-40(e)~(g)、图 6-41(b)],在该处层面往往可见密集分布的 *Anisograptus matanensis* 碎片,但未见 *Rhabdinopora* 出现,*Anisograptus matanensis* 带顶部在小洋桥剖面因小河覆盖而未出露。

图 6-37 小洋桥剖面最早浮游笔石产出层位(图 6-27、图 6-28 局部放大)

含 *Rhabdinopora proparabola* (Lin, 1986)的透镜状灰岩夹页岩(BD26a),其上 0.5m (BD28)首次出现 *Cordylodus lindstromi*

图 6-38　小洋桥剖面 *Rhabdinopora campanulatum*（原称 *R. parabola*）带笔石产出层位（图 6-27、图 6-28 局部放大）

产 *Rhabdinopora campanulatum*（Harris and Keble, 1928）的页岩，位于 BD26 之上 5.8m

图 6-39　小洋桥剖面 *Anisograptus* 带笔石产出层位（图 6-28 局部放大）

距剖面标志性底界之上 29.8m（BD29）的薄层灰岩夹钙质页岩之中产 *Anisograptus matanensis* 带笔石

6.2.3 疑源类

对小洋桥剖面微古植物,即当前所称疑源类的早期研究表明,在整个晚寒武世-早奥陶世沉积序列所取的样品中,均有丰度和多样性不等、且保存完好的化石出现(Yin,1986)。Yin(1985,1986,1995)曾描述和描绘了这些化石,并将末寒武纪-早奥陶世划分为5个疑源类组合。考虑1995年以来,对疑源类的分类(特别是寒武纪疑源类的分类)进行了重新审视和重大修订,以致小洋桥剖面曾经描述的微古植物与华北地区以外相当组合的对比及其相关性变得十分困难。故在此对小洋桥剖面所记录的寒武-奥陶系界线间隔中疑源类组合中某些分类问题及其地层分布进行了修正或修订。新的研究证实,小洋桥剖面疑源类的分布并不均匀,在某一富含化石层位之后往往被继之而来的丰度和多样性逐渐减少的地层间隔所分开。在某些层位中,疑源类组合很单一,几乎完全由简单的球形疑源类[sphaeromorphs(*Leiosphaeridia*, *Granomarginata*(=*Annulum*)等)]组成,这种分布特点可能与海水的循环模式——从有利到不利的环境变化有关,是对所处沉积环境重复变化的一种响应。

新的研究表明,在上寒武-下奥陶统大阳岔层(Dayangcha beds)(图5-1)中,可以识别出三个疑源类组合。它们与Yin(1986)所描述微古植物群落的相关性如图6-45~图6-48所示。同时本书采纳了以下作者对acanthomorph和diacrodian等疑源类在分类上所做出的修订(Dean and Martin,1982;Moczydłowska,1991;Raevskaya and Servais,2009)。

6.2.3.1 组合1(*Timofeevia phosphoritica-Polygonium-Solisphaeridium* 组合)

组合1见于小洋桥剖面下部,即剖面标志底界之下-10.7m到-5.8m[样品DA1~DA8;图5-3、图5-8、图6-45],该组合以属于*Polygonium-Solisphaeridium*的简单的刺状疑源类(acanthomorph acritarchs),加上*Timofeevia phosphoritica* Vanguestaine,1978(图6-47)为主,并有少许*Cymatiogalea* sp. 和*Stelliferidium* sp.(图6-45~图6-48)出现为特点,此外还出现*Cristallinium*、*Multiplicisphaeridium* sp.、?*Comasphaeridium* sp. 和*Granomarginata squamacea* Volkova,1968(=*Annulum squamaceum*(Volkova)Martin and Dean 1983);*Cristallinium*、*Multiplicisphaeridium* sp.、?*Comasphaeridium* sp. 和 *Granomarginata squamacea* Volkova, 1968 (= *Annulum squamaceum*(Volkova)Martin and Dean 1983)的某些类型,但居于辅助地位;?*Retisphaeridium* sp. 的单个碎片和可能的*Eliasum* sp. 见于DA2样品之中,在DA3和DA4样品中保存有?*Tectitheca*的少数分子,后者以疑源类,特别是*Timofeevia*和*Polygonium*,在丰度上急增为特点;某些罕见的属于diacrodians的疑源类,如*Actinotodissus*,在此段地层中出现对于肯定此段地层的时代应属寒武纪芙蓉期晚期具有重要意义(Volokova 1990:Volkova and Kirjanov,1995;Raevskaya and Servais,

2009);*Cymatiogalea* 和 *Stelliferidium* 在此组合中出现也进一步肯定含化石的地层时代属芙蓉期无疑(Volokova,1990;Volkova and Kirjanov,1995),此外,该组合中还共生有从下伏地层中延续上来的分子,*Retisphaeridium*、*Eliasum*、*Comasphaeridium*、*Cristallinium*、*Timofeevia* 和 *Granomarginata* 等。样品 DA5~DA8,疑源类的丰度逐渐下降,继之在剖面底界之下-5.6m 处所采样品 DA9 中出现、并可与下一个组合高峰相区分(图 6-45)。

6.2.3.2 组合 2(*Vulcanisphaera africana-Ninadiacrodium* 组合)

组合 2 包含前述几乎所有类型,不过不同层位(样品 DA9~DA24)疑源类数量不同,但 diacrodian 类的疑源类数量明显增加,且变得更加多样性,除 *Actinotodissus* 外,还出现其他的属,包括 *Acantodiacrodium*、*Dasydiacrodium*、*Ninadiacrodium* 和 *Trunculumarium* 等。其中最重要的属芙蓉期晚期的标准疑源类,包括 *Ninadiacrodium caudatum* (Vanguestaine,1973) Raevskaya and Servais,2009 [图 6-46(i)],*Dasydiacrodium obsonum* Martin *in* Martin and Dean,1988 [见于样品 DA11,DA15,DA15-1;图 6-47(c)、(d)],*Ninadiacrodium dumontii* (Vanguestaine, 1973) Raevskaya and Servais,2009 (样品 DA12 和 DA15)和 *Trunculumarium* sp. 等(样品 DA14)等。组合 2 疑源类的多样性随着在 DA15 样品中少许 *Vulcanisphaera africana* (Deunff 1961) Rasul 1976 [图 6-46(h)] 以及多种盔形疑源类(galeates),如 *Cymatiogalea* aff. *C. bouvardii* Martin 1973[图 6-46(e)],*C. columellifera* (Deunff 1961) Deunff et al.,1974, *C. cylindrata* Rasul 1974,*Priscogalea* sp. , *Stelliferidium stelligerum* (Gorka 1967) Deunff et al.,1974 和 *Stelliferidium* sp. 等的出现,而进一步显示出来;此外还有 *Globosphaeridium*、*Micrhystridium*、?*Priscoteca* sp. 和 *Tasmanites* sp. 等伴生。该富含疑源类的地层间隔,即从剖面-1.3~-0.5m (样品 DA15 和 DA16)之上,变化为几乎不含疑源类的地层间隔。这种变化显然与岩石地层单位组 Ⅰ(主要是页岩)过渡到组合 Ⅱ(主要为灰岩)的岩性有关,亦与有利于疑源类生活环境或者保存条件发生的变化有关,在此间隔中只有罕见的带刺的疑源类(acanthomorphs)和简单的球形疑源类(sphaeromorphs)依然存在,此外 *Timofeevia* 上延并见于该组合之中。

6.2.3.3 组合 3(*Corollasphaeridium wilcoxianum* 组合)

组合 3 是依据样品 DA25 中出现非常独特的 *Corollasphaeridium wilcoxianum* Martin in Dean and Martin 1982[图 6-46(a)~(c)]而划分出来。相伴出现还有 *Acanthodiacrodium*、*Actinotodissus*、*Cymatiogalea*、*Globosphaeridium*、*Polygonium* 和 *Solisphaeridium* 等,该组合疑源类的变化显然与从组合 Ⅱ 到组合 Ⅲ 的岩性变化有关。

图 6-40 *Rhabdinopora campanulatum* 和 *Anisograptus matanensis* 带的笔石

(a)、(b)*R. campanulatum*;(c)、(d)*R. parabola* 笔石枝上正胞、副胞和茎胞构造;(e)~(g)*Anisograptus matanensis*;(a)~(d)产于小洋桥剖面 BD28(见图 6-38);(e)~(g)产于 BD29b(见图 6-38),标本号:WHCG-006~010

图 6-41 三队料场剖面(一)

位于小洋桥剖面北东约 5km,大阳岔层发育,由风化呈黄绿色页岩夹薄层或透镜状灰岩组成。(a)剖面全貌;(b)人的膝盖处指示产 *Anisograptus* 带笔石的层位

图 6-42　三队料场剖面(二)

位于小洋桥剖面北东约 5km,大阳岔层发育,由风化呈黄绿色页岩夹薄层或透镜状灰岩组成。(a)标本袋处系产 *Rhabdinopora campanulatum* 带笔石的页岩;(b)手指处为沿走向出露的产 *Rhabdinopora campanulatum* 页岩。由于地层褶皱,*Rhabdinopora campanulatum* 笔石带之下的地层在此剖面未暴露出地表

图 6-43 三队料场剖面(三)

位于小洋桥剖面北东约 5km,大阳岔层发育,由风化呈黄绿色页岩夹薄层或透镜状灰岩组成。所采集的呈不同样式保存的 *Rhabdinopora campanulatum*;标本号 6-6:WHCG-011~012

组合 3 中的好几个层位均以出现一个属为特点。*Granomarginata* 在 DA27、DA30、DA34 和 DA36 样本中大量出现;而 *Cymatiosphaera* 属在样品 DA28,*Leiosphaeridia* 在样品 DA39 中则是占据统治地位的类型。在样品 DA37 中出现 *Cymatiogalea cuvillieri* (Deunff 1961) Deunff 1964[图 6-46(f)]说明该组已接近奥陶纪特马豆克阶的底部(Raevskaya,2000)。

从样品 DA39 到所研究含疑源类地层间隔顶部,疑源类形态变化非常少。往往是不同形态的 *Corollasphaeridium* 和相关的、但未能确定属种的不明碎片与上述几个时代很长的类型一起出现。

6.2.4 三叶虫

小洋桥剖面三叶虫十分普遍,几乎整个序列的页岩中均可发现(图 6-45)。大阳岔层的三叶虫显示出与亚澳大区的亲缘关系,但动物群中也不乏劳伦大陆的分子。组合中 *Mictosaukia* 乃是中国华北、东北和华南区以及西澳大利亚寒武系最上部分带化石,*Leiostegium* 则是另一种在寒武-奥陶纪界线间隔广泛分布的三叶虫,在澳大利亚和北美广为分布,故而常用于大陆间相关地层间对比。

大阳岔生物地层曾根据钱义元(Qian,1986)的三叶虫分带进行过划分,陈均远等(Chen et al.,1988)还对此进行了总结。大多数三叶虫带均称之为组合带,组合带的界线往往基于多个分类的首次出现和共生类型进行划分(图 6-45、图 6-48)。钱义元(Qian,1986)介绍了三个带和七个亚带。据此,分别将三叶虫的组合归属于芙蓉期的 *Mictosaukia-Fatocephalus* 和 *Richardzonella-Platypeltoides* 带和跨越芙蓉期晚期至奥陶纪特马豆克期早期的 *Yosimuraspis* 带(图 6-48)。

图6-44 小阳桥剖面全景

示剖面标志性起点和疑源类采样位置始于剖面0层之下10.7m处

6.2.5　生物带和疑源类组合的综述分析

在小洋桥剖面生物组合序列中，*Cordylodus* 谱系主要见于第Ⅰ、Ⅱ、Ⅲ单元；而笔石动物群几乎都见于第Ⅳ单元，但这两个化石群的代表性分子在第Ⅲ单元上部相互重叠。更值得一提的是，作为牙形石的分带化石 *Cordylodus lindstromi* 在第Ⅲ单元的顶部几乎与笔石 *Rhabdinopora proparabola* 产出层位吻合（图 5-5、图 6-6、图 6-13、图 6-37、图 7-10）。*Rhabdinopora proparabola* 首次出现于剖面底部之上+20.9m 的薄层绿色页岩之中，而 *Cordylodus lindstromi* 首次出现于剖面底部之上 21.40m，即笔石 *Rhabdinopora proparabola* 首次出现层位之上 0.5m（图 6-13、图 6-37），说明这两个重要物种出现的时间非常接近，这一事实为这两个重要化石群的相互连接和洲际对比提供了重要依据和纽带。继之出现 *Rhabdinopora campanulatum* 笔石带则位于 *Cordylodus lindstromi* 牙形石带中部，产 *Rhabdinopora proparabola* 带笔石层之上 5.8m；*Cordylodus lindstromi* 牙形石带上部则出现 *Anisograptus matanensis* 带的笔石。

就疑源类组合而言，前述疑源类组合 1 限于牙形石 *Eoconodontus notchpeakensis* 带。组合 2 始于 *E. notchpepeensis* 带，并上延到 *Cordylodus caboti* 带。疑源类组合 2 主要分布在第Ⅲ单元 *Cordylodus caboti* 带上部和 *Cordylodus intermedius* 带。

三叶虫 *Mictosaukia-Fatocephalus* 带的 *Mictosaukia angustilimbata-Mictosaukia striata* 亚带，位于牙形石 *Eoconodontus notchpeakensis* 带内，其上部的 *Alloleiostegium latilum- Pseudokoldiniodia perpetis* 亚带则跨越了 *Cordylodus proavus* 带全部，并延伸到 *Cordylodus caboti* 带下部。其上的 *Richardsonella-Platypeltoides* 组合带则限于 *Cordylodus caboti* 带中上部。继之出现的三叶虫 *Yosimuraspis* 带 *Leiostegium*（*Manitouella*）亚带与 *Cordylodus intermedius* 带密切相关，并指示寒武系顶部；*Yosimuraspis* 带下部的 *Yosimuraspis*（*Eoyosimuraspis*）和 *Y.*（*Yosimuraspis*）亚带与 *Cordylodus lindstromi* 带基本同时，前者限于 *R. proparabola* 笔石带，而后者与 *Rhabdinopora campanulatum* 带相对应。顶部 *Yosimuraspis*（*Metayosimuraspis*）亚带底部非常接近采自 *A. matanensis* 带底部的牙形石 *Utahconus beimodaoensis* Churi and Zhang in An et al., 1983 sensu Chen and Gong（1986）的产出层位。

以上生物带和疑源类组合的相关性概括于图 6-45、图 6-48 之中。

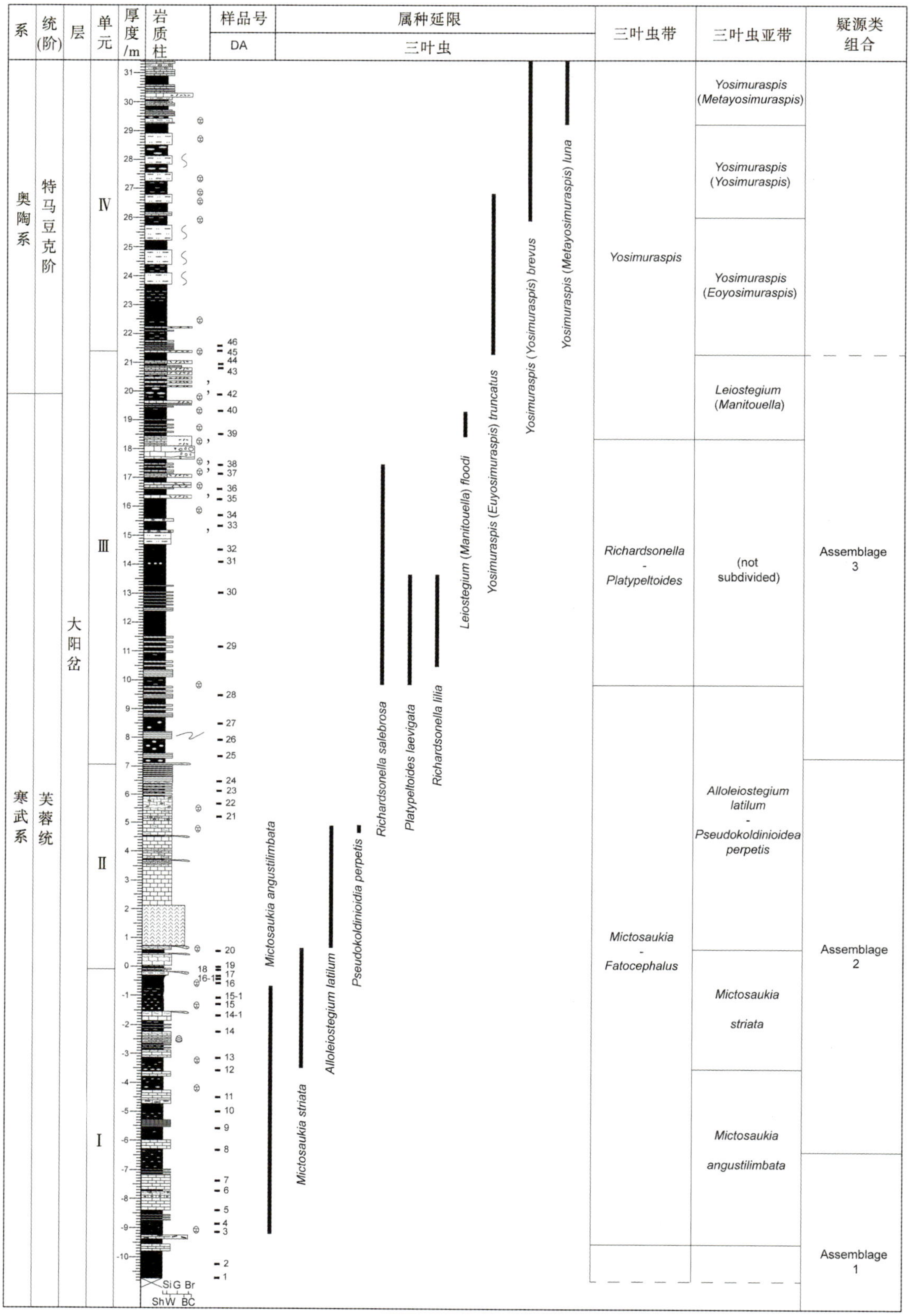

图 6-45　小洋桥剖面上寒武-下奥陶统(特马豆克阶)疑源类和三叶虫的生物地层

图例说明同图 6-15、图 6-49,所用缩写:sh 为页岩,si 为粉砂岩,br 为角砾岩,w 为粒泥灰岩,g 为颗粒灰岩,c 为砾岩

图 6-46　小洋桥剖面晚寒武世(芙蓉期)至早奥陶世疑源类的物种(一)

所有标本和薄片号及英格兰坐标均已标注,每个照片中标出的标准线段为 20 μm;(a)~(c) *Corollasphaeridium wilcoxianum* Martin in Martin and Dean,1982;(a)侧视标本(specimen in lateral view),标本号(sample DA36,E31/3)(下同);(b)、(c) 受压的横切面标本,sample DA36,B51/1 (B),P55/1 (C);(d) *Stelliferidium stelligerum* (Gorka,1967) Deunff et al.,1974,sample DA15,T42/2;(e) *Cymatiogalea* aff. *C. bouvardii* Martin,1973,sample DA15,H27/1;(f) *Cymatiogalea cuvillieri* (Deunff,1961) Deunff,1964,sample DA37,V39/2;(g) *Actinotodissus achrasi* (Martin,1983) Martin and Dean,1988,sample DA15,F31/1,3;(h) *Vulcanisphaera africana* (Deunff,1961) Rasul,1976,sample DA15,L23/3,4;(i) *Ninadiacrodium caudatum* (Vanguestaine,1973) Raevskaya and Servais,2009,sample DA15,C42

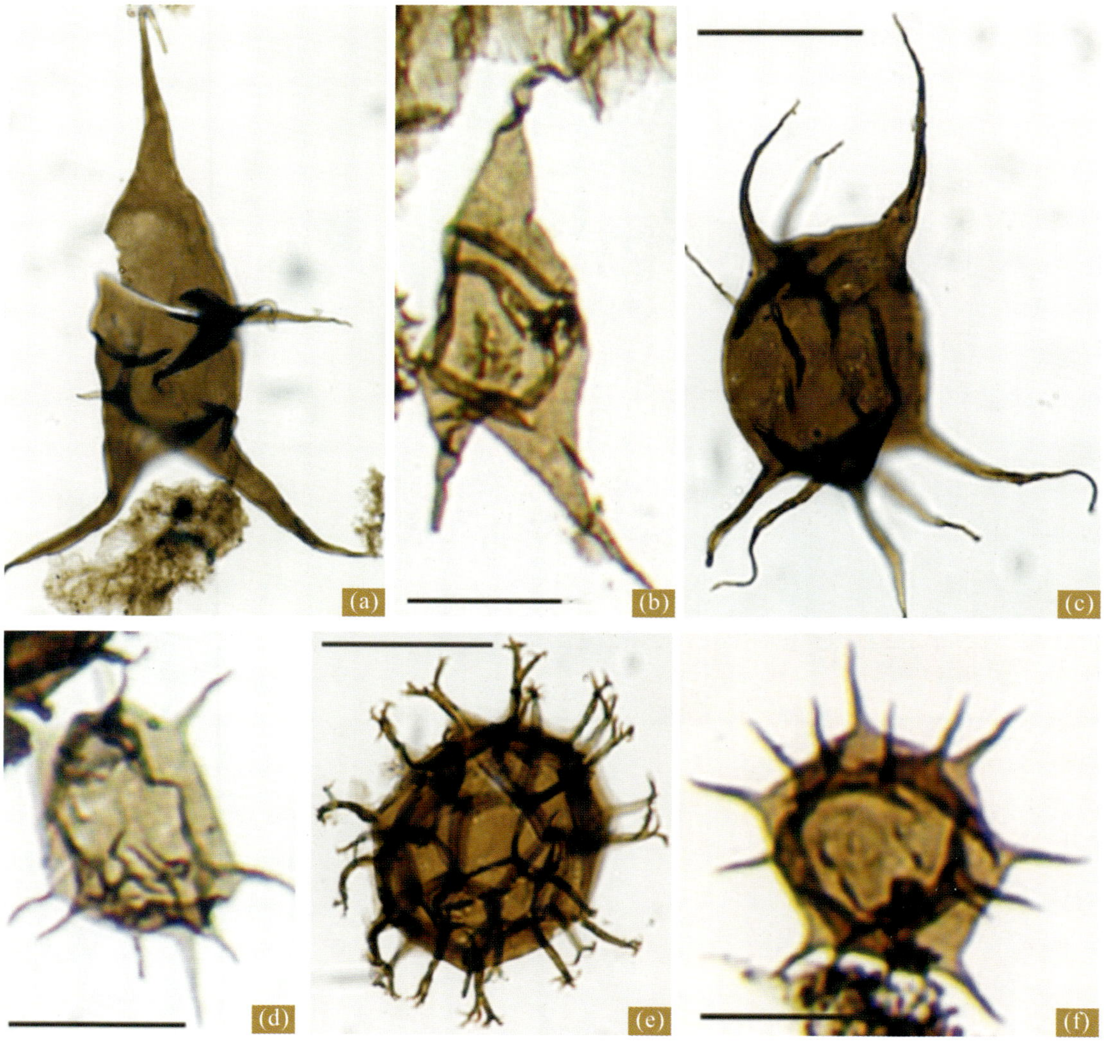

图 6-47　小洋桥剖面晚寒武世(芙蓉期)至早奥陶世疑源类的物种(二)

所有标本和薄片号及英格兰坐标均已标注,每个照片中标出的标准线段为 20 μm;(a) *Ninadiacrodium* sp. A, sample DA15, F29/2, 4;(b) *Ninadiacrodium dumontii* (Vanguestaine, 1973) Raevskaya and Servais, 2009, sample DA15, S51/3;(c)、(d) *Dasydiacrodiumobsonum* Martin in Martin and Dean, 1988;(c) sample DA15, L47/3;(d) sample DA15-1, L46/2;(e) *Timofeevia phosphoritica* Vanguestaine, 1978, sample DA4, H34/2;(f) Acritarch ex. gr. *Polygonium-Solisphaeridium*, sample DA4, K48

<table>
<tr><th rowspan="2">系</th><th rowspan="2">统(阶)</th><th rowspan="2">剖面</th><th rowspan="2">组</th><th colspan="7">Qian（1986）和Chen等（1988）的研究</th><th colspan="3">此次研究</th></tr>
<tr><th colspan="2">笔石带-亚带</th><th colspan="2">牙形石带-亚带</th><th>疑源类</th><th colspan="2">三叶虫带-亚带</th><th>笔石带</th><th>牙形石带</th><th>疑源类</th></tr>
<tr><td rowspan="10">奥陶系</td><td rowspan="10">特马豆克阶</td><td rowspan="18">小洋桥剖面</td><td rowspan="2">冶里组</td><td rowspan="18">Dictyonema flabelliforme-Staurograptus dichotomus</td><td rowspan="2"></td><td colspan="2">Cordylodus angulatus - Chonodina herfurthi zone</td><td rowspan="5">Microflora A_5</td><td rowspan="2">unnamed zone</td><td rowspan="2"></td><td rowspan="2"></td><td>(Cordylodus angulatus)</td><td rowspan="8"></td></tr>
<tr><td colspan="2" rowspan="7">Cordylodus lindstromi zone</td><td rowspan="7">Cordylodus lindstromi</td></tr>
<tr><td rowspan="16">大阳岔层</td><td>Anisograptus richardsoni</td><td rowspan="10">Yosimuraspis</td><td rowspan="2">Yosimuraspis (Metayosimuraspis)</td><td>Anisograptus matanensis</td></tr>
<tr><td rowspan="2">Dictyonema flabelliforme sociale</td><td rowspan="4">Rhabdinopora companulatum</td></tr>
<tr><td rowspan="3">Yosimuraspis (Yosimuraspis)</td></tr>
<tr><td>Dictyonema flabelliforme parabola</td><td rowspan="7">Microflora A_4</td></tr>
<tr><td>Dictyonema praeparabola</td></tr>
<tr><td rowspan="2">Dictyonema proparabola</td><td rowspan="2">Yosimuraspis (Eoyosimuraspis)</td><td rowspan="2">Rhabdinopora proparabola</td></tr>
<tr><td colspan="2" rowspan="4">Cordylodus intermedius zone</td><td rowspan="3">Cordylodus intermedius</td><td rowspan="6">Assemblage 3</td></tr>
<tr><td rowspan="9"></td><td rowspan="2">Leiostegium (Manitouella)</td><td rowspan="9"></td></tr>
<tr><td rowspan="8">寒武系</td><td rowspan="8">芙蓉统</td></tr>
<tr><td colspan="2" rowspan="2">Richardsonella - Platypeloides</td><td rowspan="3">Cordylodus caboti</td></tr>
<tr><td rowspan="4">Cordylodus proavus</td><td rowspan="2">upper</td><td rowspan="2">Microflora A_3</td></tr>
<tr><td rowspan="5">Mictosaukia - Fatocephalus</td><td rowspan="3">Alloleiostegium latilum - Pseudokoldinioidia perpetis</td></tr>
<tr><td>middle</td><td rowspan="4">Microflora A_2</td><td rowspan="2">Cordylodus proavus</td><td rowspan="3">Assemblage 2</td></tr>
<tr><td>lower</td></tr>
<tr><td colspan="2" rowspan="2">Cambrooistodus zone</td><td>Mictosaukia striata</td><td rowspan="2">Eoconodontus notchpeakensis</td></tr>
<tr><td>Mictosaukia angustilimbata</td><td>Assemblage 1</td></tr>
</table>

图 6-48 钱义元(Qian, 1986)和陈均远等(Chen et al., 1988)综合分带系统与本次研究的比较，其中三叶虫分带与前二者分带相同

6.3 层序地层

小洋桥剖面所出露的连续沉积序列属于净水的以泥质为主的台缘中部至外陆棚斜坡带沉积。根据沉积岩及其所包含的多样性无脊椎大化石和牙形石动物群以及疑源类,可重建该剖面形成环境的演变背景,说明该沉积序列形成于陆棚中部到边缘至边角浅水至深水海洋环境。指示陆棚中部沉积组合包括剖面底部出露的含粒泥灰岩(wackstone)和局部原地岩隆构造(autochthonous buildups);随着深度增加三叶虫组合丰度逐渐增加,硅质海绵骨针也越来越多;再向上碳酸盐含量逐渐下降,而以细粒硅质碎屑沉积为主,并占据整个剖面沉积序列的上部,暗示随着物源区逐渐上升,碳酸盐岩产率逐渐下降,偶尔出现标志内陆棚带中部的薄至中层的灰岩(粒泥灰岩-颗粒灰岩和钙质角砾岩)则与风暴碎屑流有关,以致将浅海物质传送到距岸最远和最深的陆棚地带。

6.3.1 层序分析

小洋桥剖面所出露的沉积序列主要由潮下至深水海洋环境下、米级副层序(meter-scale “parasequences”)组成。自下而上可以识别出 5 个低频(3 级或更高级别)的旋回,他们依次由①页岩-灰岩,②灰岩,③页岩、灰岩和钙质角砾岩,④粉砂岩-页岩交替出现。这 5 个沉积层序中的每一个层序都以沉积序列中的最大海退面(MRS)为界并进行识别,这些最大海退面(MRS)均覆盖在一系列因沉积空间减少而向上变粗的海退沉积序列之上。剖面中每个层序下部和上部往往发育不全,唯中部序列保存完整。

小洋桥剖面的生物地层界线通常位于一个层序下部海侵沉积之中,靠近、但明显高于最大海退面(MRS);不过某些生物带,如笔石生物带,往往直接被定义在一个层序的最大海泛面之上。

6.3.1.1 层序 A

层序 A 由岩石地层单元 I 组成。这个处于剖面最下部的层序以所发育的旋回沉积序列为代表,范围从剖面底部向上至单元 I 顶部粉砂岩之上所出现的第一个灰岩层(图 6-49)。层序 A 还包括所有更低级的副层序。它是由灰色到深灰色页岩和灰岩旋回沉积组成。副层序的底部通常是页岩,尽管某些层序底部在露头上呈瘤状或透镜状页岩;副层序的中部是典型、含瘤状到透镜状灰岩的页岩序列,页岩向上分化为纸状薄层页岩;副层序上部由波状泥质粒泥灰岩组成,灰岩顶面常发育潜穴构造,指示短暂的沉积间断。

组合Ⅰ代表一个向上变深序列，属于层序 A 海侵体系域（transgressive system tract）的一部分。最大海泛面（maximum flooding surface，MFS）显示在一套最厚的页岩之中，页岩中夹薄层且拉长灰岩和钙质页岩（图 6-49），代表层序 A 中的海退体系域。最大海退面恰好位于顶部砂岩之上约 0.2m 处。层序 A 包括 *Eoconodontus notchpeakensis* 牙形石带上部。

6.3.1.2　层序 B

第二个沉积层序（层序 B）以单元Ⅱ所有碳酸盐岩层为代表，并且还包括单元Ⅲ下部灰色至深灰色页岩，主要由下半部不断增加地向上变深的碳酸盐沉积和硅质碎屑成分组成，靠近该层序底部出露的特征十分明显的叠层石灰岩标志层亦包含在此层序之中。层序 B 的海侵体系域由碳酸盐岩组成，最大海泛面（MFS）位于其上部页岩单元内（图 6-49）；继之而来的海退体系域由所叠加的向上变粗的页岩到粉砂岩沉积组成，最大海退面位于硅质碎屑旋回的顶部、距剖面底部+15.1m 粉砂岩层之上。层序 B 包括 *Cordylodus proavus* 带和 *Cordylodus caboti* 带下部和中部。

6.3.1.3　层序 C

层序 C 位于组合Ⅲ上部。底部由海绿石钙质泥灰岩和页岩组成，继之为不断加深的、反映海侵域的页岩-灰岩沉积。最大海泛面位于距剖面底部之上+19.3m 的页岩之中（图 6-49）。接着在页岩为主的沉积序列中出现一系列标志海退域（RST）的风暴角砾沉积。最大海退面（MRS）位于距底约 20.4m、靠近含角砾岩层的顶部。在层序 C 内部，可识别出 2 个副层序：下部的副层序包括距底+15.1～+18.1m 的地层，其上被一层碎屑流沉积覆盖；第二个副层序包括+18.1～+20.4m 的地层。层序 C 包括 *Cordylodus caboti* 带的顶部和 *Cordylodus intermedius* 带大部分。

6.3.1.4　层序 D

序列 D 由深灰色页岩、含薄层扁平状灰岩透镜体的黑色页岩与暗灰色、浅灰色到绿色粉砂岩的旋回沉积组成。海侵域以黑色页岩与含 1cm、甚至更薄的灰岩透镜体的黑色页岩构成的旋回沉积为特点。最大海泛面位于距底 23.0m 的黑色页岩沉积间隔之中。继之出现的海退域沉积则由具波痕的层状粉砂岩与细粒砂岩夹灰色、绿色页岩和少许黑色页岩和含薄而扁平的钙质透镜状页岩所组成旋回沉积。在小洋桥剖面，含最早的浮游笔石层和含首次出现 *Cordylodus lindstromi* 的层位位于该海侵域基部附近。层序 D 包括 *Cordylodus lindstromi* 牙形石带的下-中部以及与其层位相匹配的 *Rhabdinopora proparabola* 和 *Rhabdinopora campanulatum* 笔石带。

6.3.1.5　层序 E

该层序由灰岩夹浅灰色页岩/粉砂岩组成，有的灰岩表面可见波痕标志。层序 E 在小洋桥剖面保存不完整，仅见剖面最上部出露的海侵域沉积。此层序底部划在层序 D 最上部砂岩的顶部，即剖面标注为 0m 的底界之上+28.9m 处。层序 E 包含在 *Cordylodus lindstromi* 牙形石带最上部，并且与 *Anisograptus matanensis* 笔石带底部密切相应。所产牙形石 *Utahconus beimadaoensis* 也是指示该层序开始的很好标志。

在小料荒地出露的产 *Chosonodina herfurthi* 和 *Rossodus manitouensis* 带牙形石灰岩(图 6-4、图 6-25),则可能与小洋桥剖面顶部层序 E 上部海侵域沉积大致相当,或略高一些;其上在二道堡子剖面所出露的含 *Psigraptus* 带笔石的灰色厚层白云质灰岩夹泥质灰岩(图 5-9)可能属于该区层序 E 之上另一次海侵沉积。其间相当于 *Rossodus manitouensis* 牙形石带或 *Rhabdinopora anglica* 笔石带的海退域沉积被公路和小河所覆盖。

6.4 海平面变化

小洋桥剖面的沉积序列显示了一系列海平面变化,这些变化往往与具有全球对比意义的重大海退事件相关联(Haq and Schutter,2008)。这是因为寒武纪晚期至奥陶纪早期的古气候变化对全球海平面变化起到了重要作用,以致随着气候变冷使寒武纪最晚期(芙蓉统的第十阶)的温水碳酸盐沉积中断(Frakes et al.,2005;Runkel et al.,2010;Hearing et al.,2018;Trotter et al.,2008),在导致海平面下降的同时,使最晚寒武纪和最早奥陶纪地层中硅质碎屑沉积占主导地位。

小洋桥剖面第一次有意义的海平面低位或海退事件见于岩石地层单位第Ⅰ单元的顶部,且可以在第Ⅱ单元底部之下识别。从第Ⅰ单元的顶部向上,沉积颗粒变粗,从页岩到粉砂岩,然后转变为由碳酸盐岩组成的覆于其上的第Ⅱ单元。在生物组合上,该海退事件对应于牙形石 *Eonodontus notchpeakensis* 带和疑源类组合 3 的末期,继之出现是产 *Cordylodus proavus* 带牙形石的地层。

第二次海退-海侵过渡事件可以在岩石地层第Ⅲ单元中得到确认。其特征是从向上变粗的页岩到粉砂岩海退序列,转变为页岩-灰岩-砾岩的海侵序列。此第二次海退事件发生在 *Cordylodus caboti* 带的最上部、*Cordylodus intermedius* 牙形石带出现之前(图 6-49)。

第三次海退事件见于小洋桥剖面第Ⅲ单元的上部,以向上变浅的沉积序列和凝缩沉积为特点。在剖面上,该海退事件系由一系列因风暴而形成的层间碎屑层出现为特点。此海退事件对应于 *Cordylodus intermedius* 牙形石带顶部。

第四次海退事件在小洋桥剖面反映不甚明显,出现在岩石地层第Ⅳ单元的较高部分。其特征表现为向上变粗的沉积序列。该序列由所出现页岩夹层、页岩和反应海侵-海退(T-R)层序 D 的层状灰岩和粉砂岩组成,并过渡为海侵-海退层序 E 的海侵层间粉砂岩/页岩和灰岩互层。该事件发生在 *Cordylodus lindstromi* 牙形石带内,亦位于 *Anisograptus matanensis* 笔石带下部。

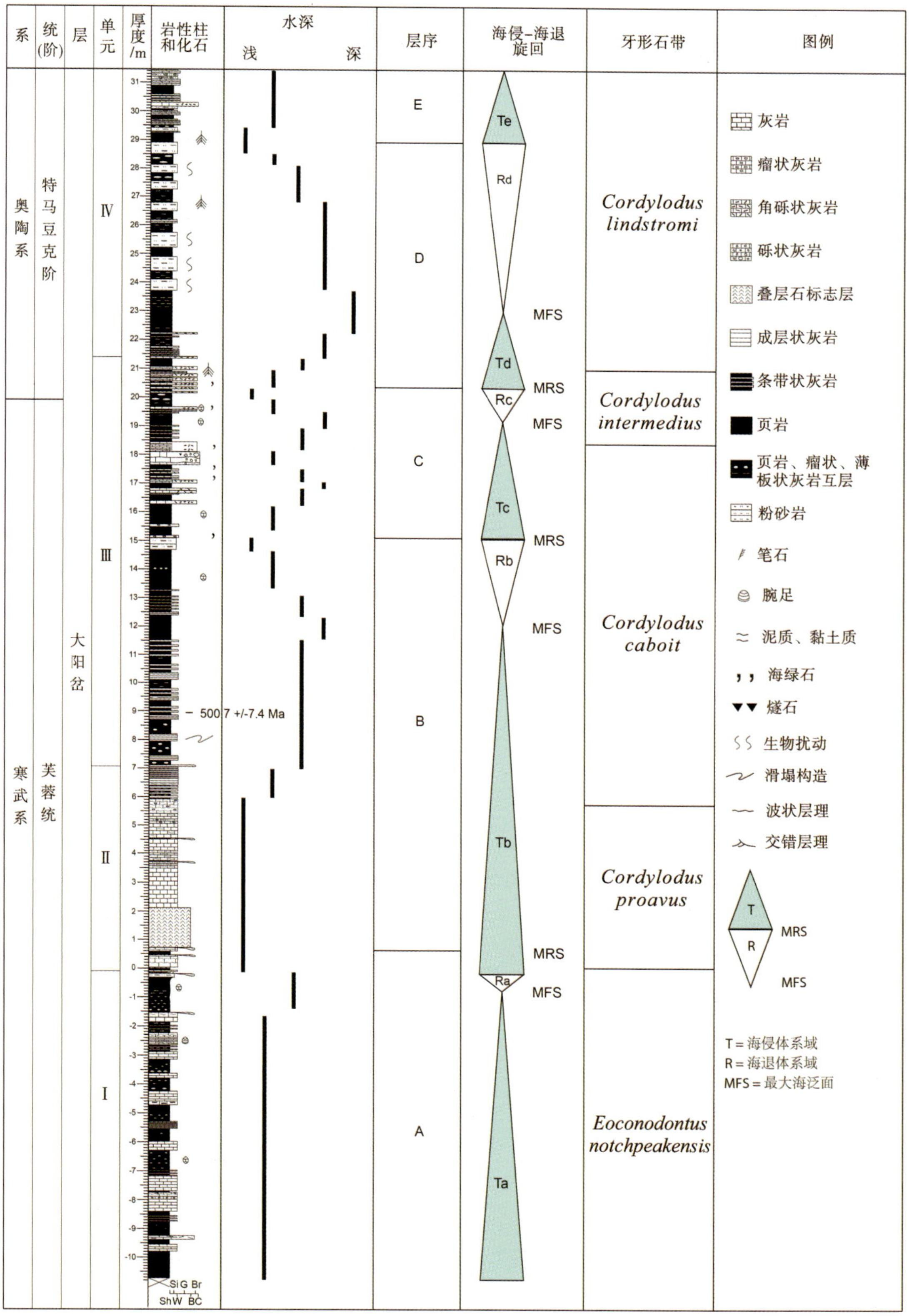

图 6-49　小洋桥剖面(XLS)海侵-海退(T-R)层序地层图

层序划分依据 Embry 和 Johannessen (1992)推出海侵-海退(T-R)层序划分。所分层序属于三级和更高级

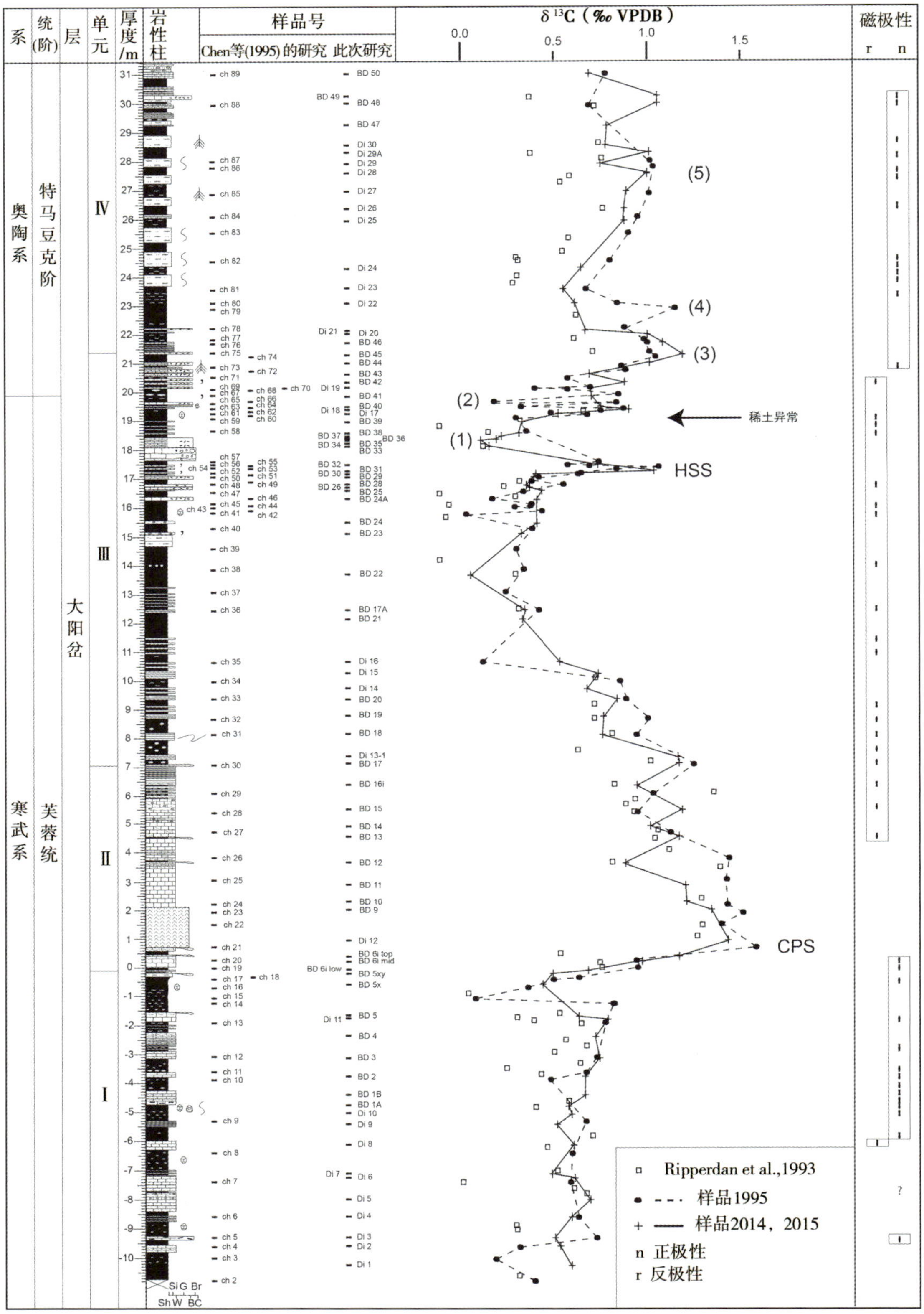

图 6-50　小洋桥剖面 C 同位素曲线和磁极反转

碳同位素曲线分别来自 Ripperdan 等(1993)(小方块)、Chen 等(1995)(点和虚线)和本研究(+和不间断线),磁反转数据来自 Ripperdan 等(1993)和陈均远等(1995)。图例,请参阅图 6-49。用于颗粒大小的缩写:Sh 为页岩,Si 为粉砂岩,Br 为角砾岩,W 为泥粒灰岩,G 为颗粒灰岩,B 为黏结灰岩,C 为砾岩就全球海平面变化而言,小洋桥剖面第Ⅰ单元的顶部所记录的显著的从海退-海侵的海平面变化与兰格牧场(Lange Ranch)低位,或者与 Miller (1992)所称的全球兰格牧场海平面升降事件(Lange Ranch Eustatic Event,LREE)相对应。剖面中所显示的继之而来和在第Ⅲ单元中所记录的海退-海侵事件与 Miller (1984)的巴萨尔之家低位(Basal House Lowstand)事件对比。小洋桥剖面第三次海退-海侵事件则可对应于 Erdtmann (1982b,1986)所命名的"弓头虫海退事件"(Acerocare,ARE)(Nicoll et al.,1992)。小洋桥剖面顶部所记录的第四次海退事件可能代表 Miller (1984)所报道的黑山海平面升降事件(Black Mountain Eustatic Event,BMEE),继之应出现由 Taylor 等(1992)提出的巨石群(Stonehenge)海侵,即海退-海侵层序 E(T-R sequence E),但此次海退-海侵的大部分沉积在当今的小洋桥剖面被公路和小河沉积所覆盖。

6.5 化学地层

小洋桥剖面所测出的三条碳($\delta^{13}C$)同位素变化曲线(Ripperdan et al.,1993;陈均远等,1995;图 6-50),在很大程度上彼此相似,虽然在它们的某些细节上略有差异。这里以本书新测出的碳同位素曲线为主要依据讨论如下。

6.5.1 $\delta^{13}C$ 碳同位素曲线

小洋桥剖面碳同位素曲线显示出三个显著和两个较小的正峰异常。最突出的是在岩石单位Ⅱ底部出现的从负偏到正偏记录,即从剖面所标底界之下-1.40m 处到其上+0.5m 处,$\delta^{13}C$ 值从+0.6 突然下降到+0.01 0/000,然后上移到+1.5 以上(图 6-50)。陈均远等(1995)将这个突出的从负到正的偏移命名为"Pre-*Cambroistodus* minimum"(TCM)异常,考虑此三叶虫 *Cambroistodus* 的时限范围很长,此名宜以废弃。鉴于这个显著的偏移与牙形石 *Cordylodus proavus* 首次出现层位基本一致,并以 *Cordylodus proavus* 的首次出现为特点,故称之为"多变肿牙形石峰"("*Cordylodus proavus* spike")(CPS)(图 6-15、图 6-50)。继之从剖面底界之上+0.6 ~+14m,$\delta^{13}C$ 值一般均为负值,陈均远等(1995)称这个趋势为"多变肿牙形石衰退"("*Cordylodus proavus* decline")(CPD)。接着在第Ⅱ单元内部+4.9 ~+7.1m 地层间隔所出现的从负偏到正偏的变化与灰岩到页岩的逐渐相变相吻合。

继之发生的延续很长的负偏趋势从"*Cordylodus proavus* Spike"(CPS)的正峰值上延到 14m 处,其中在约+14.00m 的层位出现的正偏移与层序 B 的最大海退面(MRS)相吻合;其上 16.30 ~17.30m 则展示出特征十分明显的正偏移,Ripperdan 等(1993)和陈均远等(1995)均注意到此偏移;后者将这个正峰值命名为"简单多刺牙形石峰"("*Hirsutodontus simplex* spike",HSS)。本书继续沿用此名称,因此正偏移显然与剖面中牙形石 *Hirsutodontus simplex* 的出现和存在有关(图 6-15、图 6-50)。

碳($\delta^{13}C$)同位素曲线在小洋桥剖面距底+18.40m 处发生急剧变化,在前述一系列紧密相间的从负到正的 C 同位素偏移之后,突转为负偏移,并形成负峰(图 6-50)。陈均远等(1995)将这个从+19~+19.70m 发生的短间隔偏移或异常,称为"林德斯特罗姆肿牙形石(或林氏肿牙形石)底部波动"("Basal *Cordylodus lindstromi* fluctuations, BCLF"),考虑牙形石 *Cordylodus lindstromi* 在小洋桥剖面首次出现的层发生在这个偏移之上,故本书未采用该术语(图 6-15、图 6-50)。在特征明显的呈锯齿状模式变化的负异常端点相接之上[图 6-50(2)],接着出现一个正趋势,该趋势终止于±21.30m(含最早浮游笔石层)之上的大型正峰值[图 6-50(3)]和层序 C 的海侵域之中。故而此正峰可代表早奥陶世第一次大型碳同位素正偏移,并且与浮游笔石出现('Rise of Planktonic Graptolite')相呼应(见 6.2.2.1 中的最早浮游笔石的出现和分类)。在小洋桥剖面 *Rhabdinopora proparabola* 始现于第一次大型碳同位素正偏移[图 6-50(3)]的上升处,峰位几乎与 *Cordylodus lindstromi* 首次出现相吻合(图 5-5、图 6-5~图 6-7)。再向上到+22.90m 处,碳同位素曲线显示出第二次、但相对较小的正峰值[图 6-50(4)],其与层序 D 的最大海泛面(MFS)相吻合。接着在一个平缓向上的正趋势之上,在+27.80m 左右出现了最高的正峰值层[图 6-50(5)]。在小洋桥剖面这一宽阔分布的正高值之上,出现了该剖面最上部 *Anisograptus matanensis* 笔石带的笔石。

6.5.2 稀土元素地球化学异常

利用腕足类的碎片(apatite)对小洋桥剖面稀土元素(rare earth element, REE)和其他微量元素也进行了分析,陈均远等(1995)以及本书研究均表明,在距剖面底部之上+19.50m 处都出现显著的 REE 异常或正峰峰值(图 6-50),该异常均记录在岩石地层第Ⅲ单元的上部,略高于层序 C 的最大海泛面(MFS),而且还与 *Cordylodus intermedius* 牙形石带内所记录的碳同位素曲线特征性的"锯齿"模式变化相吻合(图 6-50)。

6.6 磁性地层

对小洋桥剖面寒武纪过渡到奥陶纪的地层间隔曾做过磁性地层研究,并获得磁极模式记录(Ripperdan and Kirschvink, 1992a; Ripperdan et al., 1993; 陈均远等, 1995),据此可以鉴定出两个正常和一个倒转(反向)磁极带。正常极性的下周期以岩石单位Ⅰ为代表,在剖面 6.10m 处发生一次短暂的极性倒转(图 6-50)。剖面底部至+6. 20m 的地层间隔中缺少数据，但据 Ripperdan 等（1993）和陈均远等（1995）等以往所获资料，仍然可以确定正常磁极周期位于 *Eoconodontus notchpeakensis* 带。从正常极性区到反向极性区的偏移见于剖面-5. 90m 层位中，反向极性区的周期则表现在岩石第Ⅱ单元和第Ⅲ单元的地层间隔之中，并对应于 *Cordylodus caboti* 和 *Cordylodus intermedius* 牙形石带。小洋桥剖面在距底部 20. 60m 的层位中突然发生正常极性的回归，而此正极性带的转变与序列 D 边界相当吻合，随后出现了 *Rhabdinopora proparabola* 带的笔石（即+20. 90m）。该正常极性带在小洋桥剖面由岩石第Ⅳ单元和剖面顶部地层组成，时代包括 *Cordylodus lindstromi* 牙形石带，以及 *Rhabdinopora proparabola*、*Rhabdinopora campanulatum*、*Anisograptus matanensis* 三个笔石带（图 6-15、图 6-48、图 6-50）。

第 7 章
与全球代表性剖面比较

分析小洋桥剖面上述生物、层序、事件和化学及物理的详细数据，进一步表明通过这种多学科的研究方法完全可与加拿大纽芬兰绿岬"金钉子"剖面(GSSP)、美国犹他州劳森湾辅助层型剖面(ASSP)以及我国湖南桃源瓦尔岗剖面精确对比，并构成他们之间对比的纽带；进而在确切定义或厘定这些不同相区奥陶系底界，即寒武-奥陶系界线的同时，解决长期存在的不同大陆之间和沉积相区之间寒武系与奥陶系界线的精确划分与对比问题。

7.1 与加拿大绿岬"金钉子"剖面比较

绿岬全球寒武-奥陶系界线层型剖面(GSSP)的数据，包括地层和地球化学数据。系由 James 和 Stevens (1986)详细记录，并将此段地层置入牛头群(Cow Head Group)的绿岬组(Green Point Formation)(包括两个岩性段)中(图 7-1 ~图 7-4)。剖面中较小的地层单位被归入第 19 至 28 单元(也有的作者将这些单元称其为"层")(图 7-1 ~图 7-4)。Tripathy 等(2014)根据 Re-Os 同位素，提出绿岬"金钉子"剖面第 23 单元内所定义界线层的同位素年龄为 484±16Ma。Bagnoli 等(1987)和 Barnes (1988)都对该剖面的牙形石进行过详细研究和系统描述；此后 Terfelt 等(2012)和 Stouge 等(2017)又提供了其他信息。Erdtmann(1986)和 Cooper 等(1998)曾分别描述了绿岬剖面的笔石，Cooper 等(2001)又做了进一步概括。

7.1.1 生物地层和对比

在讨论小洋桥剖面与绿岬全球层型剖面和层型点(点位)(GSSP)对比时,牙形石和笔石则被认为是奥陶纪最常用的生物地层对比工具。*Cordylodus caboti*、*Cordylodus intermedius* 和 *Cordylodus angulatus* 等三个牙形石带在绿岬 GSSP 剖面寒武-奥陶纪过渡层中均有很好的记录(Bagnoli et al., 1987; Barnes, 1988; Cooper et al., 2001; Terfelt et al., 2012)(图 7-2),不过 *Cordylodus caboti* 带底部在绿岬剖面尚未限定,而 *Cordylodus intermedius*,这个作为寒武系最上部牙形石带的提名物种,首次出现于该剖面第 22 单元,并上延到第 23 单元 *Iapetognathus preaengensis* 带(即过去所称的 *I. fluctivagus*(Cooper et al., 2001; Terfelt et al., 2012)首次出现之层位。*Iapetognathus preaengensis*,即 Cooper 等(2001)、类似的还有 Terfelt 等(2012)所称的 *I. fluctivagus*,乃是该 GSSP 剖面界线划分的生物标志,并建议此物种首次出现定义奥陶系的底界(Terfelt et al., 2012)。绿岬剖面的 *Cordylodus angulatus* 带见于约 11m 以上的第 27 单元,而位于其下的 *Cordylodus lindstromi* 带至今未能在绿岬剖面中确定(图 7-2)。

绿岬剖面最早的浮游笔石乃是在第 25 单元发现的笔石 *Rhabdinopora campanulatum*(原 *R. parabola*),并与 *Staurograptus dichotomus*(Emmons, 1855)共生。第 25 单元以前被细分为 *R. praeparabola* 和 *R. campanulatum* (原 *R. parabola*)两个笔石带(Erdtmann, 1986; Cooper et al., 1998, 2001),正如前文在讨论奥陶纪初期浮游笔石时所指出,此两个生物带应合并为一个笔石带,前者乃是后者的幼年个体。Erdtmann(1982a)在建立该种时就曾在属名之后加了个问号。*Anisograptus matanensis* 带位于该剖面第 26 单元上部,其底界位于 *Cordylodus angulatus* 牙形石带之下(Barnes 1988; Bagnoli et al., 1987; Cooper et al., 2001)。

绿岬剖面近 10 多年来所获的新的生物地层资料,包括本课题组成员之一(Maletz, 2011)分别从第 18、23、25 和 26 单元记录的放射虫组合(Won et al., 2005; Maletz, 2011; Pouille et al., 2013)(图 7-3~图 7-7)。其中第 18 单元记录的晚寒武纪放射虫组合被置于 *Ramuspiculum*? 组合之中;其上的 *Protoentactinia kozuriana* 组合出现在第 23 单元之上,并上延到第 25 单元,因而被建议作为奥陶纪底界的标志(Pouille et al., 2013)。按照 Kozur 等(1996)的意见,在第 26 单元中所出现的新的类型,可置于 *Paraechidnina nevadensis* 组合,并上延至 *Cordylodus angulatus* 牙形石带。有鉴于这些放射虫组合与牙形石和笔石分带相关性(图 7-1~图 7-4),对这些放射虫组合特征和分布的研究表明,在寒武-奥陶系界线的过渡间隔中,该微体化石群在识别寒武-奥陶系界线划分和界线的国际对比方面具有很大潜力,值得进一步研究。

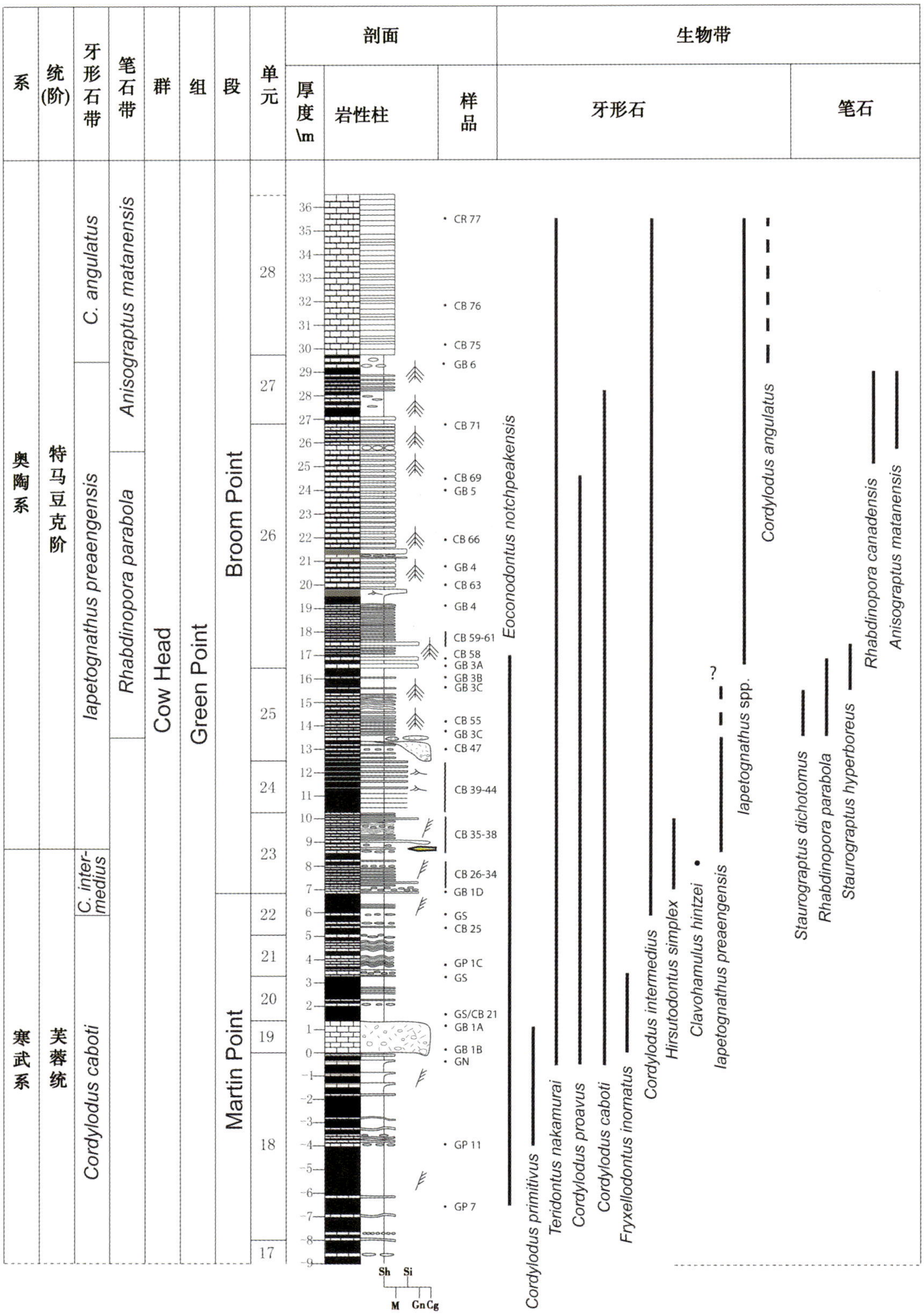

图 7-1 绿岬“金钉子”剖面晚寒武世-早奥陶世地层及牙形石和笔石延展时限及分带

第 23 单元标出了“金钉子”界线层和层型点。样本来自 Barnes(1988,CB),(Bagnoli et al.,1987,GB)和笔者收藏(GS,GN)。有关图例,请参阅图 6-45、图 6-49。用于颗粒大小的缩写:Sh 为页岩,Si 为粉砂岩,M 为泥岩,Gn 为颗粒灰岩,Cg 为砾岩(据 Wang et al.,2019, Fig.12,其中的笔石 *Rhabdinopora parabola* 系 *Rhabdinopora companulatum* 同义名)

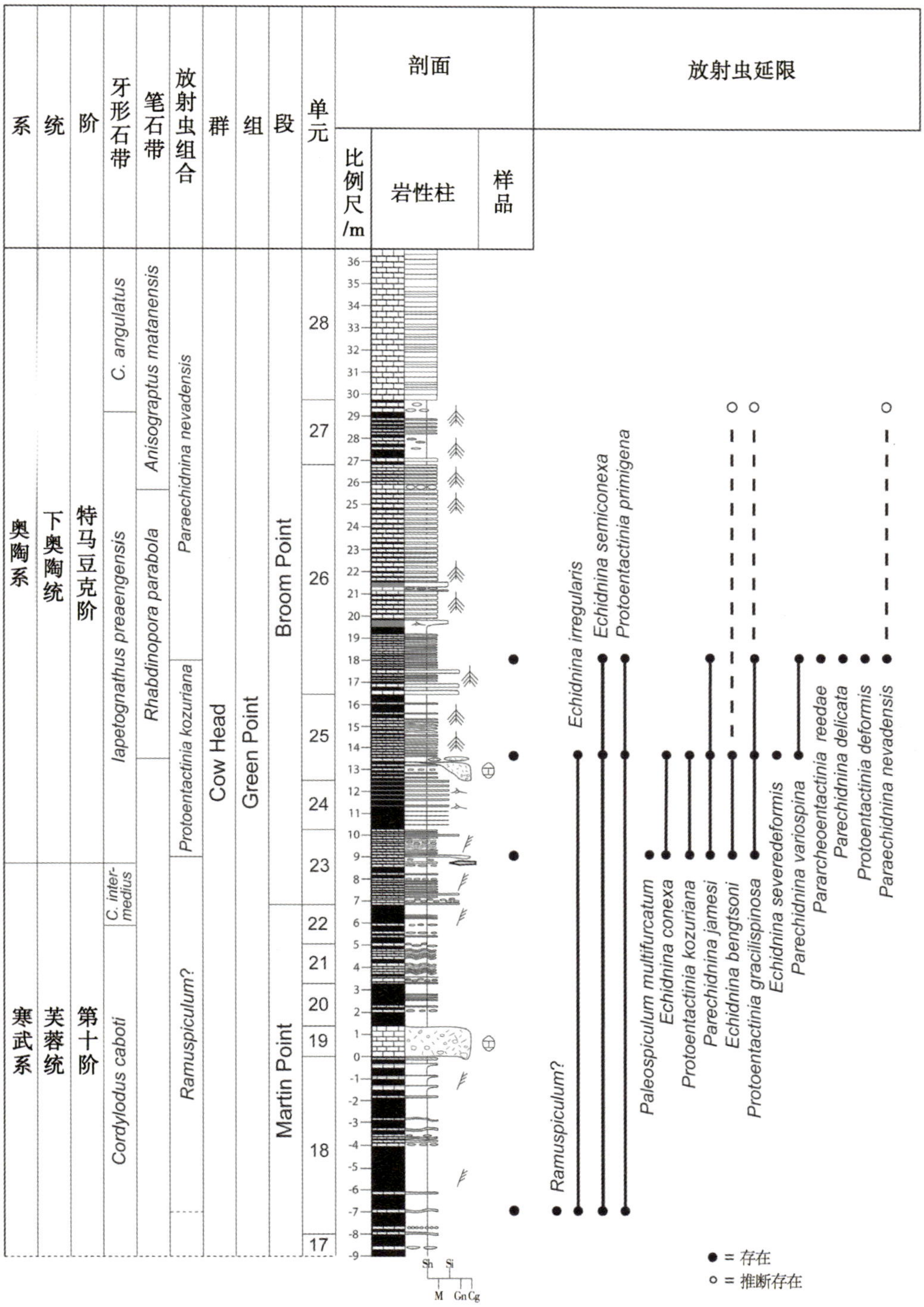

图 7-2　绿岬剖面晚寒武世-早奥陶世放射虫生物地层，增加了来自内华达 ***Cordylodus angulatus*** 牙形石带的 ***Parechidina nevadensis*** 层位（**Kozur et al.，1996**）（引自 **Wang et al. 2019，Fig.13**）

第 18 单元的 *Ramuspiculum* assemblage（？）与 *Cordylodus caboti* 带对比。*Protoentactinia kozuriana* 和 *Paraechidnina nevadensis* 放射虫组合与 *Iapetognathus preaengenis* 牙形石带和 *Rhabdinopora campanulatum*（*R. parabola*）笔石带对比。后一个放射虫组合上延到 *C. angulatus* 牙形石带（Kozur，1996）和 *Anisograptus matanensis* 笔石带。黑圆点表示样本数量极高。有关图例，参阅图 6-49。用于颗粒大小的缩写：Sh 为页岩，Si 为粉砂岩，M 为泥岩，Gn 为颗粒灰岩，Cg 为砾岩

绿岬剖面由于水体较深,因而剖面中三叶虫和腕足类很少见,仅在第 19 单元砾岩层见有 *Symphysurina cleora* 和 *Nanorhis hamburgensis*,以及第 25 单元的 *Symphysurina* cf. *brevis*(James and Stevens,1986)。

根据小洋桥剖面牙形石和笔石的综合分析及其与绿岬剖面的高精度综合对比,说明绿岬剖面从第 18 单元向上到第 22 单元的地层间隔与小洋桥剖面的 *Cordylodus caboti* 带相当;第 22 单元的上部至第 23 单元下部则与小洋桥剖面 *Cordylodus intermedius* 对比。第 25 单元,包括厘定的 *Rhabdinopora campanulatum* 带和第 26 单元最上部的 *Anisograptus matanensis* 带,可与小洋桥剖面两个同名带对比。

图 7-3　位于纽芬兰西部古劳伦大陆斜坡末端的绿岬寒武-奥陶系界线层型剖面(GSSP)

(a)绿岬剖面,注意剖面层序倒转,寒武-奥陶系界线层(第 23 单元或层)中所产的、并非所指定的界线划分标志——波状古大西洋牙形石 *I. fluctivagus*,而是 *Iapetognathus preaengensis*,所指定的界线生物标志出现在产 *Rhabdinopora campanulatum* 笔石层之上;(b)剖面交通位置简图;(c)"金钉子"标牌

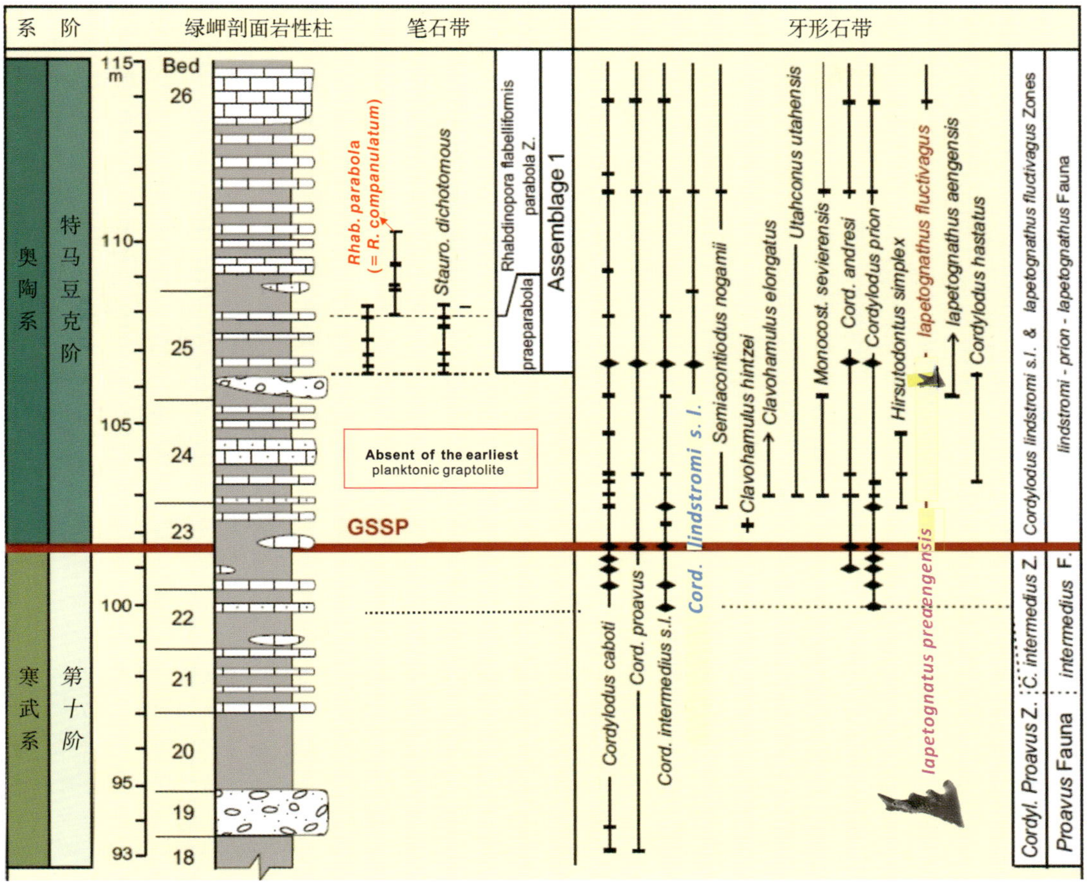

图 7-4　修订的绿岬剖面代表性牙形石和笔石分布(据 Cooper 等,2001 修改)

注意波状古大西洋牙形石(*I. fluctivagus*)并非产在 GSSP 界线层中,而是产在 *Rhabdinopora parabola*(= *R. campanulatum*)带笔石之上

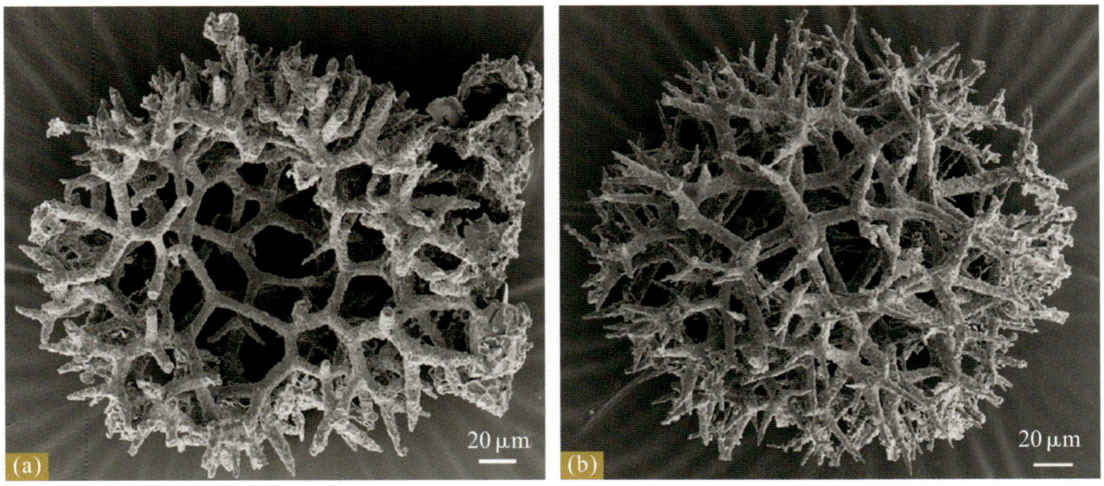

图 7-5　绿岬 GSSP 剖面特马豆克阶底部 *Protoentactinia kozuriana* 组合中最具代表性的奥陶纪最下部的放射虫(一)

(a)、(b)*Protoentactinia gracilispinosa*,JM86-92,JM86-111

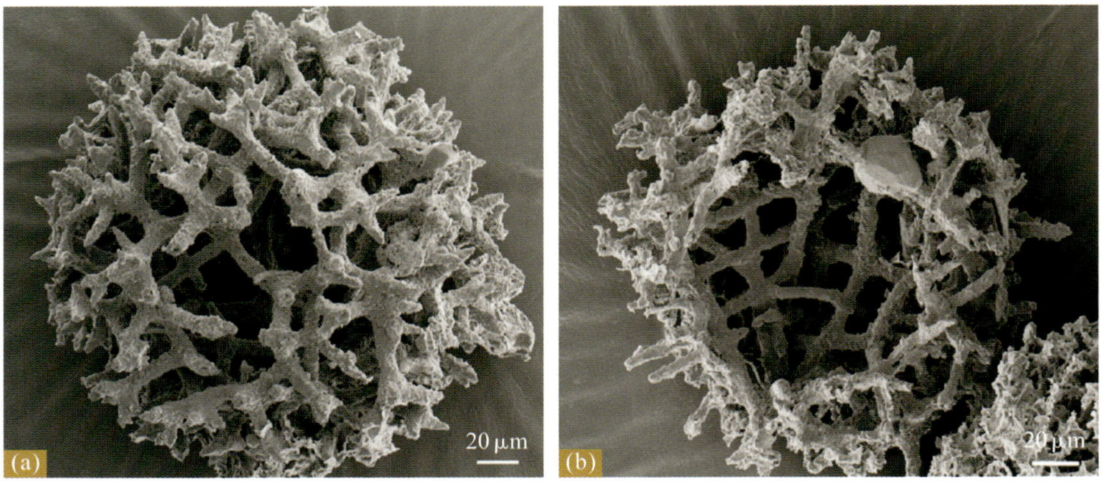

图 7-6　绿岬 GSSP 剖面特马豆克阶底部 *Protoentactinia kozuriana* 组合中最具代表性的奥陶纪最下部的放射虫（二）

（a）、（b）*Protoentactinia kozuriana*，JM86-114，JM86-118

图 7-7　绿岬 GSSP 剖面特马豆克阶底部 *Protoentactinia kozuriana* 组合中最具代表性的奥陶纪最下部的放射虫（三）

（a）、（b）*Echidnina conexa*，JM86-56，GSC 139213 （*Subechidnina* sp. in Maletz，2017）扫描标本（SEM Sample）JM 86

由于小洋桥剖面未见绿岬剖面界线划分的标志性物种，该界线层型的点位和后来厘定古大西洋牙形石另一个物种，即 *Iapetognatus preaengensis* 的首次出现（FAD）层位不可能与小洋桥剖面进行生物地层上的直接对比；而小洋桥剖面在 *Rhabdinopora proparabola* 和 *Cordylodus lindstromi* 带之上出现的特征性的 *Iapetognathus jilinensis* 也没有在绿岬剖面发现。Barnes （1988）和 Cooper 等（Cooper et al.，2001）曾注意到寒武-奥陶系界线的国际层型（GSSP）应该以 *Cordylodus lindstromi* 的出现为标志，遗憾的是这个类型的牙形石在绿岬剖面一直没有完好的记录，以致有关 *Cordylodus lindstromi*（或 *Cordylodus lindstromi* s. l.）在绿岬剖面出现的层位一直无法确定，至今还是一个有待证实的问题。

7.1.2 化学地层和同位素地球化学地层比较

绿岬剖面提出过三条碳同位素曲线(Margaritz,1991;Nowlan,1995;Azmy et al.,2014;Stouge et al.2017),不过Cooper等(Cooper et al.,2001)所示碳同位素曲线乃是北美大陆综合性曲线,并非来自绿岬剖面。

Azmy等(Azmy et al.,2014)和本项目成员之一Stouge等(Stouge et al.,2017)所提出的绿岬剖面精确的和高分辨率的碳同位素($\delta^{13}C$)曲线与陈均远等(Chen et al.,1995)以及本次对小洋桥剖面研究所获的碳同位素($\delta^{13}C$)曲线的变化趋势以及峰值的序列均非常相似(图7-8)。两个剖面$\delta^{13}C$曲线最突出的特征之一,表现在绿岬剖面第21单元的正偏移和第22单元中所显示的宽阔的正峰值,同样的趋势和正峰值正好与小洋桥剖面所记录的正偏移和陈均远等(1995)所命名的HSS峰值(即'*Hirsutodontus simplex* Spike' of Chen et al.,1995)相匹配。

绿岬剖面上覆第23单元下部和界线层层位之下约1.80m处继之出现的强烈的负偏移[图7-8(1)]与小洋桥剖面近18.40m处所识别类似漂移相匹配(Chen et al.,1995)。上覆第23单元下部到中部间隔和紧靠GSSP层位之下所展示的"锯齿状"的曲线模式特征(Azmy et al.,2014;Stouge et al.,2017)也易于与小洋桥剖面观察到的类似"锯齿状"变化模式精确对比。此两个剖面所显露的碳同位素"锯齿状"变化模式均见于牙形石*Cordylodus intermedius*带中。其最大的负异常(负峰值)相同[图7-8(2)],并且是绿岬剖面,而且也是识别和对比小洋桥剖面寒武系顶部的特征之一(Cooper et al.,2001;Azmy et al.,2014;Stouge et al.,2017)。

绿岬剖面最突出碳同位素($\delta^{13}C$)异常,代表奥陶纪初期最大的碳同位素($\delta^{13}C$)正偏见于GSSP界线层之上4.5m、第25单元下部[图7-8(3)],与绿岬剖面所修订的*Rbabdinopora campanulatum*带[即Cooper等(2001)的*Rhabdinopora praeparabola*带]完全一致。在小洋桥剖面出现在含最早浮游笔石*Rhabdinopora proparabola*层位之上、与其相匹配的碳同位素最大异常(峰值)不产笔石。继之出现较大的碳同位素正异常峰可对于应绿岬剖面所修订*Rhabdinopora campanulatum*带[图6-50、图7-4、图7-8(4)]。其上接着展示的正峰值出现在*Anisograptus matanensis*带底部之下[图6-50、图7-8(5)]。

7.1.3 地球化学异常

稀土元素(REE)所检测到的地球化学异常位于绿岬GSSP剖面*Cordylodus intermedius*带的第23单元所展示的"锯齿状"异常曲线下部(Azmy et al.,2014),这与小洋桥剖面相同(图6-50)。该REE地球化学异常在小洋桥剖面*Cordylodus* *intermedius* 带中亦有记录(Chen et al.,1986)。正如第 7.1.2 小节所述,这个由陈均远等(Chen et al.,1986)在小洋桥剖面首先识别出来的 REE 地球化学异常与 Azmy 等(2014)在绿岬剖面所记录的 REE 异常相似,且能互相对比,绿岬剖面所记录的 REE 异常也出现在该剖面 GSSP 界线层的下方。

7.1.4 海平面变化

绿岬 GSSP 剖面所保存的寒武-奥陶纪界线间隔位于巴萨尔之家低位(Basal House Lowstand)和弓头虫低位(Acerocare Lowstand)之间,前者底部以第 19 单元突出的砾岩为标志(图 7-8、图 7-9);后者则由第 24 单元所出露的棕色风化白云质粉砂岩/灰岩为特征。与小洋桥剖面相似,这个转变正好也是从宽型碳同位素偏移到最大的碳同位素正偏移的开始。图 6-49 和图 7-9 展示了这两个剖面间的精确关联和对比。

7.1.5 小洋桥剖面的寒武系与奥陶系界线

小洋桥和绿岬剖面间碳同位素($\delta^{13}C$)变化曲线具有相似性,而且这种相似性具有相关生物带间精确对比佐证,从而更好地证明,碳同位素曲线在寒武-奥陶系界线对比方面包含巨大潜力。根据绿岬 GSSP 剖面和小洋桥剖面间 $\delta^{13}C$ 同位素曲线分布模式的精确对比,还可以反过来精确确定绿岬剖面所缺失的最早浮游笔石首次出现的层位,同时也可以在小洋桥剖面确定与绿岬剖面 GSSP 相当的界线层。

在绿岬剖面,目前尚未记录或发现最早浮游笔石 *Rhabdinopora proparabola*。以上碳同位素精确对比表明,该最早浮游笔石在绿岬剖面应出现在第 24 单元顶部至第 25 单元底部,即指示弓头虫低位(Acerocare Lowstand)事件的特征性的棕色风化粉砂岩过渡层(第 24 单元)和最大的 $\delta^{13}C$ 同位素偏移起始时的层位。通过该对比还进一步暗示,第 25 单元,即 GSSP 界线层之上约 5m 之处,代表 *Cordylodus lindstromi* 牙形石带在小洋桥剖面所确定的层位;正如前文所述,绿岬剖面至今尚未发现这个牙形石生物带,但与该带化石共生的属于同一属的其他具有代表性但延续时间相对较长的主要的共生分子,如 *Cordylodus proavus*、*Cordylodus caboti*、*Cordylodus intermedius* 等,在绿岬剖面第 25 单元之中均有记录(Bagnoli et al., 1987; Barnes, 1988; Cooper et al., 2001)(图 7-1)。

此外,绿岬剖面第 23 单元中的 GSSP 的层位正好位于特征性的同位素负偏移之上[图 7-8(2)]以及 *Cordylodus intermedius* 牙形石带中所记录的稀土元素(REE)地球化学异常之上。这些资料也进一步说明,小洋桥剖面寒武-奥陶系界线层应放置在距剖面底界之上约 19.9m(±0.2m)处,距上覆最早浮游笔石首次出现层位

(20.9m)之下约1m(图5-5 ~图6-7、图6-12、图6-13、图7-8),或上覆*Cordylodus lindstromi*牙形石带底界之下1.5m。

小洋桥剖面生物、层序、化学和磁性地层学综合研究及其与绿岬"金钉子"剖面详细的、高分辨率的对比表明,绿岬GSSP剖面所定义的寒武-奥陶系界线层中所产的牙形石并非*Iapetognathus fluctivagus*,而是该属已知最古老的代表*Iapetognathus preaengensis* Landing in Fortey et al.,1982(Fortey et al.,1982)(图7-1、图7-3、图7-4)。该种在绿岬剖面第23单元中的首次出现层位,即寒武-奥陶系界线层,应对应于小洋桥SABS(ASSP)剖面*Cordylodus intermedius*带上部、距该带底界之上3.5m,位于最早浮游笔石(*Rhabdinopora proparabola*)首次出现层位(+20.9m)之下1m(图5-5、图6-6、图6-12、图6-13、图7-9)或*Cordylodus lindstromi*牙形石带底界之下1.5m;小洋桥剖面所定义的与GSSP界线层相当的寒武-奥陶系界线处于两次全球低位事件,即巴萨尔之家低位(Basal House Lowstand)和弓头虫低位(Acerocare Lowstand)之间,界线之下还有一次明显的、呈锯齿状显示的$\delta^{13}C$同位素负异常和稀土元素(REE)异常相伴,后者之下还有一次被称之为简单多刺牙形石峰(*Hirsutodontus simplex* spike,HSS)(Chen et al.,1995)的明显$\delta^{13}C$的正异常佐证(图6-17~图6-24、图7-8、图7-9)。不难看出,根据小洋桥ASSP剖面研究所定义寒武-奥陶系界线,进一步弥补了绿岬GSSP剖面的缺陷,明示该GSSP剖面所缺失的最早浮游笔石以及紧随其后出现的*Cordylodus lindstromi*牙形石带首次出现层位,从而易于根据生物、化学和事件地层研究所获的任何一种标志,在全球不同大陆和相区识别和划分寒武-奥陶系界线,并进行相互间的精确对比(图7-9、图7-10)。遵循全球标准层型剖面和点位的要求和定义(Salvador,1994;Remane et al.,1996),建议全球寒武-奥陶系界线应根据小洋桥剖面与绿岬剖面高精度对比研究成果进行补充和修订,以提高全球寒武-奥陶系界线划分和对比的准确性。

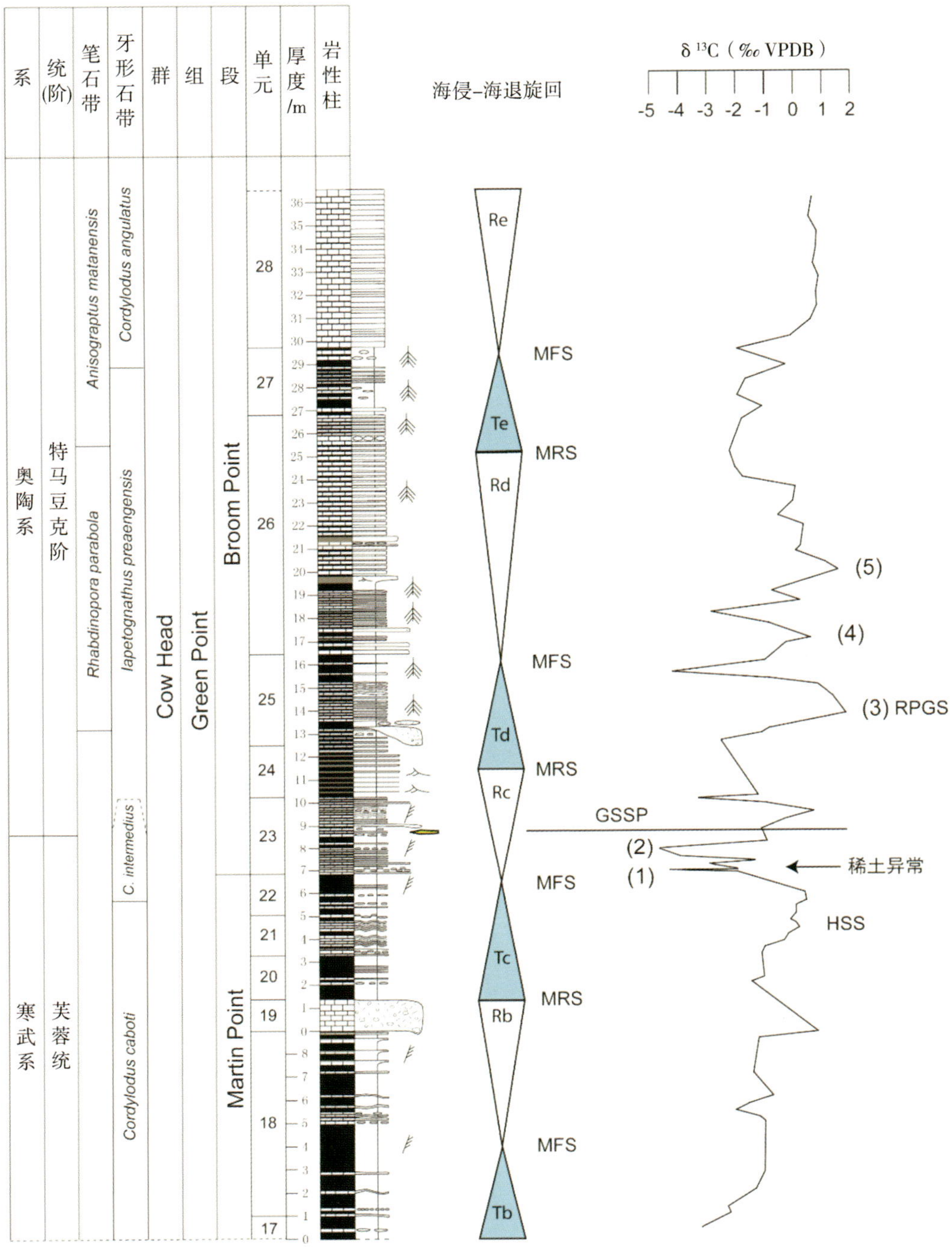

图 7-8　绿岬全球层型剖面层序地层、碳同位素和地球化学异常

层型剖面界线层位于海退体系域(Rc)。最大碳同位素峰(3)与绿岬剖面 *Rhabdinopora parabola* 带((即 *R. companulatum* 带)底界一致,(4)相当于 Cooper et al.,(2001)含义的 *Rhabdinopora parabola*(即 *R. campanulatum*)带,(5)宽尖峰标志着 *Anisograptus matanensis* 笔石带。有关图例,请参阅图 6-49

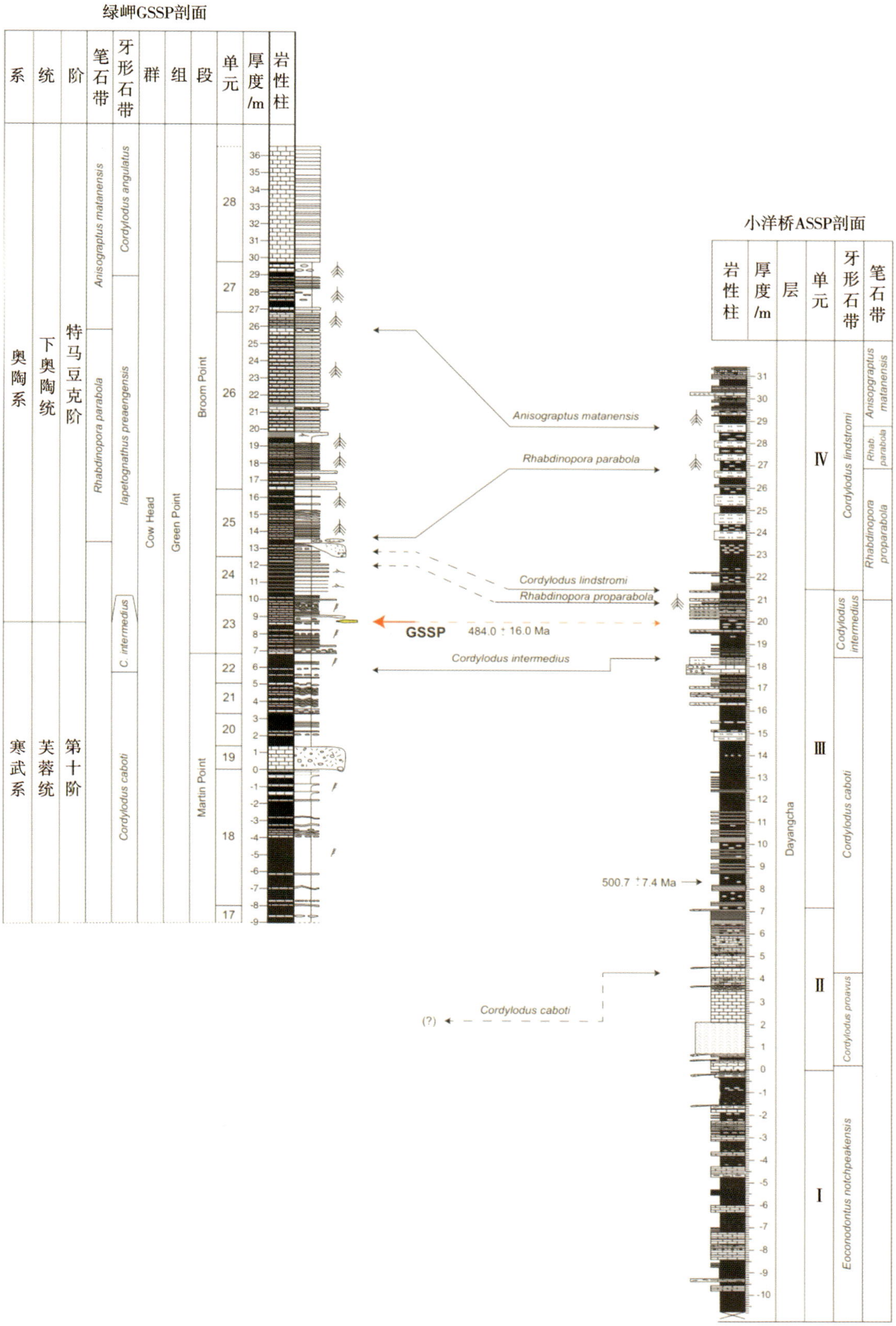

图 7-9　小洋桥剖面和绿岬 GSSP 剖面的生物地层对比

不间断的线条和箭头指直接证据，虚线表示其中一个剖面的属种的可能层位和所解释的相关性。图例说明见图 6-49（引自 Wang et al., 2019, Fig.16，其中的笔石 *Rhabdinopora parabola* 系 *R. companulatum* 同义名）

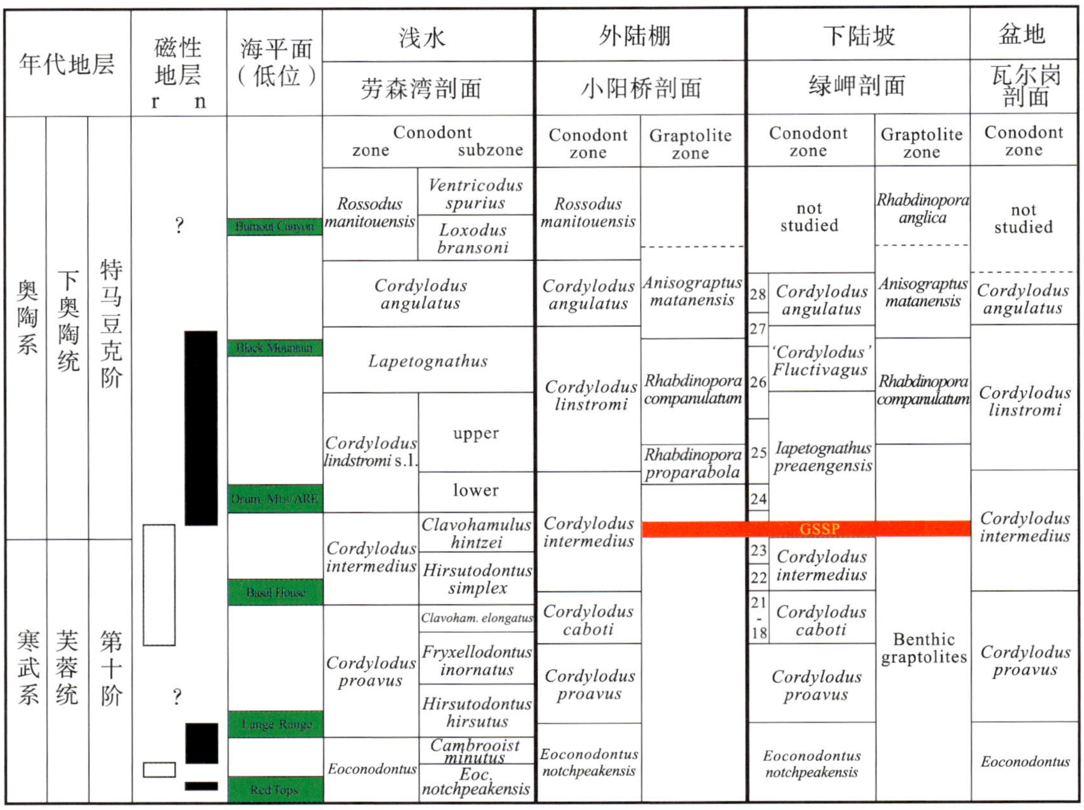

图 7-10　美国劳森湾 ASSP 剖面（Miller et al.，2015），中国华北小洋桥 ASSP 剖面（Wang et al.，2019），加拿大纽芬兰西部绿岬 GSSP 剖面（Cooper et al.，2001；Stouge et al.，2017；Wang et al.，2019，2021）和中国湖南瓦尔岗剖面（Dong and Zhang，2017）对比

劳森湾 ASSP 剖面柱状图中的绿线表示低位（或沉积间断）和层序界线（Miller et al.，2015）。绿岬 GSSP 剖面柱状图中的红线亦是第 23 单元中 GSSP 的界线位置（绿岬 GSSP 剖面中的数字系 James 和 Stevens（1986）岩石地层单位编号。*Cordylodus angulatus* 和 *Rossodus manitouensis* 牙形石带分别来自 Wang 和 Erdtmann（1987）、Zhang 和 Erdtmann（2004）、Yan 等（2019）

7.2　与美国劳森湾 ASSP 剖面的对比

劳森湾 ASSP 剖面位于美国犹他州（Utah）米拉德县（Millard County）的伊贝克斯（Ibex）地区。犹他州地区的寒武-奥陶系地层厚约 5300m，系由典型的热带介壳相碳酸盐台地浅水灰岩组成。上寒武-下奥陶统沉积系列约 240m 厚。

劳森湾 ASSP 剖面的地层分别归属于上槽峰组（Upper Notch Peak）和灰石屋组（Limestone House），后者被置于波戈尼普群（Pogonip Group）下部（Miller et al.，2003）；上述两个组又被进一步分为三个岩性段（图 3-6、图 3-7）。对劳森湾 ASSP 剖面的动物群组合序列曾做过非常详细的研究，所富含介壳化石，包括三叶虫、腕足类和牙形石都曾被 Hintze（1951，1953）、Popov et al.，（2002）、Adrain 和 Westrop（2006）以及 Miller（2015）等所研究，Miller（1969，1980，2003，2014，2016，2019）

还对其中牙形石生物地层进行过多次概述和讨论。劳森湾 ASSP 剖面所建议的寒武-奥陶系界线层位于古大西洋牙形石(*Iapetognathus*)带的底部(Miller et al.,2015)(图 3-6、图 3-7、图 7-11)。此外,Miller 等(2003)还重建了该剖面非生物地层信息,包括 $\delta^{13}C$ 同位素(Ripperdan and Miller,1995)、层序地层以及海平面变化曲线等。

古地理上,劳森湾 ASSP 剖面所出露的沉积地层乃属劳伦古大陆碳酸盐台地的一部分(Miller et al.,2012)。该 ASSP 剖面能够进行洲际对比的重要化石群非常有限,只有牙形石。剖面中所含三叶虫和腕足类组合等,多属地方性分子,只能局限性地用于区域性对比。

图 7-11 美国犹他州劳森湾辅助层型剖面(ASSP)(方向朝东)(引自 Müller et al.,2015)

照片中 J. M. Müller 所站之处示所指定的寒武-奥陶系界线(引自 Müller et al.,2015)。从图中不难发现,虽所指定的界线生物标志与绿岬"金钉子"剖面一样,但所指定的界线位置和界线对比则与绿岬"金钉子"剖面所指定的层位完全不同,均位于 *Cordylodus lindstromi* s. l. 带上部(图 7-12)

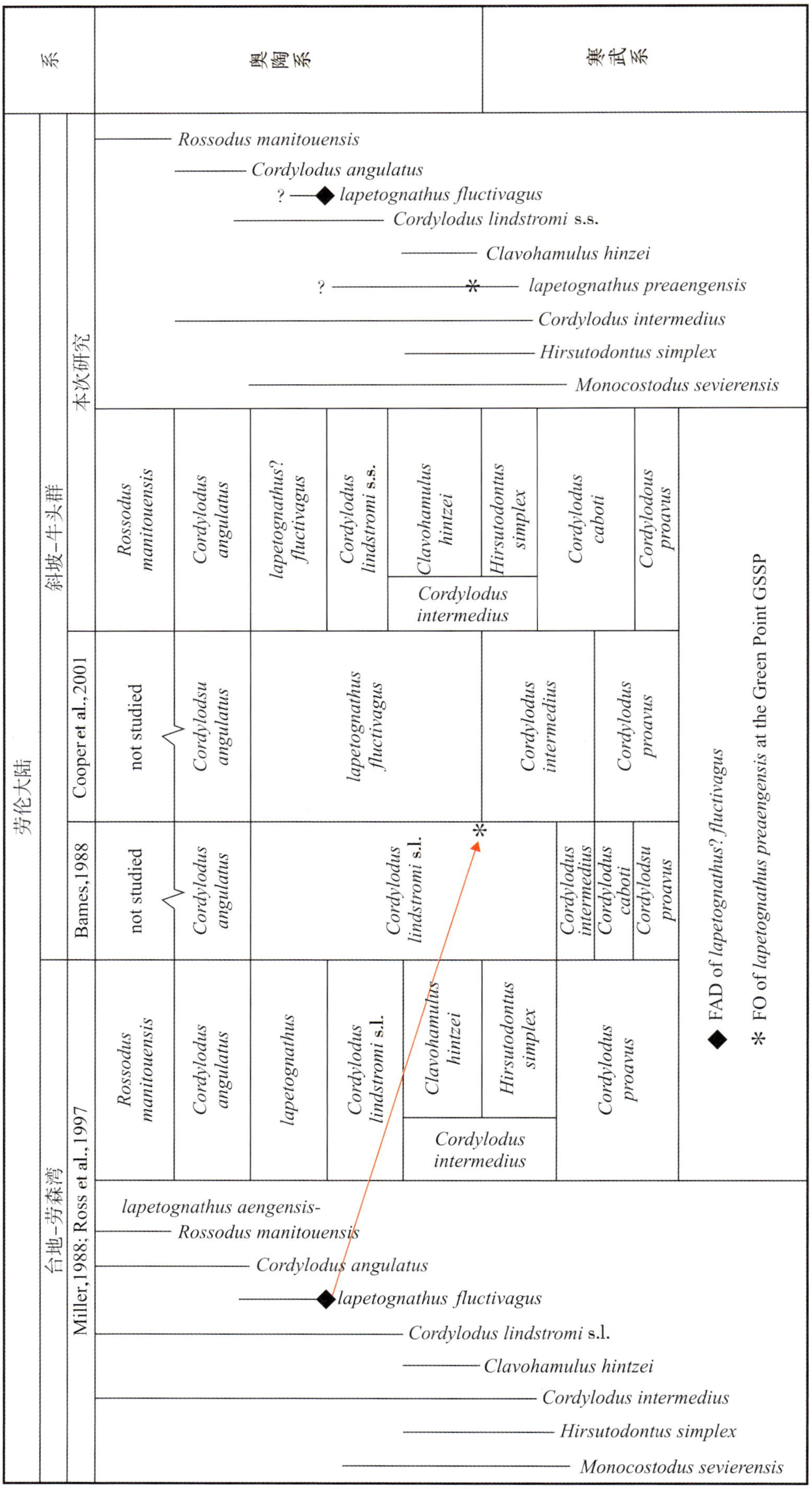

图7-12 美洲大陆(劳伦大陆)台地和斜坡相寒武–奥陶系界线的对比

红线示台地上依界线生物标志(*Iapetognathus fluctivatus*)所划分的界线和斜坡带层位不同，说明劳森湾剖面作为辅助层型剖面，并未解决绿岬剖面与浅水相相关界线的划分与对比问题

7.2.1 生物地层对比

7.2.1.1 微体化石

(1)牙形石。劳森湾 ASSP 剖面上寒武统至下奥陶统牙形石研究的十分详细,被分为 8 个真牙形石(euconodont)带和 11 个亚带;其中的古牙形石(*Eoconodontus*)被视为对比的基础。

(2)*Eoconodontus* 带。在美国西部,这个带(Miller,1988)以出现 *Eoconodontus notchpeakensis* 为特点,但该带顶界的划分和定义不同于其他地方。*Eoconodontus* 带被细分为 *Eoconodontus notchpeakensis* 亚带和 *Cambroistodus minutus* 亚带。后者在大阳岔地区被划分为 *Cambroistodus* 带(Chen and Gong,1986)。

(3)*Cordylodus proavus* 带。此生物带以牙形石 *Cordylodus proavus* 的存在为特点,但其底界是以'*Cordylodus*' *andresi* Viira and Sergeyeva,1987(Viira et al.,1987)的第一次出现为标志。在小洋桥 SABS 剖面'*Cordylodus*' *andresi* 首次出现于剖面所标注底界(0m)岩层之下-1.9m,上延到零米之上+0.4m,较 *Cordylodus proavus* 首次出现层位低+0.6m(图 6-15)(Wang et al.,2019)。

在劳森湾 ASSP 剖面,*Cordylodus proavus* 带被细分为 *Hirsutodontus hirsutus*、*Fryxellodontus inornatus* 和 *Clavahamulus elongatus* 等三个浅水相的牙形石亚带。由于小洋桥 SABS 剖面没有发现这些亚带的命名的物种,因而无法识别出这些亚带。

(4)*Cordylodus intermedius* 带。美国西部通常用好几个物种来定义 *Cordylodus intermedius* 带的底部,包括含 *Hirsutodontus simplex* (Druce and Jones,1971),*Monocostodus sevierensis*(Miller,1969)和 *Utahcononus utahensis*(Miller,1969)等牙形石物种最低出现层位定义此带的底界,继之出现 *Cordylodus intermedius*(Furnish,1938)。根据劳森湾 ASSP 剖面牙形石的分布(Miller et al.,2015),上述三个物种均出现在 *Cordylodus intermedius* 首次出现之下,并且与上述这些物种一起共同定义 *Cordylodus intermedius* 带的 *Hirsutodontus simplex* 亚带底界;而 *Clavohamulus hintzei* 亚带则归属 *Cordylodus intermedius* 带的上部。与小洋桥 SABS 剖面相似之处在于,*H. simplex* 出现在 *Cordylodus intermedius* 首次出现(FAD)的层位之下,二者易于对比。位于 *Cordylodus intermedius* 上部的 *Clavohamulus hintzei* 亚带无法在小洋桥 SABS 剖面划分出来,因未发现该亚带的命名物种,故此,小洋桥 SABS 剖面 *Cordylodus intermedius* 带底部可以与劳森湾 ASSP 剖面所定义的 *C. intermedius* 带下部内的某一层位对比。

(5)*Cordylodus lindstromi* s. l. 带。*Cordylodus lindstromi* 带以 *Cordylodus prolindstromi*(Nicoll,1999)的首次出现为划分标志,并上延到 *Iapetognathus fluctivagus* 的出现。狭义或严格意义上的 *Cordylodus lindstromi* Druce and Jones,1971(s. s.)带底界应定在 Miller 等(2015)所划分的广义 *Cordylodus lindstromi* s. l. 带上亚带的底部。

Cordylodus prolindstromi 在小洋桥 ASSP 剖面出现在剖面+20.6m 的层位之中(Wang et al.,2019),这个层位可能对应于下劳森湾 ASSP 剖面 *Cordylodus lindstromi* 带下亚带的底部;而小洋桥 ASSP 剖面 21.4m 处所分出的 *Cordylodus lindstromi* 带则应与劳森湾 ASSP 剖面广义的 *Cordylodus lindstromi* 带上亚带对比。

(6)*Iapetognathus* 带。该生物带包括从 *Iapetognathus fluctivagus* 的出现到 *Cordylodus angulatus* 带底部的地层间隔。由于此带的命名物种未在小洋桥 SABS 剖面连续地层序列中发现而不能确定,但在小洋桥剖面 *C. lindstromi* 带下部却出现了该属的另一个物种 *Iapetognathus jilinensis*,遗憾的是这后一物种在劳森湾 ASSP 剖面却没有记录。值得注意的是,Nowlan 等(1995)曾报道在小洋桥剖面 *C. lindstromi* 带内存在 *Iapetognathus* 属的"先驱物种"('advanced species'),不过目前还不能确定这个先驱类型是否就是 *Iapetognathus fluctivagus*,因这两位作者(Nowlan and Nicoll,1995)并未对此做进一步说明。

Nicoll 等(1999)曾提出,*Iapetonudus* Nicoll et al.,1999(属型种:*I. ibexensis* Nicoll et al.,1999)可能是 *Iapetognathus* 的祖先,不过这种解释实难令人接受,原因是:①*Iapetonudus* 最早见于劳森湾 ASSP 剖面 *Iapetognathus* 带底部,在那里它与 *Iapetognathus fluctivagus* 共生(Nicoll et al.,1999;Miller et al.,2015);②这两者可能的"后裔",即:*Iapetognathus preaengensis* 和 *I. jilinensis*,分别出现在上述作者所提出的产 *Iapetognathus* 带的更早地层之中,即分别出现在 *C. intermedius* 带上部和 *C. lindstromi* 带下部;相反,*Iapetonudus* 属可能是 *Iapetognathus fluctivagus* 的祖先,不过在此认识被确认之前,本书还是按 Terfelt 等(2012)的建议,将后一物种归入到 *Iapetognathus fluctivagus* 之中。值得注意的是,劳森湾辅助层型剖面据波状古大西洋牙形石(*Iapetognathus fluctivagus*)的产出层位与绿岬剖面所指定寒武-奥陶系界线(第 23 层底部)对比,这不但没有解决绿岬 GSSP 剖面所指定寒武-奥陶系界线与浅水相相关地层的划分与对比问题,相反却给出了另外一个、位于 *C. lindstromi* 带上部的寒武-奥陶系界线,在一定程度上混淆了全球统一寒武-奥陶系界线的划分与对比,原因是所依据的界线生物标志,波状古大西洋牙形石(*Iapetognathus fluctivagus*)并不存在于绿岬剖面所定义的界线层(第 23 层)之中,而是出现在上覆第 26 层,位于浮游的 *Rhabdinopora parabola*(即 *R. campanulatum*)笔石带之上(图 7-2~图 7-4、图 7-12)。

(7)*Cordylodus angulatus* 带。与其他大多数剖面一样,劳森湾 ASSP 剖面的 *Cordylodus angulatus* 带以命名物种的出现定义,因而易于对比。陈均远等(Chen and Gong,1986)将小洋桥剖面的这个带命名为 *Cordylodus angulatus-Chosonodina herfurthi* 带,考虑 *Cordylodus angulatus* 乃是一个世界广为承认的带化石,故此将小洋桥剖面的这个带简化并重命名为 *Cordylodus angulatus* 带。此外,在小洋桥剖面西南 400m 左右的小料荒地剖面冶里组中还发现下特马豆克阶上部 *Chosonodina herfurthi* 和 *Rossodus manitouensis* 带的牙形石(图 6-1、图 6-2、图 6-4、图 6-25)(Yan et al.,

2019),前者似与 *Cordylodus angulatus* 带相当或高一点。

7.2.1.2 大化石

(1)三叶虫(Trilobites)。劳森湾 ASSP 剖面的三叶虫带系由若干带和亚带组成(Ross et al.,1997)。由于这些三叶虫带的定义较为宽泛且分布范围有限,因而只能用于区域间的地层对比。劳森湾 ASSP 剖面 *Symphysurina* 三叶虫带内出现的属豪猪虫类(hytricurid)三叶虫 *Millardicurus*(Adrian and Westrop,2006)与 *Cordylodus intermedius* 牙形石带上部相当,并且接近奥陶系底部(Miller et al.,2015;Adrain and Westrop,2006)。在劳森湾剖面中上部,即 161.5m 处 *Iapetognathus* 带底界之上 0.90m 处,还出现深水油栉虫类(olenid trilobite)浮游三叶虫 *Jujuyaspis borealis* Kobayashi,1936,该浮游的三叶虫具有一定地层对比意义。

(2)笔石(Graptolites)。劳森湾 ASSP 剖面笔石稀少,仅在一个夹层中发现笔石 *Anisograptus matanensis*,层位与小洋桥 ASSP 剖面的 *A. matanensis* 笔石带相关联。由于劳森湾 ASSP 剖面的此种笔石见于剖面的 *Iapetognathus* 牙形石带,其层位应与小洋桥剖面 *A. matanensis* 笔石带大致相当。

7.2.2 非生物群对比

7.2.2.1 同位素

劳森湾 ASSP 剖面碳同素($\delta^{13}C$)曲线显示出多次醒目的正、负峰值或最大和最小偏移,并对这些异常进行了编码(Ripperdan and Miller,1995;Miller et al.,2014)。其中,从正峰 8 到低负峰 9 的漂移以及一个明显的回归到高的正峰 10 的偏移,与小洋桥 ASSP 剖面的同位素异常模式可以直接对比(Wang et al. ,2021,Fig.12)。劳森湾剖面正峰 10 正好对应小洋桥剖面寒武纪末期所标明的 CPS 峰或称多变肿牙形石峰(*Cordylodus proavus* spike)(Chen et al.,1995;Wang et al.,2019),从而显示出这两个剖面之间精确的对比关系,并有相关生物层资料很好的佐证(图 6-50)。

继之在劳森湾 ASSP 剖面 120m 左右出现的明显的从负到正的偏移,位于非常低的正峰值 11 到高正峰值 12 之间,并且发生在 *Hirsutodontus simplex* 亚带内部,此同位素曲线分布模式亦与小洋桥 ASSP 剖面所显示的变化类似,其中劳森湾 ASSP 剖面的 *H. simplex* 亚带中出现的正峰值 12,与发生在小洋桥剖面 *C. intermedius* 带的 HSS 峰值(*Hirsutodontus simplex* spike,简单多刺牙形石峰)非常接近(图 6-50)。

劳森湾剖面 *Clavohamulus hintzei* 亚带上部发生的,几乎达到负峰值 13 的强烈的负偏移显然与小洋桥 ASSP 剖面所记录的同位素曲线分布模式相对比,并展示出与负偏移 2 之间的密切相关性。在劳森湾 ASSP 剖面和剖面上部随之到来的峰值 13 之后,在 *Iapetognathus* 带底界之下有一次明显的上升,并达到最大峰值 14。该峰值 14 属劳森湾 ASSP 剖面的最大峰值,但目前还不清楚如何对比,因为在小洋桥 SABS

剖面相当层位中出现两个,而不是一个幅度很大的正偏移[图6-50(3)、(4);Wang et al.,2019]。劳森湾ASSP剖面峰值14位于*C. lindstromi*带最上部,正好与小洋桥ASSP剖面正峰值4之间形成最佳匹配。通过以上碳同位素间相关性的对比,暗示劳森湾ASSP剖面缺失了或尚未识别出小洋桥SABS剖面的同位素正偏移峰值3(Wang et al.,2021,Fig.12)。

7.2.2.2 海平面

劳森湾ASSP剖面与小洋桥剖面海平面变化的对比比较容易。从下向上,小洋桥剖面多变肿牙形石低位(*Cordylodus proavus* Lowstand)可与劳森湾剖面兰格牧场低位(Lange Ranch Lowstand)对比,卡波蒂肿牙形石带(*Cordylodus caboti*)顶部-中间肿牙形石带底部(basal *Cordylodus intemedius*)的低位则与劳森湾ASSP剖面巴萨尔之家低位(Basal House Lowstand)相当,*Cordylodus intermedius*带顶部-*Cordylodus lindstromi*底部低位(top *Cordylodus intermedius*- basal *Cordylodus lindstromi* Lowstand)则与劳森湾ASSP剖面的鼓山低位(Drum Mountains Lowstand)对比。鉴于中间肿牙形石-林德斯特罗姆(林氏)肿牙形石低位(*Cordylodus intermedius-Cordylodus lindstromi* Lowstand)与全球弓头虫低位(Acerocare Lowstand)(ARE)事件相当,在绿岬GSSP剖面第24单元亦可识别(Cooper,1999;Cooper et al.,2001;Wang et al.,2019),而且易于与在小洋桥SABS剖面相当事件(Wang et al.,2019)和劳森湾ASSP剖面鼓山低位(Drum Mountains Lowstand)事件(Miller et al.,2015)对比。

7.3 与湖南瓦尔岗剖面对比

中国南方存在三种类型的寒武-奥陶系界线,即台地相、盆地(含陆缘岛弧盆地)相以及陆棚-斜坡相(汪啸风,2016),其中尤以陆棚-斜坡相的寒武-奥陶系界线,尤其是Dong和Zhang(2017)所报道的湖南桃源瓦尔岗剖面最具代表性,并且易于与全球相关界线剖面对比。

瓦尔岗剖面出露在湖南桃源市瓦尔岗村路边,位于牛车河镇西北约10 km(图4-2)处。该剖面的岩石、古生物和生物地层等方面均做过详细的研究(Lu,1984;Lu and Lin,1984;Peng,1984;Peng,2009;Peng et al.,2012;Dong and Zhang,2017)。此剖面在构造上位于一条沿桃源县和张家界市交界处延伸且未命名的向斜构造南翼;古地理上处于扬子地块江南斜坡带上,这里的寒武-奥陶纪地层系由下斜坡到深水盆地环境的碳酸盐和泥质沉积岩组成,自下而上分为花桥组、沈家湾组和潘家咀组(图7-13)。寒武-奥陶系界线上下所产的能够进行地层对比的重要化石群主要是三叶虫和牙形石。

7.3.1　牙形石

董熙平和张华侨(Dong and Zhang,2017)在该剖面寒武系第三统至下奥陶统特马豆克阶建立了一系列的副和真牙形石(para- and euconodont)带;并在此段地层中,记载了诺奇峰原肿牙形石[*Eoconodontus notchpeakensis* (Miller,1969)]和肿牙形石(*Cordylodus*)物种的完整演化序列。其中在地层对比上颇有意义的生物带主要包括 *Eoconodontus*,*Cordylodus proavus*,*Cordylodus intermedius* 和 *Cordylodus lindstromi* 生物带(上和下带)以及 *Cordylodus angulatus* 生物带下部。与小洋桥 SABS 剖面相似,所报道的这些生物带的命名种都在小洋桥 SABS 剖面发现,二者间易于对比(图 7-10、图 7-13)。

瓦尔岗剖面最为重要的是,在该剖面中依次出现了古大西洋牙形石属的三个物种,即 *Iapetognathus jilinensis* (Nicoll et al.,1999),*Iapetognathus fluctivagus* 和 *Iapetognathus aengensis*。下部的 *I. jilinensis* 在瓦尔岗剖面亦出现在 *Cordylodus lindstromi* 生物带底界之上(约 632m);相当于董熙平和张华侨(Dong and Zhang,2017)的下 *Cordylodus lindstromi* 带(图 7-13),与小洋桥剖面该种出现的层位相似,相互间易于对比;继之在瓦尔岗剖面 *Cordylodus lindstromi* 带上部,即在 702m(Dong and Zhang,2017)还出现'*Iapetognathus*' *fluctivagus*,这与绿岬剖面修订后的'*Iapetognathus*' *fluctivagus* 产出层位相当(图 7-10、图 7-12、图 7-13);位于该属谱系演化最上部的 *I. aengensis* 在瓦尔岗剖面则与 *Cordylodus angulatus* 共生,层位与小洋桥和绿岬剖面 *Cordylodus angulatus* 可以对比。

7.3.2　三叶虫

瓦尔岗剖面所保存完好的三叶虫动物群曾被许多作者研究和描述,彭善池(Peng,1984,2009)及彭善池等(Peng et al.2012)对其做了进一步总结。董熙平等(Dong and Zhang,2017)又详细讨论了该剖面上寒武统-下奥陶统牙形石生物带与三叶虫生物地层间的对比关系。

7.4　对比概要

图 7-10 展示了小洋桥 ASSP 剖面与绿岬 GSSP 剖面(Cooper et al.,2001;Wang et al.,2019)、劳森湾 ASSP 剖面(Miller et al.,2015,2019)以及湖南瓦尔岗剖面(Dong and Zhang,2017)间的相关性和对比关系。

该对比或者说他们之间的相关性跨越了台内浅水沉积环境(劳森湾 ASSP 剖

面)，较深水外陆棚到棚缘斜坡沉积环境(小洋桥 ASSP 剖面)，深水下斜坡(或坡下)环境(绿岬 GSSP 剖面)和下斜坡到盆地的更深水环境(瓦尔岗剖面)。小洋桥 ASSP 剖面在古地理位置上，正好处于填补并连接浅水介壳相(劳森湾 ASSP 剖面)与深水下斜坡笔石相(绿岬 GSSP 剖面)以及更深水坡下到盆地相(瓦尔岗剖面)之间洲际对比所缺失的、重要的“关联环节”。从而有条件通过研究解决全球寒武-奥陶系界线，从含介壳的浅水相到深水笔石相的长距离对比问题(图 7-10、图 7-11、图 7-14)。

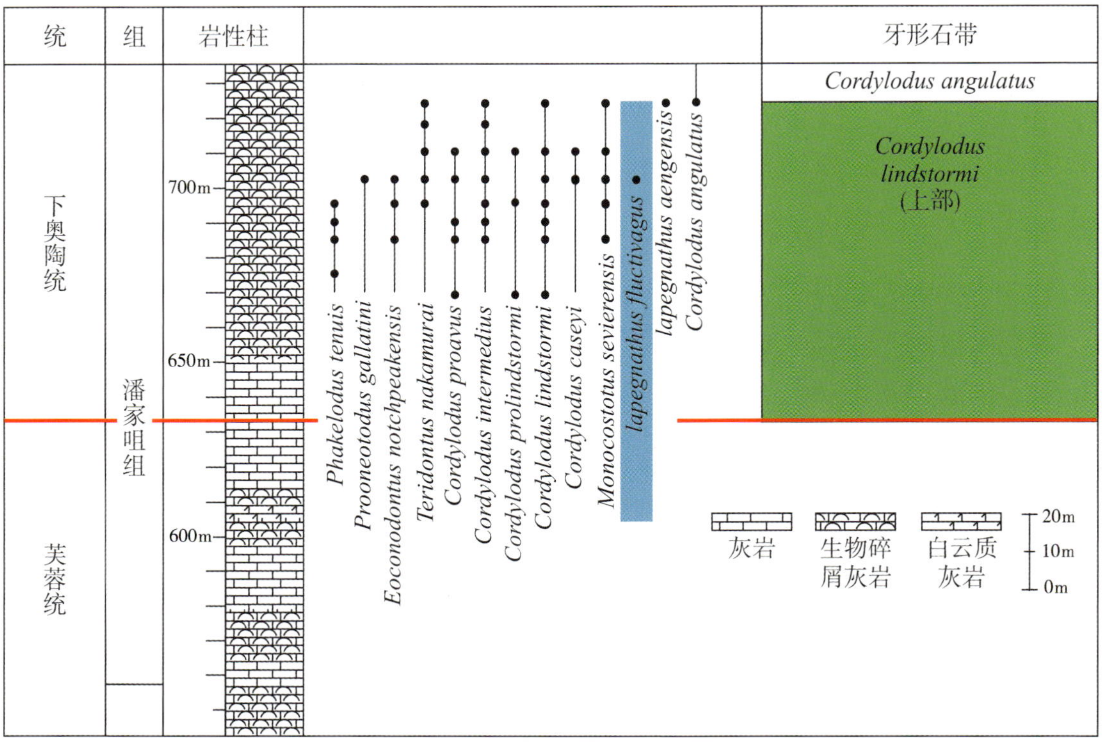

图 7-13　湖南桃源瓦尔岗剖面寒武-奥陶系界线上下的牙形石

(据 Dong and Zhang, 2017 修改; Bagnoli, 2017 修改)

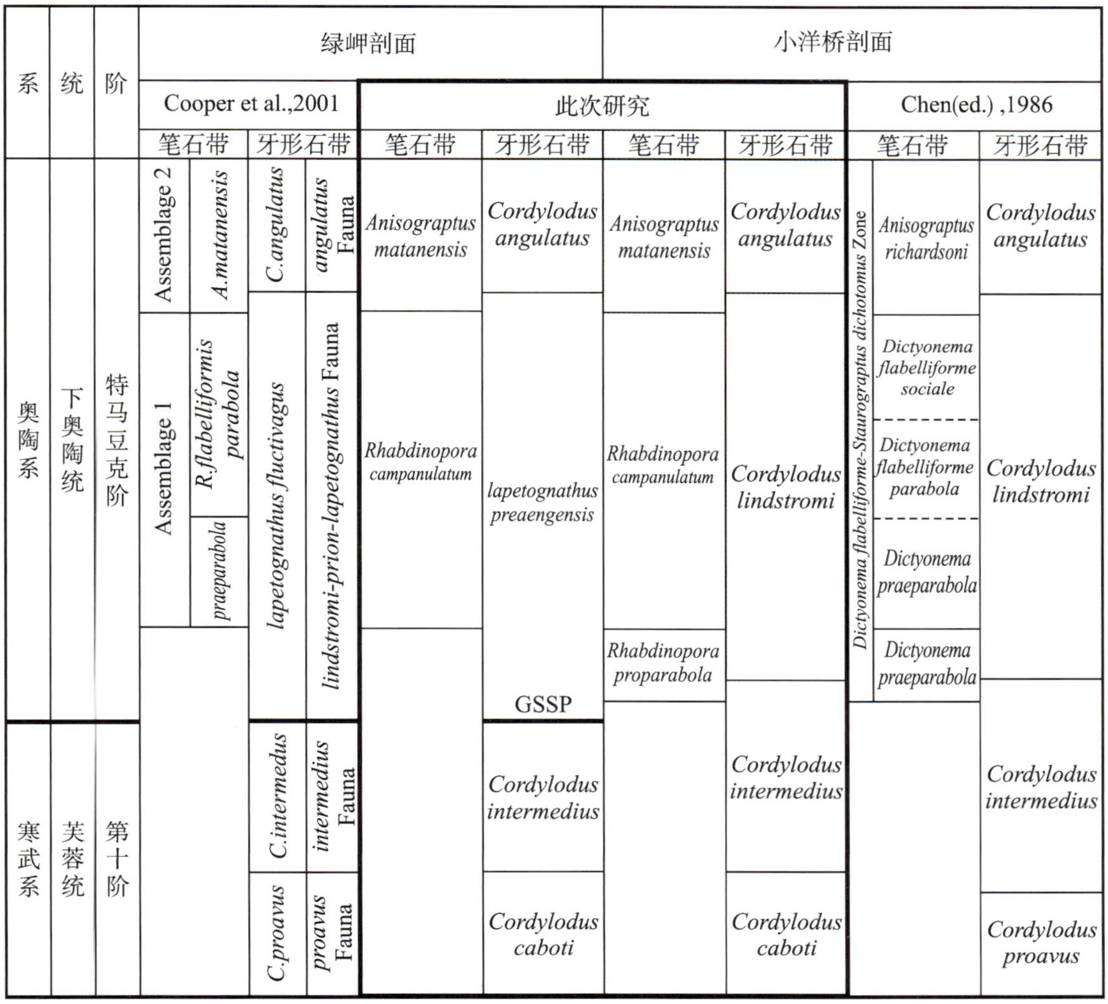

图 7-14 小洋桥剖面和绿岬剖面的相关性和精确对比

全球寒武-奥陶系界线层位于中间肿牙形石(*Cordylodus intermedius*)带上部,含最早浮游笔石首次出现层位之下

第 8 章
小洋桥剖面：新的全球标准奥陶系底界划分与对比的标志

小洋桥剖面与绿岬 GSSP 剖面以及劳森湾剖面间碳同位素曲线的相关性和精确对比表明，在加拿大纽芬兰西部绿岬剖面以及美洲大陆以外的中国小洋桥剖面上，完全可以识别、且更清楚地标出全球寒武-奥陶系界线层型剖面(GSSP)所指定界线层和层型点的位置及其识别标志，并进行精确的划分和对比(图 7-10)。仅此一项事实就足以证明小洋桥剖面完全应该推荐、并成为全球寒武-奥陶系界线的辅助层型剖面(AASP)，或现今修正的标准辅助界线层型(SABS)，以弥补当前绿岬"金钉子"(GSSP)剖面所暴露出的问题；更何况小洋桥剖面完全满足了修订后的《建立全球年代地层准则》中所提出的全球层型剖面和层型点(GSSP)或标准辅助层型(SABS)的要求和条件(Salvador 1994；Remane et al.，1996，Martin et al. 2022a，b)，具体表现如下。

8.1 所满足的要求

(1)小洋桥剖面交通便利。

(2)沉积连续，出露完美，岩石未经变质，也未受强烈成岩作用的影响。

(3)小洋桥剖面处于寒武-奥陶系界线保护区内，位于大阳岔北东 2km，江源区东 7 ~8km，白山市北东 25km，相互间有高速公路和铁路相连(图 3-2、图 5-1、图 6-1)。

(4)在小洋桥剖面所出露晚寒武世至早奥陶世地层序列中，保存了完整厚达32m的寒武系至奥陶系的过渡沉积地层(Chen et al., 1986; Wang et al., 2017, 2021)。

(5)此套地层间隔中化石丰富，产底栖、浮游、微古植物等多门类动物和植物化石。

(6)所有重要的和用于长距离或洲际不同相区对比的重要笔石和牙形石物种都完美地显示在该剖面之中(图6-15、图7-10)。

(7)小洋桥剖面还保存了大量三叶虫和疑源类化石(Yin, 1985, 1986, 1995; Chen et al., 1988, 1996; 王志浩等, 2016; 汪啸风, 2016; Wang et al., 2019)。

(8)小洋桥剖面寒武-奥陶纪过渡地层间隔中保存了完整的从*Eoconodontus notchpeakens*经*Cordylodus primitivus*到牙形石*Cordylodus* Pander属的谱系演化系列。据此演化序列可以自下而上建立*Eoconodontus notchpeakensis*, *Cordylodus proavus*, *Cordylodus caboti*, *Cordylodus intermedius*和*Cordylodus lindstromi*等牙形石谱系生物带；上覆的*Cordylodus angulatus*带见于小洋桥剖面东侧，沿走向延伸并与小洋桥剖面紧密相邻的路边剖面(Chen, 1986)(图6-15、图6-25、图7-1、图7-14)。

(9)小洋桥剖面保存了完整分属于以下3个笔石带：自下而上为*Rhabdinopora proparapola*, *Rhabdinopora campanulatum*和*Anisograptus matanensis*生物带(图6-26~图6-39)。这3个笔石带代表了奥陶纪最早期的浮游笔石序列。

(10)小洋桥剖面*Rhabdinopora proparabola*带中保存了当前世界上最早的浮游正笔石，是杆笔石*Rhabdinopora*谱系演化系列中第一位或最早的代表，除了阿根廷(Zeballo et al., 2005)有可能存在之外，在世界其他地区目前还未曾发现(图8-2)。

(11)以上研究成果和事实表明，小洋桥剖面除了可直接与绿岬全球标准层型剖面(GSSP)的生物系列进行直接对比外，而且还可以弥补其先天不足，进而厘定和指明绿岬剖面当前所定义寒武-奥陶系界线确切位置及其国际对比。

(12)小洋桥剖面发育完美的沉积序列还适合进行化学和磁性地层的研究和测定，据此所取得的研究成果，为解决绿岬GSSP剖面精确对比增添了化学和物理依据(图6-49、图6-50、图7-1、图7-8、图7-9、图8-1)。

(13)小洋桥剖面*Cordylodus intermedius*生物带首次记录的稀土元素(REE)异常(Chen et al., 1986)亦在绿岬剖面中发现(Azmy et al., 2014)，而且与小洋桥剖面一样，该稀土元素异常亦出现在绿岬剖面多刺简单牙形石峰(*Hirsutodontus simplex* spike, HSS)之上和*Cordylodus intermedius*牙形石带内的GSSP界线层之下(图6-50、图8-1)，相互间易于对比。

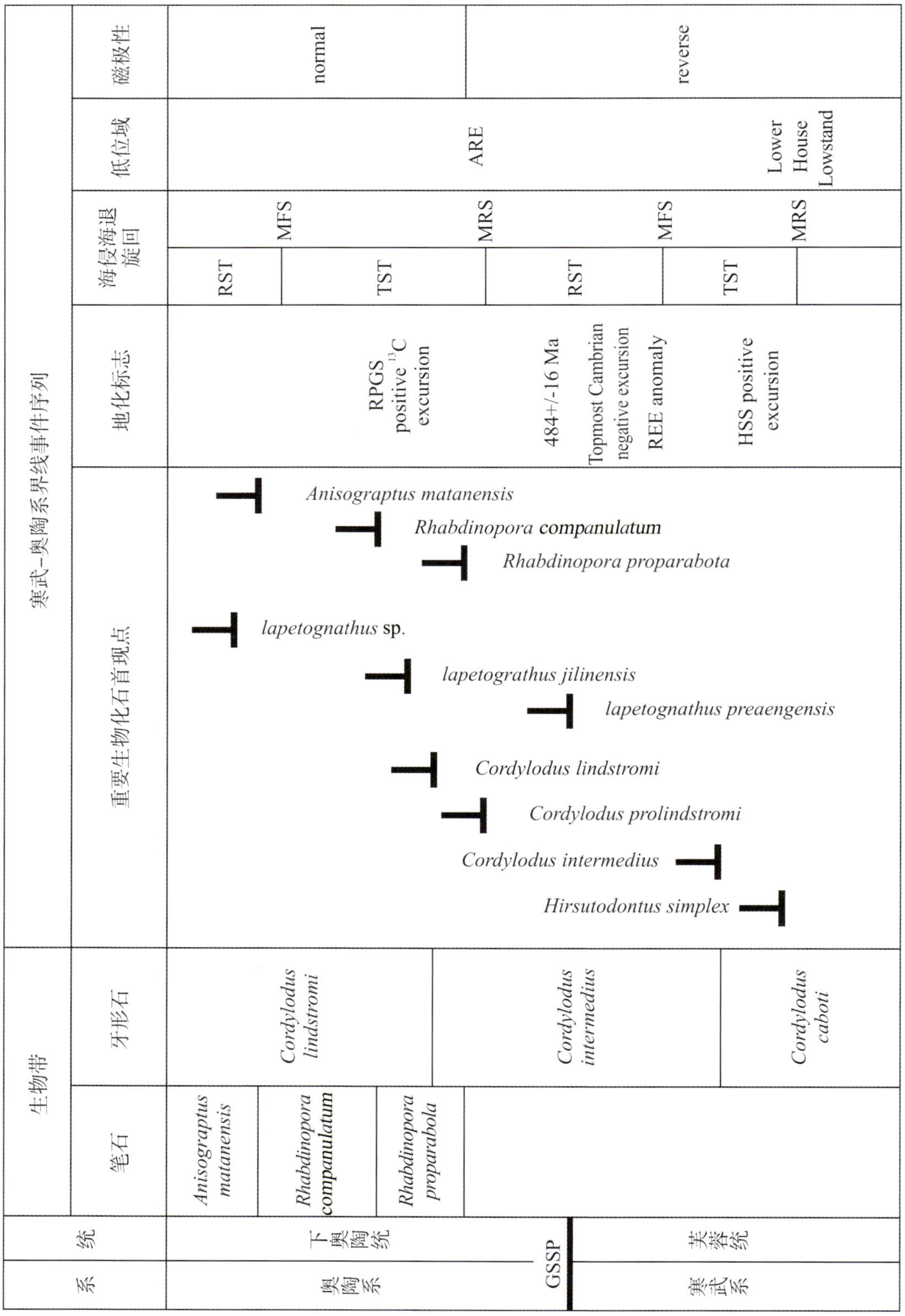

图8-1 寒武纪最晚期至奥陶纪初期事件序列

所有事件均可用作识别全球奥陶系底界的替代标志

统	阶	澳洲大陆	波罗的海	中国	北美大陆	冈瓦纳大陆
下奥陶统	特马豆克阶	La 1.5 *Psigraptus*	*?Adelograptus tenellus*	*Psigraptus*	*Psigraptus*	未发现笔石
		未发现笔石	*Rhabdinopora f.anglica*	*Rhabdinopora f.anglica*	*Rhabdinopora f.anglica*	*Rhabdinopora f.anglica*
		未发现笔石	*Anisograptus matanensis*	*Anisograptus matanensis*	*Anisograptus matanensis*	*Anisograptus matanensis*
		La 1 *Rhabdinopora campanulatum*	*Rhabdinopora parabola*	*Rhabdinopora campanulatum*	*Rhabdinopora parabola*	*Rhabdinopora parabola*
		未发现笔石	未发现笔石	*Rhabdinopora proparabola*	未发现笔石	

图 8-2　全球不同大陆奥陶系特马豆克阶笔石带的分布与对比

（表中 *Rhabdinopora parabola* 与 *Rhabdinopora companulatum* 同义）

8.2　研究结论

本书集中展示了近年来通过对中国北方大阳岔小洋桥寒武-奥陶系界线剖面高精度跨学科再研究及其与绿岬全球寒武-奥陶系标准层型剖面（GSSP）数据分析和精确对比基础上所取得的新成果。根据这一跨学科的高精度综合对比研究，清楚地再现了小洋桥剖面在寒武-奥陶系界线划分和洲际以及不同相区对比方面的优势。在论述小洋桥剖面作为寒武-奥陶系界线的全球标准辅助层型（SABS）的同时，对绿岬全球标准寒武-奥陶系界线层型剖面（GSSP）所指定的生物地层学标志和定义进行补充和再定义，从而为后“金钉子”时代确定和对比全球寒武-奥陶系界线提供了精确的依据（图 7-9、图 7-10、图 8-1、图 8-2）。

根据中国小洋桥剖面高精度生物、层序、化学和磁性地层学综合研究所获得的新成果及其与绿岬全球界线层型剖面（GSSP）的详细对比，不仅弥补了绿岬 GSSP 剖面所存在的某些缺陷，而且证明以下几点。

（1）小洋桥剖面保存和记录了世界上第一个或最早的浮游笔石，*Rhabdinopora proparabola*，并据此对最早浮游笔石的出现和演化提出新的认识，从而改变近百年来一直认为浮游正笔石是从寒武纪底栖的树形笔石演化出来的论述（图 6-29～图 6-36、图 8-2），同时指出，全球通用的 *Rhabdinopora parabola* 应是 *Rhabdinopora companulatum* 的同义名。

（2）牙形石 *Cordylodus lindstromi* 首次出现的层位略高于最早浮游笔石 *Rhabdinopora proparabola* 首次出现的层位。

（3）所定义的全球寒武-奥陶系界线位于两次全球海平面升降事件，即全球巴萨尔之家低位（Basal House Lowstand）事件和弓头虫低位（Acerocare Lowstand）事件之间。

(4)奥陶纪初期最大的 $\delta^{13}C$ 同位素正波峰出现在 *Rhabdinopora companulatum* 笔石带的底部。

(5)所标定全球标准寒武-奥陶系界线层均直接位于小洋桥和绿岬这两个剖面所记录的明显 $\delta^{13}C$ 同位素负异常或偏移之上。

(6)*Cordylodus intermedius* 牙形石带内记录的、被称之为简单多刺牙形石峰(*Hirsutodontus simplex* spike,HSS)(Chen et al.,1995)的显著 $\delta^{13}C$ 同位素正偏移和 *Cordylodus intermedius* 带内的稀土元素(REE)异常,均清楚地记录在这两个剖面寒武-奥陶系界线之下。

以上所有这些事件记录均可作为全球范围内识别和划分寒武-奥陶纪界线的相应标志(图 8-1)。

8.3 需进一步研究的问题

应当指出,当前的绿岬全球标准寒武-奥陶系界线层型剖面还存在以下有待解决的问题。

第一,当库珀等(Cooper et al.,2001)将寒武-奥陶系界线"金钉子"固定在绿岬剖面第 23 单元时,他们还指定牙形石 *Iapetognathus fluctivagus* Nicoll et al.,1999(波动古大西洋物种)作为寒武-奥陶系界线划分的生物标志,但所选择的这个生物标志并不存在于当前全球标准层型剖面和点位(GSSP)的界线层中,代之出现的是另一物种,即 Barnes (1988)在他的全球寒武-奥陶系全球层型剖面(GSSP)建议中正确鉴定的牙形石 *Iapetognathus preaengensis* Landing (Fortey et al.,1982)。库珀等(Cooper et al.,1999)所定义的这个牙形石属(*Iapetognathus*)有可能是多谱系发生的(polyphyletic)的类型,而且所选择的作为生物标志的这个物种(*Iapetognathus fluctivagus* Nicoll et al.,1999)并非如以前想象的那样分布普遍。此外,库珀等(Cooper et al.,2001)所报道碳和氧同位素数据并非来自绿岬剖面本身,而是一个来自北美大陆的综合数据。

第二,在绿岬全球标准层型剖面(GSSP)上至今也未发现小洋桥剖面所记录的世界上最早的浮游笔石 *Rhabdinopora proparabola*。通过高分辨率碳同位素地层对比,绿岬剖面这个等效层位,推测位于第 24 单元顶部至第 25 单元最下部(图 7-1 ~ 图 7-9)——该层位应处于 *Rhabdinopora parabola* 亦 *Rhabdinopora companulatum* 第一次出现层位之下和全球弓头虫低位(Acerocare Lowstand)(绿岬剖面第 24 单元)之上。在绿岬剖面的此段地层中仅发现笔石碎片和时限很长的牙形石;推测含 *Rhabdinopora proparabola* 层位位于绿岬剖面所限定界线层之上约 4m 的地层之中。

第三,根据全球标准层型剖面和点位的要求和定义(Salvador,1994;Remane et al.,1996),全球寒武-奥陶系界线的生物地层学定义应根据上述最新研究成果进行补充和修订,否则将影响全球寒武-奥陶系界线划分和对比的准确性。

参考文献

安泰庠，张放，向维达，等，1983.华北及邻区牙形石[M].北京，科学出版社：1-223.

陈均远，张俊明，尼柯尔，等，1995.中国大阳岔寒武-奥陶系界线地层碳酸岩碳、氧同位素及其与牙形类演化序列相关性[J].古生物学报，34(4)：394-409.

陈旭，林焕令，许汉奎，等，1998a.新疆西北部早古生代地层[J].地层学杂志，22(4)：241-251.

陈旭，戎嘉余，樊隽轩，等，2006.奥陶系上统赫南特阶全球层型剖面和点位的建立[J].地层学杂志，30：289-305.

陈旭，王志浩，张元动，1998b.中国第一个"金钉子"剖面的建立[J].地层学杂志，22：1-9.

郭鸿俊，段吉业，安素兰，1982.中国华北地台区寒武系与奥陶系分界并简述有关三叶虫[J].长春地质学院学报，3：9-28.

何卫红，唐婷婷，乐明亮，等，2014.华南南华纪—二叠纪沉积大地构造演化[J].地球科学——中国地质大学学报，39(2)：929-953.

金玉琴，汪啸风，1978.湘中白水溪组笔石群的发现和桥亭子组的多枝笔石[M]//中国地质科学院古生物论文集编委会.地层古生物论文集.北京：地质出版社：74-85.

穆恩之，1974.正笔石及正笔石式树形笔石的演化、分类和分布[J].中国科学，2：175-183.

潘桂棠，肖庆辉，陆松年，等，2009.中国大地构造单元划分[J].中国地质，36(1)：

1-28.
彭善池,2009.华南斜坡相寒武纪三叶虫研究回顾并论我国南、北方寒武系的对比[J].古生物学报,48(3):437-452.
彭善池,2018.寒武系[M]//全国地层委员会编.中国地层表(2014 版).北京:地质出版社:71-99.
汪啸风,2016.中国南方构造古地理及年代与生物地层划分与对比[J].地学前缘,23:253-267.
汪啸风,刘义仁,周国强,1979.广东台山早奥陶世新厂组笔石[J].古生物学报,18(5):493-504.
王志浩,伯格斯特龙,甄勇毅,等,2014.河北唐山下奥陶统牙形刺生物地层的新认识[J].微体古生物学报,31(1):1-16.
王志浩,甄勇毅,张元动,等,2016.中国华北不同相区奥陶纪牙形刺生物地层的再认识[J].地层学杂志,46(1):1-16.
武桂春,姚建新,纪占胜,等,2005,山东莱芜地区炒米店组牙形石生物地层学研究[J].微古生物学报,22(2):185-195.
俞建华,刘怀宝,方一亭,1984.江西修水流域新厂期(早奥陶世)反称笔石科[J].古生物学报,23(5):43-142.
张俊明,王海峰,李国祥,等,1996.吉林大阳岔寒武-奥陶系界线层型候选剖面再描述[J].地层学杂志,20(2),81-103.
张师本,2003.塔里木盆地周缘地层考察指南[M].北京:石油工业出版社:1-280.
张师本,高琴琴,1992.塔里木盆地震旦纪至二叠纪地层古生物(Ⅱ):柯坪-巴楚分册[M].北京:石油工业出版社:1-115.
张文堂,1962.中国的奥陶系:全国地层会议学术报告汇编[M].北京:科学出版社:1-62.
张元动,詹仁斌,甄勇毅,等,2019.中国奥陶纪综合地层和时间框架[J].中国科学:地球科学,49:66-92.
曾庆銮,赖才根,徐光洪,等,1987.奥陶系//汪啸风,倪世钊,曾庆銮,等.长江三峡地区生物地层学(2):早古生代分册[M].北京:地质出版社:43-142.
周志毅,2001.塔里木盆地各纪地层[M].北京:科学出版社:1-359.
周志毅,林焕令,1995.西北地区地层、古地理和板块构造[M].南京:南京大学出版社:1-299.
ADRAIN J M, WESTROP S R, 2006, New earliest Ordovician trilobite genus Millardicurus: the oldest known hystricurid[J]. Journal of Paleontology, 80: 650-671.
ALBANESI G L M, GIULIANO E, PACHECO F E, et al., 2015. Conodonts from the Cambrian Ordovician Boundary in the Cordillera Oriental, NW Argentina[J]. Stratigraphy,

12(3-4):237-256.

AZMY K,STOUGE S,BRAND U,et al.,2014.High-resolution chemostratigraphy of the Cambrian-Ordovician GSSP:Enchanced global correlation tool[J].Palaeogeography,Palaeoclimatology,Palaeoecology,409:135-144.

BAGNOLI G,BARNES C R,STEVENS R K,1987.Lower Ordovician (Tremadocian) conodonts from Broom Point and Green Point,Western Newfoundland[J].Bollettino della Societa Paleontologica Italiana,25(2):145-158.

BAGNOLI G,STOUGE S,2014.Upper Furongian (Cambrian) conodonts from the Degerhamn quarry road section,southern O'land,Sweden[J].GFF,136(3):436-458.

BAGNOLI G,2017.Taxonomic problems across the Cambrian-Ordovician boundary[R]//WANG et al.Field Guide and Abstracts for the Dayangcha International Workshop on the Cambrian-Ordovician Boundary.Wuhan:Wuhan Center of China Geological Survey:56-57.

BARNES C R,1988.The proposed Cambrian-Ordovician global Boundary stratotype and point (GSSP) in Western Newfoundland,Canada[J].Geological Magazine,125(4):381-414.

BARNES C R, WILLIAMS S H, 1991. Advances in Ordovician geology[J]. Geological Survey of Canada,90(9):336.

BASSETT M G,DEAN W T,1982.The Cambrian-Ordovician boundary:Sections,Fossil Distibutions, and Correlations[J]. National Museum of Wales, Geological Series, Cardiff,3:227.

BASSETT M G,1990.International Conmiission on Stratigraphy[M]//BRIGGS D E G,Crowther P.Paleobiology,a synthesis.Blackwell:468-469.

BULMAN O M B,1954.The graptolite fauna of the Dictyonema shales of the Oslo region[J].Norsk Geologisk Tidsskrift,33(1-2):1-40.

BULMAN O M B,1970.A new Dictyonema fauna from the Salmien of the Stavelot Massif (with a preface by F. Geukens) [J]. Bulletin de la Societé belge Geologie, Paleontologie,Hydrologie,79:213-224.

BURRETT C,ZAW K,MEFFRE S,et al.,2014.The configuration of Greater Gondwana-evidence from LA ICPMS,U-PB geochronology of detrital zirkons from the Palaeozoic and Mesozoic of Southeast Asia and China[J].Gondwana Research,26:31-51.

CATUNEANU O,ABREU V,BHATTACHARYA J P,et al.,2009.Towards the Standardization of sequence stratigraphy[J].Earth Science Reviews,92(1-2):1-33.

CATUNEANU O,GALLOWAY W E,KENDALL C G C,et al.,2011.Sequence stratigraphy:Methodology and nomenclature[J].Newsletters on Stratigraphy,44(3):173-245.

CHEN J,2014.Surface and subsurface reworking by storms on a Cambrian carbonate platform: evidence from limestone breccias and conglomerates[J].Geologos,20(1):13-23.

CHEN J,LEE L S,2013.Soft-sediment deformation structures in Cambrian siliciclastic and carbonate storm deposits (Shandong Province,China):Differential liquefaction and fluidization triggered by storm-wave loading[J].Sedimentary Geology,288:81-94.

CHEN J Y,TEICHERT C,ZHOU Z,et al.,1983.Faunal sequence across the Cambrian-Ordovician Boundary in northern China and its international correlation[J].Geological et Palaeontologica,17(5):1-15.

CHEN J Y,QIAN Y,LIN Y,et al.,1985.Study on Cambrian-Ordovician boundary strata and its biota in Dayangcha,Hunjiang,Jilin,China[M].Beijing:China Prospect Publishing House:139.

CHEN J Y,1986.Aspects of the Cambrian-Ordovician Boundary in Dayangcha,China [M].Beijing:China Prospect Publishing House:1-410.

CHEN J Y,GONG W L,1986.Conodonts[M]//CHEN J Y.Aspects of the Cambrian-Ordovician boundary in Dayangcha,China.Beijing:China Prospect Publishing House:93-223.

CHEN J Y,ZHANG J M,1986.Remark on sedimentary environment[M]//CHEN J Y. Aspects of the Cambrian-Ordovician boundary in Dayangcha,China. Beijing:China Prospect Publishing House:35-49.

CHEN J Y,WANG Y X,YANG J D,1986.Rare earth and other trace elements in biogenic apatite across the Cambrian-Ordovician boundary[M]//CHEN J Y.Aspects of the Cambrian-Ordovician boundary in Dayangcha,China.Beijing:China Prospect Publishing House:61-71.

CHEN J Y,QIAN Y Y,ZHANG J M,et al.,1988.The recommended Cambrian-Ordovician boundary stratotype of the Xiaoyangqiao section (Dayangcha,Jilin Province),China [J].Geological Magazine,125:415-444.

COOPER R A,STEWART I R,1979.The Tremadoc graptolite sequence of Lancefield, Victoria[J].Palaeontology,22(4):767-797.

COOPER R A,MALETZ J,WANG H,et al.,1998.Taxonomy and evolution of earliest Ordovician graptoloids[J].Norsk Geologisk Tidsskrift,78(1):3-32.

COOPER R A,1999.Ecostratigraphy,zonation and global correlation of earliest Ordovician planktic graptolites[J].Lethaia,32:1-14.

COOPER R A,NOWLAN G S,WILLIAMS S H,2001.Global Stratotype Section and Point for base of the Ordovician System[J].Episodes,24(1):19-28.

COWIE J W,1986.Guidelines for boundary stratotypes[J].Episodes,9:78-82.

COWIE J W,ZIEFLER W,BOUCOT A I,et al.,1986.Guidelines and statutes of the International Commission on Stratigraphy(ICS):Courier I otschl-in & sinst[J].Senckenberg,83:1-14.

DAVIES J R,WATERS R A,WATERS S G et al.,2012.A revised sedimentary and biostratigraphical architecture for the Type Llandovery area,Central Wales[J].Geological Magazine,150 (2): 300-332.

DEAN W T,MARTIN F,1982.The sequence of trilobite faunas and acritarch microfloras at the Cambrian-Ordovician boundary,Wilcox Pass,Alberta,Canada[M]//BASSETT M,DEAN W T.The Cambrian-Ordovician boundary:sections,fossil distributions and correlations.Wales:National Museum of Wales,Geological Series,3:131-140.

DEUNFF J,1961.Un microplancton à Hystrichosphères dans le Tremadoc du Sahara[J].Revue de micropaléontologie,4(1):37-52.

DEUNFF J,1964.Systématique de microplancton fossileá Acritarches;révision de deux genres de l'Ordovicien inférieur[J].Revue de micropaléontologie,7(2):119-124.

DEUNFF J,GORKA H,RAUSCHER R,1974.Observations nouvelles et précisions sur les Acritarches a large ouverture polaire du Paleozoique inférieur[J].Geobios,7(1):5-18.

DRONOV A,2019,Forward in Ordovician News[J]International Subcommitte of Ordovician System (eds.):1-2.

DONG X P,ZHANG H.2017.Middle Cambrian through lowermost Ordovician conodonts from Hunan,South China[J].Journal of Paleontology,91(73):1-89.

DRUCE E C,JONES P J,1971.Cambnian-Ordovician conodonts from the Burke River structural belt Queensland[J].Bureau of Mineral resources.Geology and Geophysics,Bulletin 110:1-159.

DUBININA S V,2000,Konodonty i zonal' naya stratigrafiya pogranichnykh otlozhenii kembriya i ordovika [Conodonts and zonal stratigraphy of the boundary interval of the Cambrian and Ordovician][J].Transactions of the Russian Academy of Sciences,Geological Institute,517:239.

DUNHAM R,1962.Classification of carbonate rocks according to depositional textures [J]//HAM W E.Classification of Carbonate Rocks- A Symposium.American Association of Petroleum Geologists,Memoir(1):108-121.

EMBRY A,JOHANNESSEN E,1992.T-R sequence stratigraphy,facies analysis and reservoir distribution in the uppermost Triassic and Lower Jurassic succession,western Sverdrup Basin,Arctic Canada [M]//VORREN T O,BERGSAGER E,DAHL-STAMNES Ø A,et al.Arctic Geology and Petroleum Potential.Norvegian Petroleum Society,Special publication 2:121-146.

EMMONS E,1855.American Geology,containing a statement of the principles of the science,with full illustrations of the characteristic American fossils also an atlas and a geological map of the United States.Part Ⅱ[M].J Munsell Albany:251.

EPSTEIN A G,EPSTEIN J P,HARRIS L,1977.Conodont Alteration-An Index to Organic Metamorphism[J].United States Geological Survey Professional Paper,995:1-27.

ERDTMANN B D,1982a. A reorganization and proposed phylogenetic classification of planktonic Tremadoc (early Ordovician) dendroid graptolites[J]. Norsk Geologisk Tidsskrift,62(2):121-145.

ERDTMANN B D, 1982b. Palaeobiogeography and environments of planktonic dictyonemid graptolites during the earliest Ordovician[J]. The Cambrian-Ordovician boundary: sections, fossil distributions, and correlations. M. G. Bassett and W. T. Dean. Cardiff, National Museum of Wales, Geological Series Nr.3:9-27.

ERDTMANN B D,1986.Review of lithofacies and graptolite-based biofacies of three critical Cambrian-Ordovician boundary stratotype sections.[M]//CHEN J.Aspects of Cambrian-Ordovician boundary in Dayangcha, China. Beijing: China Prospect Publishing House:374-391.

ERDTMANN B D.1988.The earliest Ordovician nematophorid graptolites: taxonomy and correlation[J].Geological Magazine,125:327-348.

FAHRAEUS L E,NOWLAN G S,1978,Franconian (Late Cambrian) to Early Champlainian(Middle Ordovician) conodonts from the Cow Head Group, western Newfoundland [J].Journal of Paleontology,52:444-471.

FENG Z Z,JIN Z K,1994.Types and origin of dolostones in the Lower Palaeozoic of the North China Platform[J].Sedimentary Geology,93(3-4):279-290.

FORTEY R A,LANDING E,SKEVINGTON D,1982.Cambrian-Ordovician boundary sections in the Cow Head Group, western Newfoundland[M]//BASSETT M G,DEAN W T,1982.The Cambrian-Ordovician boundary: sections, fossil distributions, and correlations.National Museum of Wales,Geological Series No.3,Cardiff:95-129.

FORTEY R A,HARPER A T,INGHAM J K,et al.,1995.A review of the Ordovician series and states from the historical type area[J].Geological Magazine,1-32:15-30.

FORTEY R A,HARPER D A T,INGHAM J K,et al., 2000.A Revised correlation of Ordovician Rocks in the British Isles[J].The Geological Society Special Report,24:1-83.

FRAKES L A,FRANCIS J E,SYKTUS J I,2005.Climate modes of the Phanerozoic[M]. Cambridge:Cambridge University Press:274.

FURNISH W M,1938.Conodonts from the Prairie du Chien (Lower Ordovician) of the upper Mississippi Valley[J].Journal of Paleontology,12(4):318-340.

GORKA H,1967.Quelque nouveaux acritarches des silexites du Trémadocien supérieur de la région de Kielce (Montagne de Ste. Croix, Pologne) [J]. Cahiers de micropaléontologie,1(6):1-8.

GRABAU A W.1922.Ordovician fossils from North China.Palaeontology Sinica[J].Series B,1:1-127.

GUTIÉRREZ MARCO J C,ESTEBAN S B,2005.Graptolitos del Tremadociense (Ordovícico Inferior) de la Formación Volcancito,Sistema de Famatina (La Rioja,Argentina).Tremadocian (Lower Ordovician) graptolites from the Volcancito Formation,Famatina System (La Rioja,Argentina)[J].Revista Española de Paleontología,20(1):65-118.

HAQ B U,SCHUTTER S R,2008.A chronology of Paleozoic sea-level changes[J].Science,322(5898):64-68.

HARRIS W J,KEBLE R A,1928.The Staurograptus bed of Victoria[J].Proceedings of the Royal Society of Victoria,40(2):91-95.

HEARING T W,HARVEY T H P,WILLIAMS M,et al.,2018.An early Cambrian greenhouse climate[J].Science Advances,4:1-11.

HEDBERG H D,1976.International Stratigraphic Guide[M].New York:John Wiley & Sons:200.

HINTZE L F,1951.Lower Ordovician detailed stratigraphic sections for western Utah[J].Utah Geological and Mineralogical Survey,Bulletin,39:99.

HINTZE L F,1953.Lower Ordovician trilobites from western Utah[J]. Utah Geological and Mineralogical Survey,Bulletin,48:249.

HOLLAND C H.1985.Series and stages of the Silurian System[J].Episodes,8:101-103.

HOLLAND C H,BASSETT M G.1989.A global Standard for the Silrian System[J].Nat Mus Wales Geol Ser,10:325.

HOLLAND C H,BASSETT M G,Rickards R B. 2003. Stability in stratigraphy[J].Lethaia,36:69-70.

HUTT J E. 1974. The development of *Clonograptus tenellus* and *Adelograptus hunnebergensis*[J].Lethaia,7(1):79-92.

JAMES N P, STEVENS P K, 1986. Stratigraphy and correlation of the Cambrian-Ordovician Cow Head Group,western Newfoundland[J].Geological Survey of Canada,Bulletin,366:1-143.

KALJO D,BOROVKO N,HEINSALU H,et al.,1986.The Cambrian-Ordovician boundary in the Baltic Ladoga Clint Area (North Estonia and Leningrad Region,USSR:Proceedings of the Academy of Sciences of Estonian SSSR)[J].Geology,35:97-108.

KOZŁOWSKI R, 1963. Le dévelopment d'un graptolite tuboïde[J]. Acta Palaeontologica Polonica, 8 (2): 103-134.

KOZŁOWSKI R, 1971. Early development stages and the mode of life of graptolites[J]. Acta Palaeontologica Polonica, 16(4): 313-343.

KOZUR H W, MOSTLER H, REPETSKI J E, 1996. Well-preserved Tremadocian Radiolaria from the Windfall Formation of the Antelope Range, Eureka County, Nevada, U.S.A.[J]. Geologisch-Paläontologische Mitteilungen Innsbruck, 121: 245-271.

KUSKY T M, WINDLEY B F, ZHAI M G, 2007. Tectonic evolution of the North China Block: from orogen to craton to orogen[J]. Geological Society of London, Special Publication, 280: 1-34.

KWON Y K, CHOUGH S K, CHOI D K, et al., 2006. Sequence stratigraphy of the Taeback Group (Cambrian-Ordovician), mideast Korea[J]. Sedimentary Geology, 192: 19-53.

LANDING E, WESTROP S R, 2006. Lower Ordovician faunas, stratigraphy, and sea-level history of the middle Beekmantown Group, northeastern New York[J]. Journal of Paleontology, 80(5): 958-980.

LANDING E, WESTROP S R, KNOX L, 1996. Conodonts, stratigraphy, and relative sea-level changes of the Tribes Hill Formation (Lower Ordovician, East-central New York) [J]. Journal of Paleontology, 70(4): 656-680.

LEE J H, CHEN J T, CHOUGH S K, 2012. Demise of an extensive biostromal microbialite in the Furongian (late Cambrian) Chaomidian Formation, Shandon Province, China [J]. Geosciences Journal, 16(3): 275-287.

LEGRAND P. 1974. Development of rhabdosomes with four primary branches in the group *Dictyonema flabelliforme* (EICHWALD) [J]. Special Papers in Palaeontology, 13: 19-34.

LI Z X, POWELL C M, 2001. An outline of the palaeo-geographic evolution of the Australasian region since the beginning of the Neoproterozoic[J]. Earth-Science Reviews, 53: 237-277.

LIN Y K, 1986. A new planktonic graptolite fauna[M]//CHEN J Y. Aspects of Cambrian-Ordovician boundary in Dayangcha, China. Beijing: China Prospect Publishing House: 224-254.

LINDSTRÖM M, 1955. Conodonts from the lowermost Ordovician of south-central Sweden [J]. Geologiska Föreningens i Stockholms Förhandlingar, 76: 517-604.

LIU J B, ZHENG Z C, 1998. Stacking patterns and correlation of meter-scale shallowing upward cycles in the Lower Ordovician carbonates in Pingquan and Qinglongshan, North China[J]. Journal of the Geological Society of Japan, 104(5): 327-345.

LIU B, WANG Y, QIAN X L, 1997. Two Ordovician unconformities in North China: Their origins and relationships to regional carbonate-reservoir characteristics[J]. Carbonates

Evaporites, 12 (2): 177-184.

LU Y H, 1984. Report on the Cambrian-Ordovician boundary work in China[M]//Nanjing Institute of Geology and Palaeontology, Academia Sinica. Stratigraphy and palaeontology of systemic boundaries in China. Cambrian and Ordovician boundary, (1). Anhui Science and Technology Publishing House, Hefei, China: 1-8.

LU Y H, LIN H L, 1984. Late Cambrian and earliest Ordovician trilobites of Jiangshan-Changshan area, Zhejiang[M]//Nanjing Institute of Geology and Palaeontology, Academia Sinica. Stratigraphy and palaeontology of systemic boundaries in China. Cambrian and Ordovician boundary, (1). Anhui Science and Technology Publishing House, Hefei, China: 45-143.

MAGARITZ M, 1991. Carbon isotopes, time boundaries and evolution[J]. Terra Nova, 3: 251-256.

MALETZ J. 2011. Radiolarian skeletal structures and biostratigraphy in the Early Palaeozoic (Cambrian- Ordovician)[J]. Palaeoworld, 20: 116-133.

MALETZ J, WANG X F, WANG C S, et al., 2017. The earliest planktonic graptolites: taxonomy and correlation[J]//WANG X F, STOUGE S, MALETZ J, et al., Field Guide and Abstracts for the Dayangcha International Workshop on the Cambrian-Ordovician Boundary. Wuhan Center of China Geological Survey, 2017(9): 64-66.

MALETZ J, WANG X F, WANG C S, 2022. Early Tremadocian (Ordovician) graptolite biostratigraphy and correlation. Palaeoworld[J/OL]. https://doi: 10.1016/j. palwor. 2022.03.010. j.palwor. 2022.03.010

MARTIN F, 1983. Chitinozoires et Acritarches Ordoviciens de la plate-forme du Saint-Laurent (Québec et sud-est de l' Ontario)[J]. Geological Survey of Canada, 310: 1-59.

MARTIN F, DEAN W T, 1983. Late Early Cambrian and Early Middle Cambrian acritarchs from Manuels River, eastern Newfoundland Current Research, part B[J]. Geological Survey of Canada, Paper 83-1B: 353-363.

MARTIN F, DEAN W T, 1988. Middle and Upper Cambrian acritarchs and trilobite zonation at Manuels River and Random Island, Eastern Newfoundland[J]. Geological Survey of Canada, 381, 1-91.

MARTIN J H, MARIE-PIERRE A, WERNER E P, et al., 2022a. The Standard Auxiliary Boundary Stratotype: a proposed replacement for the Auxiliary Stratotype Point in supporting a Global boundary Stratotype Section and Point (GSSP)[J/OL]. Episodes, https://doi.org/10.18814/epiiugs/2022/022012: 1-11.

MARTIN J H, MARIE-PIERRE A, WERNER E P, et al., 2022b. Standard Auxiliary Boundary Stratotype (SABS) approved to support the Global boundary Stratotype

Section and Point(GSSP)[J].Episodes,2023,46(1):99-100.

MELCHIN M J,JIAYU R,GRADSTEIN F,et al.,2004. Stability in stratigraphy[J].Lethaia,37:124-125.

MENG X,MING G,TAYLOR M C,1997.Sequence stratigraphy,sea-level changes and depositional systems in the Cambro-Ordovician of the North China carbonate platform [J].Sedimentary Geology,114:189-222.

MEYERHOFF A A,KAMEN-KAYE M,CHEN C,et al.,1991.Stratigraphy,Palaeogeography and Tectonics[J].Kluwer,Dordrecht:188.

MILLER J F,1969.Conodont fauna of the Notch Peak Limestone (Cambro- Ordovician), House Range,Utah[J].Journal of Paleontology,43:413-439.

MILLER J F,1980.Taxonomic revisions of some Upper Cambrian and Lower Ordovician conodonts with comments on their evolution[J].University of Kansas,Paleontological Contributions,99:1-39.

MILLER J F,1984.Cambrian and earliest Ordovician conodont evolution,biofacies,and provincialism[M]//CLARK D L.Conodont Biofacies and Provincialism.Geological Society of America,Special Paper,196:34-68.

MILLER J M,1988,Conodonts as biostratigraphic tools for redefinition and correlation of the Cambrian-Ordovician Boundary[J].Geological Magazine,125:349-362.

MILLER J F,1992.The Lange Ranch Eustatic Event:a regressive-transgressive couplet near the base of the Ordovician System[M]//WEBBY B D,LAURIE J R.Global perspectives on Ordovician Geology.Rotterdam:A.A.Balkema:396–407.

MILLER J F,FLOKSTRA B R,1999.Graphic correlation of important Cambrian-Ordovician boundary sections.Quo Vadis Ordovician- Short papers of the Eigth International Symposium on the Ordovician System [J]. Acta Universitatis Carolinae, Geologica,43(12):81-84.

MILLER J F,EVANS K R,LOCH J D,et al.,2003.Stratigraphy of the Sauk Ⅲ Interval (Cambrian-Ordovician) in the Ibex area,Wesern illard County,Utah and Central Texa [J].Brigham Young University Geology Studies,47:21-118.

MILLER J F,EVANS K R,DATTILO B F,2012.The Great American Carbonate Bank in the miogeocline of western central Utah:tectonic influences on sedimentation[M]// DERBY J R,FRITZ R,LONGACRE S A,et al.The Great American Carbonate Bank: The Geology and Petroleum Potential of the Cambro-Ordovician Sauk Sequence of Laurentia. American Association of Petroleum Geologists Memoir,98:769-854.

MILLER J M,REPETSKI J E,NICOLL R S,et al.,2014.The conodont *Iapetognathus* and its value for defining the base of the Ordovician System[J].GFF,136(1):185-188.

MILLER J F,EVANS K R,ETHINGTON R L,et al.,2015.Proposed auxiliary Boundary Stratigraphic Section and Point (ASSP) for the base of the Ordovician System at Lawson Cove,Utah,USA[J].Stratigraphy,12 (3-4):219-236.

MILLER J F.2016.The Auxiliary Boundary Stratigraphic Section and Point (ASSP) for the base of the Ordovician System at Lawson Cove,Ibex Area,Utah,USA[G]//McIlroy D. International Symposium on the Ediacaran-Cambrian Transition 2017,Abstract Volume,76.

MILLER J F,2019.Study and use of Upper Cambrian to Lower Ordovician conodonts in central, southern, and western Laurentia, 1933-2018 [J/OL]. Palaeobiodiversity and Palaeoenvironments[J/OL].2019,08.http://doi.org/10.1007/s12549-019-00380-9.

MITCHELL C E,CHEN X,BERGSTRÖM S M,et al.,1997.Definition of a global boundary stratotype for the Darriwilian Stage of the Ordovician System[J].Episodes,20:158-166.

MOCZYDŁOWSKA M,1991.Acritarch biostratigraphy of the Lower Cambrian and the Precambrian- Cambrian boundary in southeastern Poland[J].Fossils and Strata,29:1-127.

MOUNT J, 1985. Mixed siliciclastic and carbonate sediments: a proposed first-order textural and compositional classification[J].Sedimentology,32(3):435-442.

MÜLLER K J,1959.Kambrische Conodonten[J].Zeitschift der deutschen Geologischen Gesellschaft,111:434-485.

MÜLLER A H, SCHAUER M, 1969. Über Schwebeeinrichtungen bei Diplograptidae (Graptolithina) aus dem Silur[J].Freiberger Forschungshefte,C245:5-26.

MYROW P M,CHEN J,SNYDER Z,et al.,2015.Depositional history,tectonics,and provenance of the Cambrian-Ordovician boundary interval in the western margin of the North China block[J].Geological Society of America,Bulletin,127 (9–10): 1174 – 1193.

NICOLL R S,1990.The genus *Cordylodus* and latest Cambrian-earliest Ordovician biostratigraphy[J].BMR journal of Australian Geology and Geophysics,11:529-558.

NICOLL R S,1991.Differentiation of Late Cambrian- Early Ordovician species of *Cordylodus* (Conodonta) with biapical basal cavities[J].BMR journal of Australian Geology & Geophysics,12(3):223-244.

NICOLL R S,NIELSEN A T,LAURIE J R,1992.Preliminary correlation of latest Cambrian to Early Ordovician sea level events in Australia[M]//WEBBY B D,LAURIE J R. Global perspectives on Ordovician Geology.A.A.Balkema,Rotterdam:381-394.

NICOLL R S,MILLER J F,NOWLAN G S,et al.,1999.*Iapetonudus* (n.gen.) and *Iapetognathus* Landing,unusual earliest Ordovician multielement conodont taxa and their utility for biostratigraphy[J].Brigham Young University Geology Studies,44:27-101.

NOGAMI Y, 1967. Kambrische Conodonten von China, Teil 2: Conodonten ausden hoch oberkambrischen Yencho-Schichten[J]. Memoirs of the College Science, University of Kyoto, Geology and Mineralogy, Series B 33 (4), 211-218.

NORFOLD B S, 1991. The international working group on the Cambrian-Ordovician boundary: report of progress[R]//BARNES C R, WILLIAMS S H. Advances in Ordovician Geology. Ottawa: Geological Survey of Canada, 90(9): 27-32.

NORFOLD B S, WEBBY B D. 1988. Cambrian-Ordovician boundary[J]. Geological Magazine, 125 (4): 323-463.

NOWLAN G S, 1995. Variations in marine carbon isotope ratios ($\delta^{13}C$) through the Cambrian-Ordovician boundary interval, International Cambrian-Ordovician boundary working group[J]. St. John's, Newfoundland (Canada), December, 1995. (unpublished)

NOWLAN G S, NICOLL R S, 1995. Re-examination of the conodont biostratigraphy at the Cambrian-Ordovician Xiaoyangqiao section, Dayangcha, Jilin Province, China[M]// COOPER J D. Ordovician Odyssey: Short Papers for the Seventh International Symposium on the Ordovician System: Pacific Section of Society for Sedimentary Geology (SEPM), Book 77: 113-116.

ODIN G S (Ed.), 1988. Green marine clays[M]//Development in sedimentology, 45. Elsevier, Amsterdam: 444.

PANDER C H, 1856. Monographie der fossilen Fische des silurischen Systems der Russich-Baltischen Gouvernements [M]. Akademie der Wissenschaften, St. Petersburg: 91.

PENG S C, 1984. Cambrian-Ordovician boundary in the Cili-Taoyuan border area, northwestern Hunan with description of relative trilobites[M]//Nanjing Institute of Geology and Palaeontology, Academia Sinica. Stratigraphy and palaeontology of systemic boundaries in China, Cambrian and Ordovician boundary (1). Hefei: Anhui Science and Technology Publishing House: 285-405

PENG S C, 2009. The newly-developed Cambrian biostratigraphic succession and chronostratigraphic scheme for South China[J]. Chinese Science Bulletin, 54: 4161-4170.

PENG S C, BABCOCK L E, COOPER R A, 2012. The Cambrian Period[M]//GRADSTEIN F M, OGG G, SCHMITZ M, et al., The Geologic Time Scale 2012. Boston, Elsevier: 451-502.

POHLER S M L, 1994. Conodont biofacies of Lower to lower Middle Ordovician megaconglomerates, Cow Head Group, western Newfoundland[J]. Geological Survey of Canada Bulletin, 459: 71.

POPOV L E, HOLMER LE, MILLER J F, 2002. Lingulate brachiopods from the Cambrian-Ordovician boundary beds of Utah[J]. Journal of Paleontology, 76:211-228.

PORRENGA D H, 1967. Glauconite and chamosite as depth indicators in the marine environment[J]. Marine Geology, 5(5-6):495-501.

POUILLE L, DANELIAN T, MALETZ J, 2013. Radiolarian diversity changes during the Late Cambrian-Early Ordovician transition as recorded in the Cow Head Group of Newfoundland (Canada)[J]. Marine Micropaleontology, 110:25-41.

QIAN Y, 1986. Trilobites[M]//CHEN J Y, 1986. Aspects of the Cambrian-Ordovician boundary in Dayangcha, China. Beijing: China Prospect Publishing House:255-306.

RAEVSKAYA E G, 2000. Akritarkhi i biostratigraphija verkhov kembrija-srednego ordovika severo-zapada Vostochno-Evropejskoj Platformy[D]. PhD thesis.

RAEVSKAYA E G, SERVAIS T, 2009. *Ninadiacrodium*: a new late Cambrian acritarch genus and index fossil[J]. Palynology, 33(1):219-239.

RASUL S M, 1976. New species of the genus *Vulcanisphaera* (Acritarcha) from the Tremadocian of England[J]. Micropaleontology, 22(4):479-484.

REMANE J, BASSETT M G, COWIE J W, et al., 1996. Revised guidelines for the establishment of Global chronostratigraphic standards by the International Commission on Stratigraphy (ICS)[J]. Episodes, 19(3):77-81.

RIPPERDAN R L, KIRSCHVINK J L, 1992a. Paleomagnetic results from the Cambrian-Ordovician boundary sections at Black Mountain, Georgina Basin, western Queensland, Australia[M]//WEBBY B D, LAURIE J R. Global perspectives on Ordovician Geology. A. A. Balkema, Rotterdam:93-103.

RIPPERDAN R L, MAGARITZ M, NICOLL R S, SHERGOLD J H, 1992b. Simultaneous changes in carbon isotopes, sea level, and conodont biozones within the Cambrian-Ordovician boundary interval at Black Mountain, Australia[J]. Geology, 20:1039-1042.

RIPPERDAN R L, MAGARITZ M, KIRSCHVINK J L, 1993. Carbon isotope and magnetic polarity evidence for non-depositional events within the Cambrian-Ordovician Boundary section near Dayangcha, Jilin Province, China[J]. Geological Magazine, 130(4):443-452.

RIPPERDAN R L, MILLER J F, 1995. Carbon isotope ratios from the Cambrian-Ordovician boundary section at Lawson Cove, Ibex area, Utah[M]//COOPER J D, DROSER M L, FINNEY S C. Ordovician Odyssey: Short Papers for the Seventh International Symposium on the Ordovician System: Pacific Section SEPM, Fullerton, California, 24:129-132.

ROSS R J, JR HINTZE L F, ETHINGTON R L, et al., 1997. The Ibexian, lowermost series in the North American Ordovician[M]//TAYLOR M E.Early Paleozoic Biochronology of the Great Basin, Western United States. U.S. Geological Survey Professional Paper, 1579:50.

RUEDEMANN, R.1937.A new North American graptolite faunule[J].American Journal of Science, 33(193):57-62.

RUNKEL A C, MACKEY T J, COWAN C A, et al., 2010.Tropical shoreline ice in the late Cambrian: Implications for Earth's climate between the Cambrian Explosion and the Great Ordovician Biodiversification Event[J].GSA Today, 20(11):4-10.

SALVADOR A, 1994.International Stratigraphic Guide: A guide to stratigraphic classification, terminology, and procedure[M].2nd ed.International Union of Geological Sciences and the Geological Society of America Boulder, Colorado:214.

SALTER J W, 1858.On Graptopora, a new genus of Polyzoa allied to the graptolites[J].Proceedings of the American Association for the Advancement of Science, (for 1857) 11:63-66.

STÖRMER L, 1933.A floating organ in *Dictyonema*[J].Norsk Geologisk Tidsskrift, 13:102-112.

STOUGE S, BAGNOLI G, MCILROY, 2017.Cambrian- Middle Ordovician platform-slope Stratigraphy, Palaeontology and Geochemistry of Western Newfoundland[J].Geological Survey of Newfoundland and Labrador, Open File 012B/0692:106.

TAYLOR J F, REPETSKI J E, ORNDORFF R C, 1992.The Stonehenge Transgression: a rapid submergence of the central Appalachian platform in the Early Ordovician[M]// WEBBY B D, LAURIE J R.Global Perspectives on Ordovician Geology. A.A. Balkema Rotterda:409-418.

TERFELT F, BAGNOLI G, STOUGE S, 2012.Re-evaluation of the conodont *Iapetognathus* and implications for the base of the Ordovician System GSSP[J].Lethaia, 45:227-237.

TRIPATHY G R, HANNAH J L, STEIN H S, et al., 2014.Re-Os age and depositional environment for black shales from the Cambrian-Ordovician boundary, Green Point, western Newfoundland[J].Geochemistry, Geophysics, Geosystems, 15:1021-1037.

TROTTER J A, WILLIAMS I S, BARNES C R, et al., 2008.Did cooling oceans trigger Ordovician biodiversification? Evidence from conodont thermometry[J].Science, 321:550-554.

TORSVIK T H, COCKS L R, 2016.Earth History and Palaeogeography[M].Cambridge University Press:317.

TUCKER M E, 2003.Sedimentary Rocks in the Field[M].Wiley and Sons, Chichester:237.

VANGUESTAINE M, 1973.New acritarchs from the Upper Cambrian of Belgium Microfossils of the oldest deposits[C]//Proceedings of the Third International Palynological Conference Novosibirsk, Nauka, Moskva:28-31.

VANGUESTAINE M, 1978.Critères palynostratigraphiques conduisant a la reconnaissance d' un pli couche revinien dans le sondage de Grand-Halleux[J]. Annales de la Société géologique de Belgique, 100:249-276.

VIIRA V, SERGEEVA S, POPOV L, 1987. Samye rannie predstaviteili roda *Cordylodus* (Conodonta) iz severnoj Ehstonii i Leningradskoj Oblasti [Earliest representatives of the genus*Cordylodus* (Conodonta) from Cambro-Ordovician boundary beds of North Estonia and Leningrad Region][J]. Proceedings of the Academy of sciences of Estonian SSSR, Geology, 36:145-153.

VOLKOVA N A, 1968. Akritarkhi dokembrijskikh i kembrijskikh otlozhenij Estonii. Problematika pogranichnykh sloev rifeja i kembrija Russkoj platformy, Urala i Kazakhstana [J]. Trudy GIN AN SSSR, 188:34-37.

VOLKOVA N A, 1990. Akritarkhi srednego i verkhnego Kembrija Vostochno-Evropeiskoj platformy (Middle and Upper Cambrian acritarchs of the East-European Platform)[J]. Trudy, Moscow, 454:1-116.

VOLKOVA N A, KIRJANOV V V, 1995. Regional' naya stratigraphicheskaya skhema sredneverkhnekembrijskikh otlozhenij VostochnoEvropejskoj platformy (Regional stratigraphic scheme of the Middle-Upper Cambrian of the East European Platform). Stratigraphy[J]. Geological Correlation, 3(5):66-74.

WANG H, CHU X, LIU B, et al., 1985. English explanation of the Atlas of the Palaeogeography of China. Pts Ⅰ and Ⅱ, 25. Atlas of the Palaeogeography of China[M]. Cartographic Publishing House, Beijing, China (in Chinese with English summary):1-82, 143.

WANG X F, ERDTMANN B D, 1987. Zonation and correlation of the earliest Ordovician graptolites from Hunjiang, Jilin province, China[J]. Bulletin of the Geological Society of Denmark, 35:245-257.

WANG X F, ERDTMANN B D, 1992. Ordovician chronostratigraphy—A Chinese approach.[J]//Webby B D, Lauries J R. Global Perspectives on Ordovician Geology [J]. Balkema, A.A., Rotterdam:35-55.

WANG X F, CHEN X, CHEN X H, ZHU Z Y, 1996. Stratigraphical Lexicon of China- The Ordovician System[M]. Geological Publishing House, Beijing:1-192.

WANG X F, WANG CS, 2001. Tremadocian (Ordovician) graptolite diversification events in China[J]. Alcheringa 25, 155-168.

WANG XF, STOUGE S, ERDTMANN B E, et al., 2005. A proposed GSSP for the base of the middle Ordovician Series: the Huanghuachang section, Yichang, China[J]. Episodes, 28:105-117.

WANG X F, STOUGE S, CHEN X H, et al., 2009. The Global Stratotype Section and

Point for the base of the Middle Ordovician Series and the Third Stage (Dapingian) [J].Episodes, 32(2):96-113.

WANG X F, STOUGE S, MALETZ J, et al., 2017. Field Guide and Abstracts for the Dayangcha International Workshop on the Cambrian-Ordovician boundary [R]. Wuhan Center of China Geological Survey. Open file report, 9:90.

WANG X F, STOUGE S, MALETZ J, et al., 2019. Correlating the global Cambrian-Ordovician boundary: Precise comparison of the Xiaoyangqiao section, Dayangcha, North China with the Green Point GSSP sections, Newfoundland, Canada[J].Palaeoworld, 28(3):243-279.

WANG X F, STOUGE S, MALETZ J, et al., 2021. The Xiaoyangqiao section, Dayangcha, North China: the new global Auxiliary Boundary Stratotype Section and Point (ASSP) for the base of the Ordovician System[J]. Episodes, 44(4):359-283.

WEBBY B D, LAURIES J R, 1992. Global Perspectives on Ordovician Geology[M]. Balkema, A.A., Rotterdam:513.

WENTWORTH C K, 1922. A scale of grade and class terms for clastic sediments[J]. The Journal of Geology, 30(5):377-392.

WIMAN C. 1896. Über *Dictyonema cavernosum* n. sp. [J]. Bulletin of the Geological Institute of the University of Upsala, 3 (1):1-13.

WHITTINGTON H B, DEAN M T, FORTEY R A, et al., 1984. Definition of the Tremadoc Series and the series of the Ordovician System in Britain [J]. Geologiocal Magazine 121:17-33.

WON M Z, IAMS W J, REED K, 2005. Earliest Ordovician (early to Middle Tremadoc) radiolarian faunas of the Cow Head Group, western Newfoundland[J]. Journal of Paleontology, 79:433-459.

YANG Y, WANG Y, TAO X, et al., 1986. Rb-Sr dating on the Cambrian-Ordovician Boundary interval[M]//Chen J. Aspects of the Cambrian-Ordovician boundary in Dayangcha, China. Beijing: China Prospect Publishing House:72-82.

YAN C B, STOUGE S, WANG X F, et al., 2019. Upper lower Tremadoc (Early Ordovician) conodonts from the Yeli Formation of Dayangcha, Jilin Proince, North China[M]// The 13th International Symposium on Ordovician System: Contribution of International Symposium, Novosiberia, Russia, Eds A.T.Obut et al., Publishing House of SB RS:235.

YIN L M, 1985. Acritarchs[M]//Chen J, et al., Study on Cambrian-Ordovician boundary and its biota in Dayangcha, Hunjiang, Jilin, China. Beijing: China Prospect Publishing House:101-112.

YIN L M, 1986. Acritarchs[M]//Chen J Y. Aspects of Cambrian-Ordovician boundary in

Dayangcha, China. Beijing: China Prospect Publishing House: 374-373.

YIN L M, 1995. Early Ordovician acritarchs from Hunjian, Jilin and Yichang region, Hubei, China[J]. Palaeontologica Sinica 185, New Series A, 12: 1-170.

ZALASIEWICZ J A, TAYLOR L, RUSHTON A W A, , et al., 2009. Graptolites in British Stratigraphy[J]. Geological Magazine, 146(6): 785-850.

ZEBALLO F J, ALBANESI G L, ORTEGA G, 2005. Conodontes y graptolitos 1283 de las formaciones Alfarcito y Rupasca (Tremadociano) en el area de 1284 Alfarcito, Tilcara, Cordillera Oriental de Jujuy, Argentina Parte 2: 1285 Paleontologia sistematica[J]. Ameghiniana 42 (1), 47-66.

ZHAI M, SANTOSH M, 2013. Metallogeny of the North China Craton: link with secular changes in the evolving Earth[J]. Gondwana Research, 16(2): 321-341.

ZHANG J M, 1986. Description of sections[M]//CHEN J Y. Aspects of Cambrian-Ordovician Boundary in Dayangcha, China. Beijing: China Prospect Publishing House: 7-14.

ZHANG J M, CHEN J Y, 1986. Lithofacies sequence[M]//CHEN J Y. Aspects of Cambrian-Ordovician Boundary in Dayangcha, China. Beijing: China Prospect Publishing House: 15-34.

ZHANG Y D, ERDTMANN B D, 2004. Tremadocian (Ordovician) biostratigraphy and graptolites at Dayangcha (Baishan, Jilin, NE China)[J]. Paläontologische Zeitschrift, 78(2): 323-354.

ZHAO G C, ZHAI M G, 2013. Lithotectonic elements of Precambrian basement in the North China Craton: Review and tectonic implications[J]. Gondwana Research, 23: 1207-1240.

ZHEN Y, ZHANG Y, WANG Z, et al., 2016. Huaiyuan Epeirogeny- Shaping Ordovician stratigraphy and sedimentation on the North China Platform[J]. Palaeogeography, Palaeoclimatology, Palaeoecology, 448: 363-370.

ZHEN Y Y, PERCIVAL I G, WEBBY B D, 2017. Discovery of *Iapetognathus* fauna from far western New South Wales: towards a more precisely defined Cambrian-Ordovician boundary in Australia[J]. Australia Journal of Earth Sciences, 64(4): 487-496.

ZHENG Y F, XIAO W J, ZHAO G C, 2013. Introduction to tectonics of China[J]. Gondwana Research, 23: 1189-1206.

ZHOU Z Y, WANG Z H, ZHANG J M, 1984. Cambrian-Ordovician boundary and the proposed candidates for stratotype in North and Northeastern China[M]//Academia Sinica. Nanjing Institute of Geology and Palaeontology. Cambrian-Ordovician Boundary (2)., Hefei: Anhui Science and Technology Publishing House: 1-62.

ZHU R X, YANG J H, WU F Y, 2012. Timing of destruction of the North China Craton[J]. Lithos, 149: 51-60.

附件 1

The Xiaoyangqiao section, Dayangcha, North China: Proposal for a candidate Auxiliary Boundary Stratigraphic Section and Point (ASSP) for the base of the Ordovician System

(中国北方大阳岔小洋桥剖面:全球奥陶系底界辅助界线层型剖面的建议)

2019-03-03

by Xiaofeng WANG[1], Svend STOUGE[2], Jörg MALETZ[3], Gabriella BAGNOLI[4], Yuping QI[5], Elena G. RAEVSKAYA[6], Chuanshang WANG[1] and Chunbo YAN[1]

1. Wuhan Center of China Geological Survey (Wuhan Institute of Geology & Mineral Resources), Wuhan, China. E-mails: ycwangxiaofeng@163.com; wangchuanshang@163.com; yanchunbo123@163.com
2. Natural History Museum of Denmark, University of Copenhagen, Copenhagen, Denmark. E-mail: svends@snm.ku.dk
3. Institute of Geology, Free University of Berlin, Germany. E-mail: yorge@zedat.fu-berlin.de
4. Dipartimento di Scienze della Terra, Via S. Maria 53, I-56126 Pisa, Italy. E-mail: gabriella.bagnoli@unipi.it
5. State Key Laboratory of Palaeobiology and Stratigraphy, Nanjing Institute of Geology and Palaeontology, Chinese Academy of Sciences, 39 East Beijing Road, Nanjing, 210008, China. E-mail: ypqi@nigpas.ac.cn
6. AO 'Geologorazvedka'. Fayansovaya Stra 20, building 2, lti. A, St-Petersburg, 192019, Russia. E-mail: lena.raevskaya@mail.ru

The Xiaoyangqiao section, North China is recommended as ASSP section for the base of the Ordovician System. The Xiaoyangqiao section is continuous, expanded, very well exposed and without gaps or hiatuses. Structural complexity, synsedimentary and tectonic disturbances, or important alterations by metamorphism are not relevant constrains. The Xiaoyangqiao section has a well-preserved, abundant and diverse fossil record across the boundary with key markers (conodonts and graptolites) for worldwide correlation. The complete Cordylodus succession is recognized and correlatable over a wide area. Significantly, the abundant conodont fauna occurs in association with the first appearance of well-preserved planktonic graptolites at a level close to but immediately below the base of the Cordylodus lindstromi Zone. Other fossils, including acritarchs and trilobites from this succession, are also present in the Xiaoyangqiao section permitting correlation between the four fossils groups. Regional analyses of sequence stratigraphy and the strata that are of low thermal maturity (CAI 2) are suitable for reliable chemo-stragraphic and magnetostragraphic studies. In addition, the section is classical, very well known, and physically accessible, has been exhaustively studied and allows a very detailed intercontinental correlation. The low cliff section is clean, within a protected area and criteria of free accessible. The Baishan and Jiangyuan Bureaus of Natural Resources of Jilin Province, North China, assure the conservation and protection.

Introduction

The Global Stratotype Section and Point (GSSP) of the Cambrian-Ordovician boundary was defined at the first appearance of the rare conodont species *Iapetognathus fluctivagus* and placed within Unit 23 in the Green Point Section, Western Newfoundland, Canada. The Green Point GSSP section also comprises the *Cordylodus* succession that is recognized and correlatable over a wide area. Today, it is known that the GSSP level is represented by the appearance of *Iapetognathus preaengensis*, whereas *Iapetognathus fluctivagus* appears higher in Unit 26 (Terfelt et al., 2012; Wang et al., 2019). Due to this discrepancy, and in order to solve several problems in the precise intercontinental correlation, the Xiaoyangqiao section, North China, is recommended as global ASSP for the base of the Ordovician System (Wang et al., 2019).

The aim of this report is to describe the Xiaoyangqiao section. The present proposal is based on the results of the newly integrated study published by Wang et al. (2019), which provides the details supporting this proposal.

Background and historical context

Two International Working Groups (COWGB Ⅰ, Ⅱ) were established to formally define and select the GSSP for the Cambrian-Ordovician boundary. In more than 20 years, the working groups organized several meetings and after studying several sections in detail, the chairman of the Cambrian-Ordovician boundary workgroup submitted in 1999, a written proposal to the International Commission on Stratigraphy (ICS). In this proposal the selected GSSP of the Cambrian-Ordovician boundary was defined at the first appearance of the conodont species *Iapetognathus fluctivagus* and the horizon placed within unit 23 at the Green Point Section, Western Newfoundland, Canada. This proposal was approved by the International Commission on Stratigraphy in 1999 and was ratified by the International Union of Geological Sciences (IUGS) in 2000.

The formal publication (Cooper et al., 2001) did not include any auxiliary sections in which, the chosen level could be studied in other facies with different fauna assemblages and in different paleobiogeographical contexts, allowing a precise global correlation. Miller et al., (2015) promoted the Lawson Cove, Ibex Area, Utah, USA, as auxiliary section using the FAD of *Iapetognathus fluctivagus* as a marker for the base of the Ordovician System. This proposal was shortly after approved by the Subcommission on Ordovician Stratigraphy (Miller, 2016). The Lawson Cove section is a succession characterized by shallow-water carbonates with shallow-water shelly faunas and it is a succession interrupted by gaps that are recognized as sequence boundaries (Miller et al., 2003) and without graptolite record. The election of the Lawson Cove section as ASSP did not solve or help long existing correlation problems.

Chen et al. (1985, 1988) and Zhang et al. (1996) proposed the Xiaoyangqiao section as a candidate Global Stratotype Section and Point (GSSP) for the base of the Ordovician. Since that time additional biostratigraphic information has accumulated and the results of recent studies of the carbon and other isotopes and magnetostratigraphy have been available. The inclusion of this data in an update of the original proposal has just appeared, where the Xiaoyangqiao section is proposed as ASSP candidate for the Cambrian-Ordovician Boundary (Wang et al., 2019).

It is therefore appropriate that the Xiaoyangqiao section may properly and objectively considered as candidate ASSP section for the Cambrian-Ordovician transition (Wang et al., 2017, 2019).

The base of the Ordovician System: auxiliary sections and correlation

As mentioned, the Global Stratotype Section and Point (GSSP) for the Cambrian-Ordovician boundary was defined at the FAD of the conodont *Iapetognathus fluctivagus* in the Green Point Section, Newfoundland, Canada (Cooper et al., 2001). However, the taxon has become under critics and the species recorded from the GSSP horizon should be referred to *Iapetognathus preaengensis* Landing in Fortey et al., 1982 (Terfelt et al., 2012), whereas the FAD of *I. fluctivagus* is after the first bloom of planktonic graptolites (i. e. *Rhabdinopora* ssp.) in the Green Point section (Barnes, 1988; Terfelt et al., 2012; Wang et al., 2019). In the original definition of the Ordovician System one criterion was that the FAD of planktonic graptolites should occur above the base of the Ordovician System and this should not have generated misinterpretations and confusions that otherwise began after the selection of the GSSP and continue today.

Correlation and correlation problems

Among the recommendations for the base of the Ordovician System are: (1) the chronostratigraphic boundary should preferably be defined in a continuous rock sequence without any appreciable gap; (2) the apparent first occurrence of a carefully selected fossil taxon should be taken for positioning the 'golden spike' in that succession, and (3) the chosen level should be placed below the first appearance of planktonic graptolites.

The recognition of such a chronostratigraphic boundary in other sections is a problem of correlation. The correlation may be easier if the fossil species originally selected for defining the boundary also occurs elsewhere in as many sections as possible, if other fossils taxa occurring in the type section are widely distributed as well, and if other evidence is available (Hedberg, 1976). The selection of the rare conodont species *Iapetognathus fluctivagus* as marker for the Cambrian-Ordovician boundary did not solve this longstanding problem (Terfelt et al., 2012).

Additional problems with the correlation of the Cambrian-Ordovician boundary, includes the longstanding difficulty correlating the shallow-water deposits (i. e. of North America and similar deposits) to the deep-water slope deposits of the Green Point GSSP section (e. g. Fortey et al., 1982; Erdtmann 1986, 1988; Cooper, 1999; Miller and Flokstra, 1999; Dubinina, 1999, 2000; Cooper et al., 2001; Miller et al., 2003, 2015; Terfelt et al., 2012). The selection of the shallow-water deposits of the Lawson Cove section as ASSP, did not solve the problem with correlation to the deep-water slope deposits of the Green Point GSSP section.

Auxiliary sections

The auxiliary section fulfills all or almost all of the requirements to characterize a GSSP (Remane et al., 1996). The described Xiaoyangqiao section, which is located in a different region than the Green Point GSSP section and far from North America, allows for precise intercontinental correlation across different palaeogeographical regions. The Lawson Cove ASSP section, USA that is from the same palaeogeographical plate (i. e. Laurentia) as the Green Point GSSP section in western Newfoundland, Canada, is useful for correlation of shallow-water carbonate platform deposits on the North American continent and elsewhere, whereas all attempts to correlate the Lawson Cove ASSP section precisely to the deep-water Green Point GSSP section have failed (Fortey et al., 1982; Cooper, 1999; Miller and Flokstra, 1999; Dubinina, 1999, 2000; Miller et al., 2003, 2015; Cooper et al., 2001; Terfelt et al., 2012), but now done successfully. (Wang et al., 2019).

To unravel the correlation problems and ensure that the FAD of planktonic graptolites appear in the Ordovician, it is necessary to select an additional auxiliary section, in order to correlate the Cambrian-Ordovician shallow-water deposits of North America and the deep-water slope deposits of the Green Point GSSP section (Dubinina, 2000; Terfelt et al., 2012; Wang et al., 2019). Such correlation possibility exists for the Xiaoyangqiao section and the recommendation of the Xiaoyangqiao section as ASSP for the recognition of the base of the Ordovician system and the correlations with the Global Boundary Stratotype Sections and Points (GSSP) is needed.

The Xiaoyangqiao section, North China

In order to better characterize the Cambrian-Ordovician boundary and to solve problems of correlation, the Xiaoyangqiao in North China (Figs. 1, 2), is described here in detail. The Cambrian-Ordovician boundary interval is very well displayed in the Xiaoyangqiao section with continuous, expanded sedimentation and contains an abundance of significant marine fossil groups including acritarchs, brachiopods, conodonts, graptolites and trilobites. In addition, the section is classical, very well known, and physically accessible, has been exhaustively studied and allows for a very detailed global correlation.

Previous work

The lithology, fossil record and stratigraphy of the upper Cambrian (Stage 10, Furongian Series) and lower Ordovician (Tremadocian) succession of the Xiaoyangqiao section were studied by Kuo et al. (1982), Zhou et al. (1984), Chen et al. (1983, 1985, 1988, 1995), Chen (1986), Chen et al. (1986) and Zhang et al. (1996). The fauna comprises acritarchs, conodonts, graptolites and trilobites in high variety and abundance. Erdtmann (1986), Lin (1985, 1986), Wang and Erdtmann (1987), Zhang and Erdtmann (2004), Maletz et al. (2017) and Wang et al. (2019) studied the graptolites from the section and the region. Chen et al. (1985) followed by Chen and Gong

(1986) and Wang et al. (2019) documented the conodont succession with additional information provided by Nowlan and Nicoll (1995) and Nicoll et al. (1999). Yin (1985, 1986) described the acritarch flora assemblage from the section. Chen et al. (1986) presented the distribution of rare earth elements in the succession of the Dayangcha beds and Yang et al. (1986) assigned an uppermost Cambrian age (500.7±7.4) Ma based on Rb-Sr method (horizon HBA 9B1) for one horizon within the lower part of the section (sample HDA 9B, *Cordylodus caboti* Zone). Ripperdan and Kirschvink (1992a), Ripperdan et al. (1993) and Chen et al. (1995), independently, presented quite similar $\delta^{13}C_{carb}$-isotope curves from the Xiaoyangqiao section. Ripperdan and Kirschvink (1992a) and Ripperdan et al. (1993) introduced the magnetostratigraphy of the Cambrian-Ordovician interval and correlated the magnetostratigraphy to the biostratigraphy data. Recently, Wang et al. (2019) revised all the previous palaeontological, sedimentological and non-biotic data, added new data and provided a comprehensive review of the succession from the Xiaoyangqiao section.

Geographic setting

The Xiaoyangqiao section, North China, which is free from unconformities and not interrupted by faults, is a natural exposure located about 2.5km northeast of the town of Dayangcha, Baishan (= Hunjiang), Jilin Province, North China (Fig. 1; Chen, 1986; Chen et al., 1988; Wang et al., 2017, 2019). The geographical coordinates are: latitude 42°3′24″N and longitude 126°42′21″E; altitude is 642m. The site is situated along the northwest side of a small rivulet-a tributary of the Hunriver-and exposure of the succession is within a monocline dipping evenly 21° to 48° northeast.

Access by car is approximately 40min from Baishan, and ca. 10min from Jiangyuan, and 5min drive from the town of Dayangcha; alternatively, the train from Baishan takes about 30min.

Exposure of the succession (Fig. 2) is also seen along strike in the Sanduiliaochang quarry, 0.6km northeastwards of the Xiaoyangqiao section [Fig. 1(b)]. The stratigraphic succession is continuous downwards to the south, along the road to Dayangcha and upwards to the west. The Xiaoyangqiao section and the westerly facing section with exposures of the Yeli Formation, and situated just to the south of the Xiaoyangqiao section, are traditionally named the Xiaoyangqiao Composite section (XCS) (Chen, 1986; Zhang, 1986; Fig. 1). The sections, i.e., the lower section (XLS) and the Xiaoyangqiao Composite section (XCS), represent the important and complete succession from the upper Furongian into the lower Tremadocian (Lower Ordovician) (Chen, 1986).

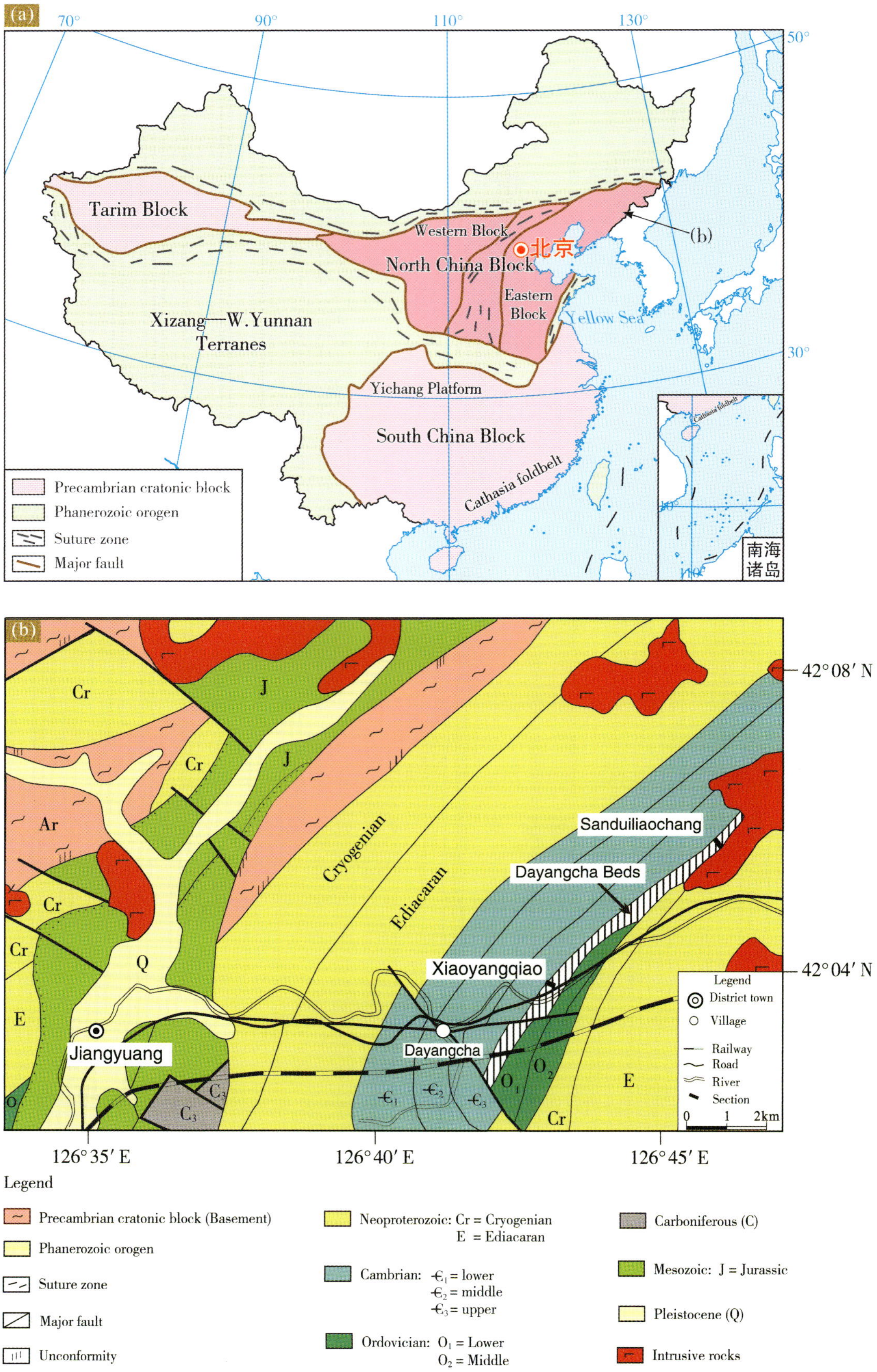

Figure 1 (a) Main China plates (Tarim, North China and South China). (b) Geological and location map of the study area (Wang et al., 2019, Fig. 1).

Figure 2. Photos from the Xiaoyangqiao (XLS) section (persons for scale). (a) Top of lithological units Ⅰ and Ⅱ. The base of lithological unit Ⅱ is at BD 7a. Lithological unit Ⅱ comprises BD 7a and extends to just above BD 14. The higher beds belong to lithological unit Ⅲ. (b) Upper part of lithological unit Ⅲ. The FAD of planktonic graptolites is just above BD 26a at 20.9m (to the right on the photo). Same figure as Wang et al., (2019, Fig. 2).

Geological setting

The upper Cambrian-Lower Ordovician sedimentary rocks of the Dayangcha area are well-exposed at the Xiaoyangqiao section (Chen, 1986; Wang et al., 2019). The Cambrian-Ordovician boundary lies within the undisturbed inter-bedded shale-limestone succession at +19.9m above the reference level in the section and is fully exposed at the small rivulet in the Xiaoyangqiao section (Wang et al., 2019, Figs. 1-3) [Figs. 1(b), 3].

The strata exposed at the Xiaoyangqiao section are contained within the upper Cambrian and Lower Ordovician sedimentary rocks that accumulated on the platform to the platform margin of the North China Craton. The stable North China Craton (NCC or Sino-Korean Craton, SKC) [Fig. 1(a)] traditionally comprises most of North China and parts of the Korean Peninsula (Zheng et al., 2013; Zhu et al., 2012; Cho et al., 2017). The Cambrian-Ordovician platform succession is about 500 to 1000m thick; it is mainly composed of marine shallow-water platform deposits with intervals of extensive biostromal microbialites (Lee et al., 2012), some mixed carbonate and siliciclastic and evaporites (gypsum), oolites and lime breccias.

During the late Cambrian and Early Ordovician the North China plate occupied a tropical position and the sedimentary succession mainly deposited in an extensive epicontinental sea (Meyerhoff et al., 1991; Meng et al., 1997). The North China plate was tectonically stable in most of the Cambrian, but a hiatus of variable magnitude across the Cambrian-Ordovician boundary is developed at many sites on the North China platform. A prominent hiatus extending from mid-late Floian (Early Ordovician) into the early Darriwilian (Middle Ordovician) interrupted Ordovician succession on North China (Wang et al., 2016; Zhen et al., 2016). The sedimentation on the North China plate returned in the Middle Ordovician and persisted into the early Late Ordovician. A second extensive hiatus developed and lasted from early Late Ordovician into late Carboniferous (Wang H. et al., 1985, Wang Z. et al., 2016; Zhen et al., 2016; Lee et al., 2017).

Stratigraphy

Lithostratigraphy

Fengshan Formation (Stage 10; Furongian)

The Furongian Fengshan Formation (Zhang, 1962) is composed of mainly carbonate sedimentary rocks and minor shale. The strata accumulated on the carbonate platform at the passive margin of the North China plate and prograded seaward slightly.

The upper part of this formation is exposed along the road immediately to the south of the Xiaoyangqiao section and is known as the Xiaoyangqiao lower section (XLS) (Chen,

1986;Chen et al.,1988).

Dayangcha beds (*Furongian,upper Cambrian-Tremadocian,Lower Ordovician*)

The 40m-thick interbedded siltstone, shale, limestone, boundstone and stratabound breccia, and overlying the Fengshan Formation, are named the Dayangcha beds (cf. Erdtmann,1986;Wang et al.,2019) [Fig. 1(b),Fig. 3].

The marine mixed siliciclastic-carbonates and carbonates of the Dayangcha beds are transitional between shallow-water carbonate platform deposits and deeper-water siliciclastic deposits. The succession represents upward-deepening and upward shallowing rhythmic sedimentation on the outer platform to the margin of the carbonate platform (Zhang et al., 1982, 1996; Zhang and Chen, 1986; Chen et al., 1988; Wang et al., 2019).

The Dayangcha beds are subdivided into four informal lithological units (units Ⅰ-Ⅳ; Wang et al.,2019,Fig. 3) (Fig. 3). The lower unit Ⅰ includes c. 11.0m of interbedded shale and limestone, succeeded by unit Ⅱ composed of 7.3m of carbonate platform deposits characterized by a strata-bound stromatolite marker horizon,1.4–1.6m thick,at the base of the unit and with easily recognizable lithofacies of the shallow to deeper water carbonate platform. Unit Ⅲ is composed of shale, siltstone interbedded with minor thin argillaceous,commonly nodular,limestone beds. Glauconite becomes common in the upper part of unit Ⅲ. Input of carbonate conglomerate and imbricated limebreccia horizons is recorded in the middle of the unit and a series of strata bound limebreccia beds characterizes the top of the unit. Unit Ⅲ is c. 14.0m thick. Unit Ⅳ comprises siliciclastic sedimentary rocks,composed of green,light grey shale to black shale,and grey to lightgrey siltstone and few fine-grained sandstone beds. A few beds of limestone are recorded at the top of the unit. Unit Ⅳ is more than 9.8m in thickness,as the upper boundary of the unit is covered in the Xiaoyangqiao section.

The upper Cambrian-Lower Ordovician Dayangcha beds,are exposed in the area along strike to either side of the measured section. The additional section at Sanduiliaochang, which comprises the same facies of the Dayangcha beds and exposes the boundary to the overlying Yeli formation, displays a well-preserved graptolite fauna and well-developed graptolite succession (Maletz et al.,2017;Wang et al.,2019).

Yeli Formation (lower Tremadocian)

The overlying Yeli Formation (Grabau, 1922; Zhang, 1962; Wang et al., 1996; Zhang and Erdtmann, 2004; Wang et al., 2019) is composed by carbonate sedimentary rocks with only subordinate carbonate shale (Zhang, 1962; Wang et al., 1996, 2019). The faunal affinities suggest that the Yeli strata accumulated in relative low latitudinal settings. The Yeli Formation is exposed in the other small rivulet, extending westward, immediately to the south of the Xiaoyangqiao section, along the road heading to the northeast [Wang et al., 2017, 2019; Fig. 1(b)] and along the new main road (Zhang and Erdtmann, 2004).

Biostratigraphy

The biostratigraphy of conodonts and graptolites from the Xiaoyangqiao section is shown in Figure 3. Other important fossils groups include acritarchs and trilobites. The first are in an early stage of revision, whereas, the trilobite succession has been described by Chen et al. (1983, 1985, 1986) and outlined by Chen et al. (1988) and Wang et al. (2019). The biostratigraphic subdivision of the Xiaoyangqiao section is based on the characteristic and well-known evolutionary conodont lineages and the planktonic graptolite evolution.

Macrofauna

Graptolites. Species of the genus *Rhabdinopora* Eichwald, have been used as guide taxa in the lowermost Ordovician (Cooper et al., 1998; Maletz et al., 2017). In the Xiaoyangqiao section three horizons with well preserved early Tremadocian graptolite faunas have been discovered producing the *Rhabdinopora proparabola*, *Rhabdinopora parabola* and *Anisograptus matanensis* biozones (Fig. 3).

Rhabdinopora proparabola (Lin, 1986) with its typical ‘float’ structure appears at +20.9m in the Xiaoyangqiao section, which is 0.5m below the base of *Cordylodus lindstromi* conodont Zone (at+21.4m; Fig. 3).

The next younger fauna includes *Rhabdinopora parabola* (Bulman, 1954), a species that is widely distributed and known from Norway, Newfoundland, Canada and Australia (Victoria). *Rhabdinopora parabola* has been found in a short interval about 5.0m above *R. proparabola* and in the middle part of the *Cordylodus lindstromi* conodont Biozone in the Xiaoyangqiao section. *Anisograptus matanensis* Ruedemann, 1937 is present in a number of horizons about 2.5m higher (at+29.8m), in an interval that is equivalent to the upper part of the *Cordylodus lindstromi* conodont Biozone.

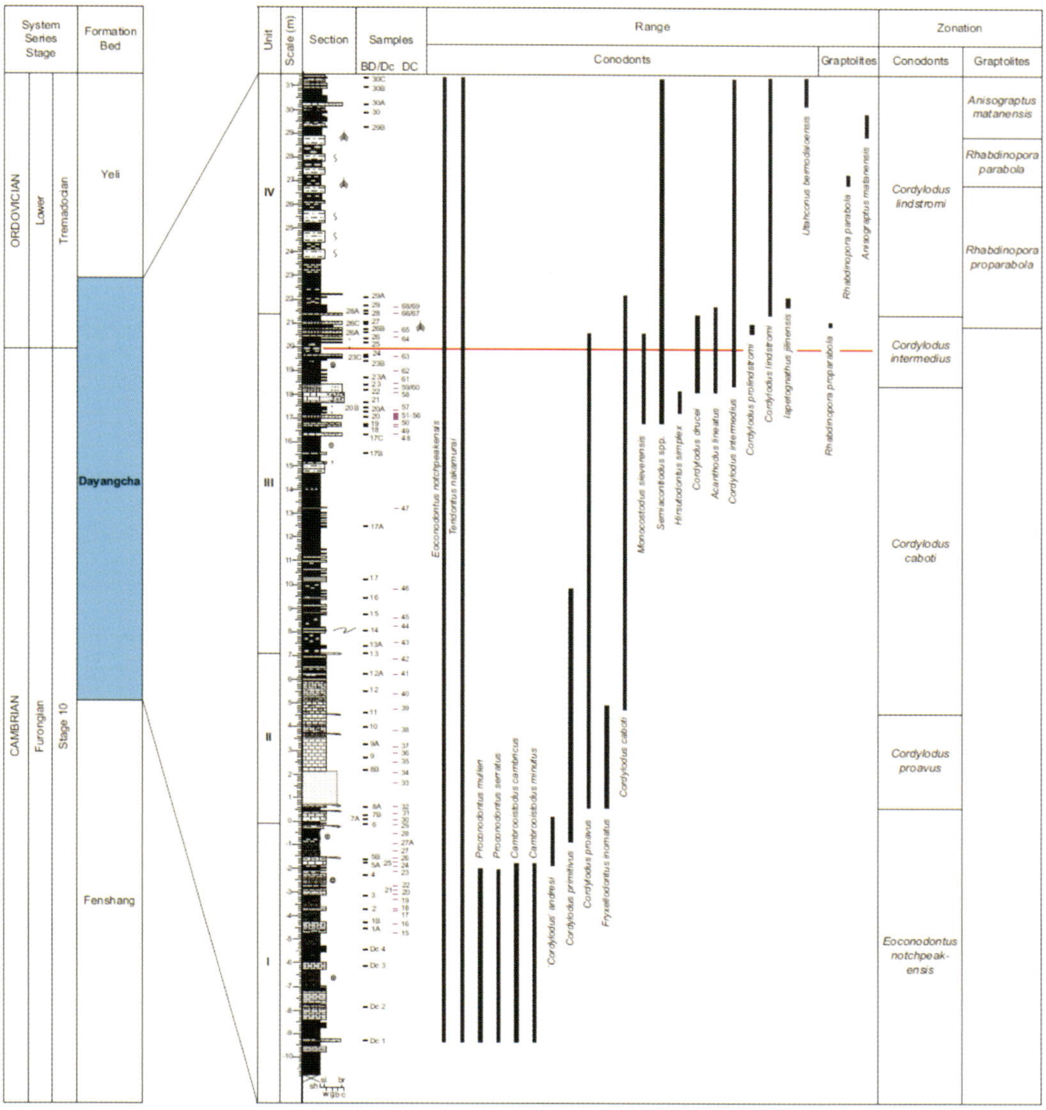

Figure 3. The Xiaoyangqiao section, ranges of significant conodont and graptolite species and biozones (same as Fig. 3 in Wang et al., 2019) *. (For legend see Wang et al., Fig. 5; abbreviations used for grainsize: sh = shale; si = siltstone; br = breccia = ; w = wacke stone; g = grainstone; b = boundstone; c = conglomerate).

Trilobites. Trilobites are moderately common throughout the succession and are of Asian-Australian affinity, but few widespread taxa (*Mictosaukia* spp.) are shared with Laurentia (Qian, 1986; Chen et al., 1988; Wang et al., 2019).

Microfauna

Conodonts. The guide species of the upper Cambrian and lowermost Ordovician are assigned to the euconodont genera *Eoconodontus* Miller, 1980 and *Cordylodus* Pander,

* Graptolite: the ensuing study illustrates that *Rhabdinopara parabola* is a synonym for *R. companulatum*. the same below.

1856 (Wang et al., 2019, Fig. 3) (Fig. 3). The zones are based on first appearances of the nominate taxa and the *E. notchpeakensis*, *Cordylodus proavus*, *C. caboti*, *C. intermedius* and *C. lindstromi* lineage zones are firmly established in the Xiaoyangqiao section (Wang et al., 2019; Fig. 3) (Fig. 3). The younger *C. angulatus* and *Rossodus manitouensis* zones are recorded from the Dayangcha area (Chen and Gong, 1986). The conodonts show a CAI of 1.5-2, which suggests that the host rocks were not heated above 140°C (Epstein et al., 1977).

Microflora

Acritarchs. -The acritarchs change in the diversity pattern through the Cambrian-Ordovician interval. The succession is referred to three acritarch assemblages in the Cambrian-Ordovician boundary interval, but the acritarchs are currently under systematic revision. The acritarchs, however, shows great potential for correlation (Wang et al., 2019, Fig. 7). The integrated biostratigraphic subdivision based on acritarchs, conodonts, graptolites and trilobites is shown in Figure 4.

Sequence stratigraphy and sea level

Wang et al. (2019; Fig. 10) presented a sequence stratigraphic interpretation of the succession of the Dayangcha beds at the Xiaoyangqiao section. The succession at the Xiaoyangqiao section is divided into three complete and two incomplete transgressive-regressive (T-R) sedimentary cycles (sensu Embry and Johannessen, 1992), which represent 3rd but more likely higher order sedimentary cycles, (Wang et al., 2019, Fig. 10). They are separated by conformable sequence boundaries (= maximum regressive surfaces, MRSs) within the top of the *Eoconodontus notchpeakensis* Zone, at about −0.4m below the reference level of the measured section, at c. +3.0m below the top of the *Cordylodus caboti* Zone, and in the top of *C. intermedius* Zone and immediately below the base of the *C. lindstromi* and *Rhabdinopora proparabola* zones. Additional sequences of higher order are recognizable within the larger sedimentary cycles (Wang et al., 2019).

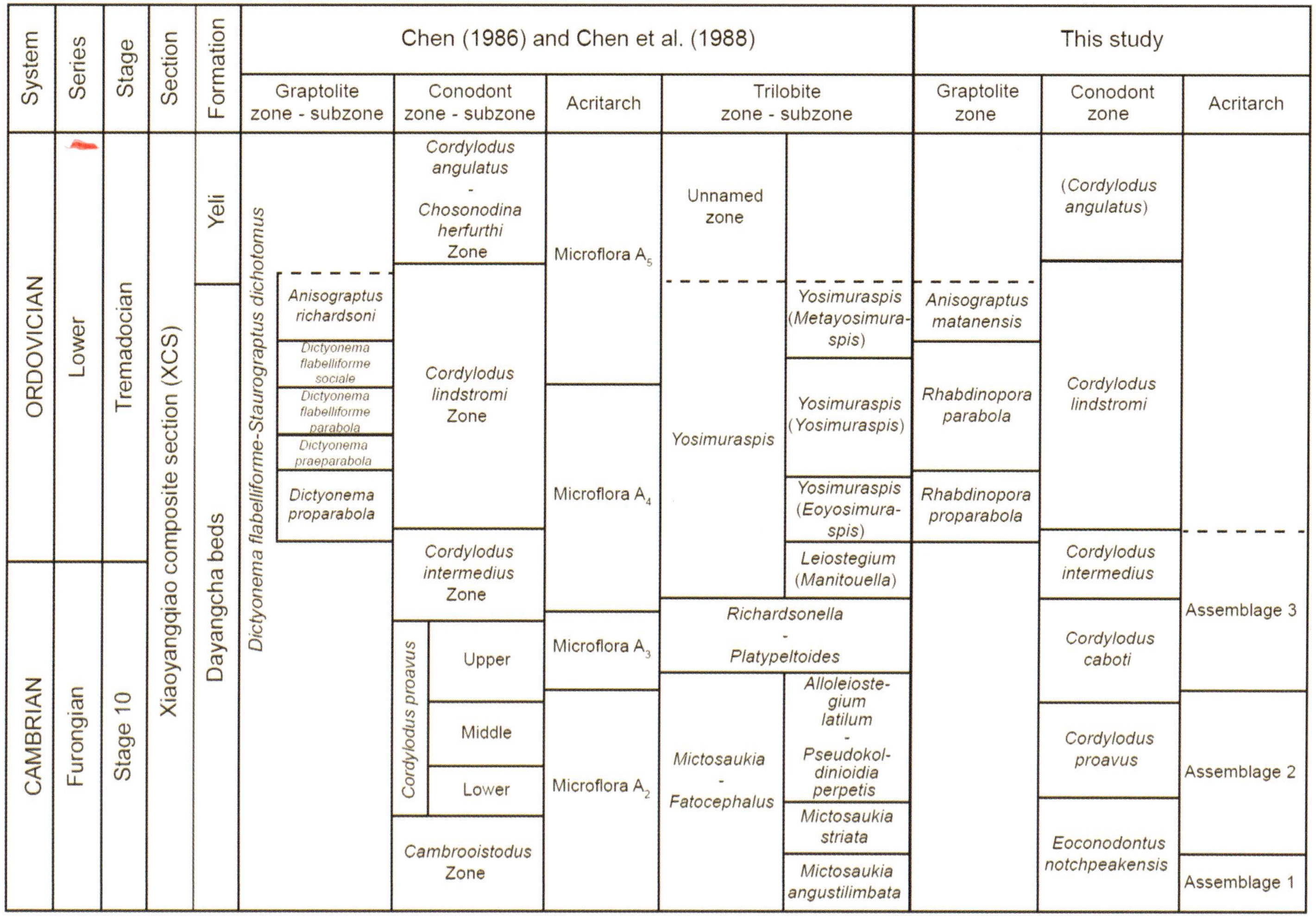

Figure 4. Integrated zonation systems of Chen (1986),Chen et al.(1988) and Wang et al.(2019,fig.9)

The significant recognized sea-level lowstands in the Xiaoyangqiao section are recorded at the base of the *Cordylodus proavus* Zone, at the transition from the top *Cordylodus caboti* into the base of *C. intermedius* conodont zones, and immediately below the base of the *Rhabdinopora proparabola* Zone and just below the *Cordylodus lindstromi* conodont Zone.

Magnetostratigraphy

Ripperdan and Kirschvink (1992a) detected two Reverse and two Normal polarity zones in the Dayangcha beds between c. −6.3m (unit Ⅰ) and +30.2m (unit Ⅳ) (Chen et al., 1995; Wang et al., 2019, Fig. 11) (Fig. 5). In ascending order a short Reversed interval (−6.3m to −4.5m) was detected in the middle part of unit Ⅰ (*Eoconodontus notchpeakensis* Zone). A Normal interval occurs from −4.4m to +0.4m in upper unit Ⅰ and into the lower unit Ⅱ (top *Eoconodontus notchpeakensis* Zone). From+0.4m to +4.3m there are no data. In unit Ⅲ and at+4.3m, an extensive Reverse polarity zone is initiated and it extends up to+20.4m (comprising *Cordylodus proavus*, *C. caboti* and *C. intermedius* zones). At+20.5m and at the top of unit Ⅲ, the magnetic polarity change to Normal and persists up to+30.2m. This upper shift from Reverse to Normal polarity is remarkable as it occurs in the uppermost *C. intermedius* Zone and immediately below the FAD of planktonic graptolites (at+20.9m), and below the *C. lindstromi* Zone (at+ 21.4m), it coincides with the MRS of Sequence C.

Chemostratigraphy

Isotopes

Carbon isotopes. Strata of the Dayangcha beds contain a good record of variation in carbon-isotopes preserved in marine carbonates (Wang et al., 2019, Fig. 11). The most easily features of the carbon-isotope record in the boundary interval are the excursion from-1.40m to+0.5m, from the top of the *E. notchpeakensis* to the base of *C. proavus* conodonts zones, the *Hirsutodontus simplex* Spike (HSS, at +17.4m), two unnamed negative excursions (1 and 2; Wang et al., 2019, Fig. 11) (Fig. 5) in the upper *Cordylodus intermedius* Zone and one prominent positive excursion recorded at +21.4m and immediately above the base of the *Cordylodus lindstromi* and *Rhabdinopora proparabola* zones (=3; Wang et al., 2019, Fig. 11) (Fig. 5). This upper extensive positive excursion is the highest positive value recorded in the section and is clearly associated with the first appearance of planktonic graptolites.

Rare earth elements (*REE*). A prominent REE anomaly- or positive spikeusing brachiopod apatite- has been recorded in the section (Chen et al., 1986). The REE anomaly is peaking at+19.5m in the upper part of lithological unit Ⅲ, which is within the *Cordylodus intermedius* Zone and slightly above the MFS of sequence C (at +19.2m) and below the Cambrian-Ordovician boundary (Wang et al., 2019, Fig. 11) (Fig. 5).

Correlation and match to the Green Point GSSP section

Biostratigraphic correlation

The base of the Ordovician at Green Point, where the GSSP for the Cambrian-Ordovician boundary was formally defined, is fixed at +8.8m within unit 23 of the Broom Point Member of the Green Point Formation (James and Stevens, 1986; Cooper et al., 2001) (Fig. 6). The boundary bed is a lensoid to lenticular, bedded limestone developed within a ribbon to parted limestone unit (Cooper et al., 2001). The correlation criteria used here are the *Cordylodus* conodont lineage, the FAD and succession of planktonic graptolites.

The conodonts are well displayed in the Green Point GSSP Section. The *Cordylodus caboti*, *C. intermedius* and *C. angulatus* zones are precisely established in the Green Point GSSP section (Bagnoli et al., 1987; Barnes, 1988; Cooper et al., 2001) and correlates directly with the zones of the Xiaoyangqiao section (Fig. 7). The interval of strata coeval to the *C. lindstromi* Zone is developed in graptolite facies and only long ranging conodont species (i. e. *C. caboti*, *C. proavus* and *C. intermedius* from below) together with additional species that are not used for correlation (*C. prion*, *C. hastatus* etc.) are present in the Green Point section. Specimens of *Iapetognathus* include the GSSP marker *I. preaengensis* from unit 23 and Ⅰ. *aengensis* from unit 26; other taxa are present and range through out the section (Barnes, 1988; Cooper et al., 2001). *Iapetognathus fluctivagus* is recorded from the highstand deposits of unit 26 (Terfelt et al., 2012; Wang et al., 2019).

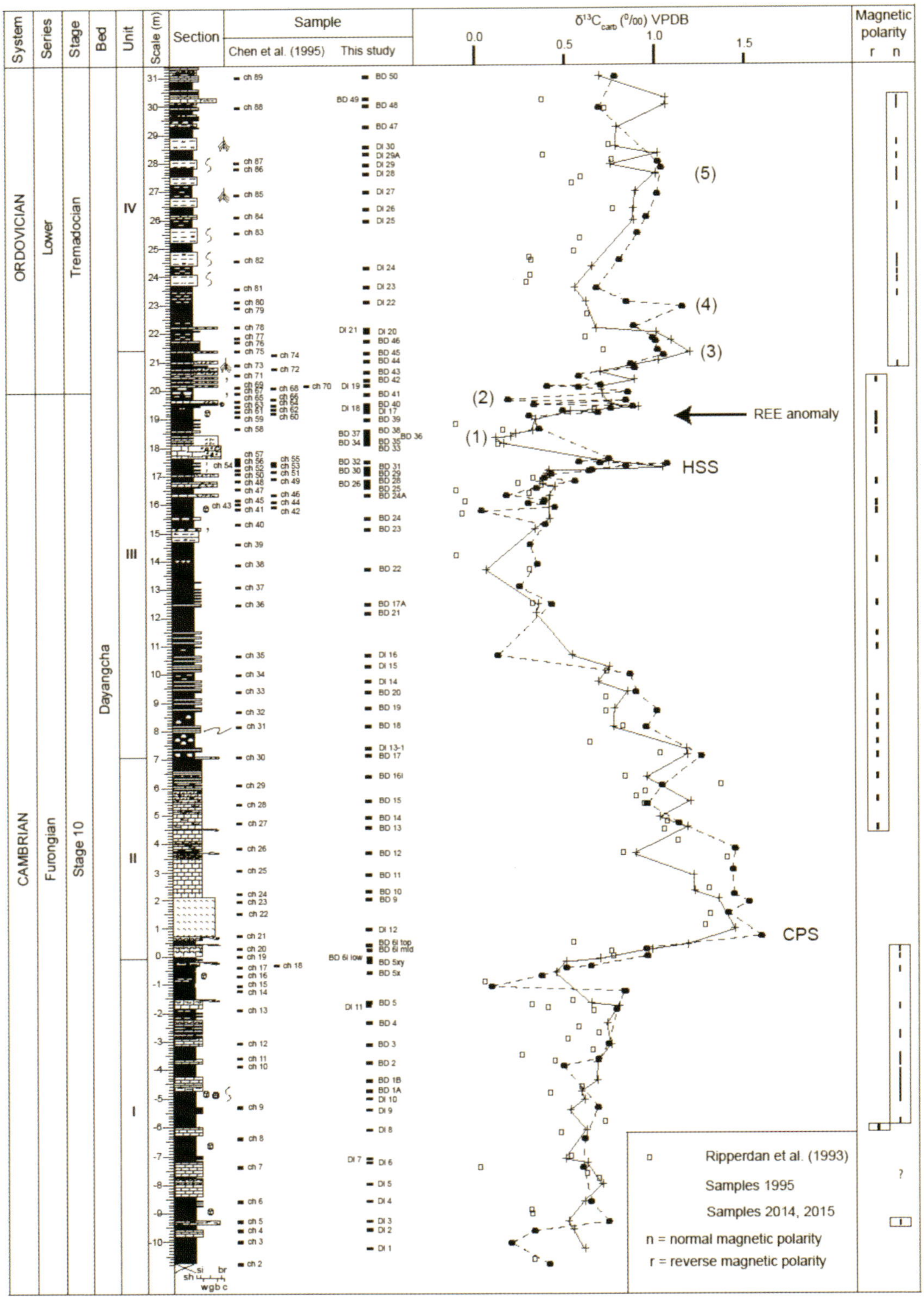

Figure 5. C-isotopes and magnetic polar reversal from the Xiaoyangqiao section (same as Fig. 11 in Wang et al., 2019). (For abbreviations, see caption to Figure 3)

The graptolite succession consists of a series of species of the genera *Rhabdinopora*, *Staurograptus* and *Anisograptus* (Cooper et al., 1998, 2001). The first appearance in unit

25 of *Rhabdinopora parabola* (note: *R. praeparabola* is now synonymized with *R. parabola*; Maletz et al., 2017) and *Staurograptus dichotomus* is followed by *R. flabelliformis* and *S. hyperboreus*. The association of species represents Assemblage 1 of Cooper et al. (1998) and Cooper et al. (2001). *Rhadinopora canadensis* and *Anisograptus matanensis* both appear in the uppermost part of unit 26 and are succeeded by *R. anglica* in unit 29. These taxa are assigned to the Assemblage 2 or the *Anisograptus matanensis* Zone (Erdtmann, 1986; Cooper et al., 1998; Cooper, 1999; Cooper et al., 2001). The *Rhabdinopora parabola* and *Anisograptus matanensis* zones easily correlate with the zones of the Xiaoyangqiao section, whereas the first planktonic graptolite *Rhabdinopora proparabola* has not been found in the Green Point GSSP section.

Non-biotic match

The non-biotic data in common includes the REE anomaly from unit 23 (Azmy et al., 2014) and $\delta^{13}C_{carb}$-isotope excursions (Wang et al., 2019). The $\delta^{13}C_{carb}$-isotope curve and the positive and negative excursions of the Xiaoyangqiao section matches precisely with the high resolution $\delta^{13}C_{carb}$-isotope curve recorded from the Green Point GSSP section (Stouge et al., 2017; Wang et al., 2019). The positive HSS spike and the late Cambrian negative excursions (= no's 1 and 2; Wang et al., 2019, Fig. 15), which are situated immediately below the GSSP horizon, can be matched. The $\delta^{13}C_{carb}$-isotope curve from the Green Point GSSP section displays three distinct and closely spaced positive and prominent $\delta^{13}C_{carb}$-isotope excursions in unit 25 (= no's 3-5; Wang et al., 2019, Fig. 15). The $\delta^{13}C_{carb}$-isotope peak no. 3 is the largest positive excursion in the two sections and this peak corresponds to the first appearance of planktonic graptolites in the two sections. The next two higher positive $\delta^{13}C_{carb}$-isotope excursions (i. e. no's 4 and 5; Wang et al., Fig. 15) also represent a direct match, although the $\delta^{13}C_{carb}$-isotope curve from the Xiaoyangqiao section is relative less precise, mainly due to the lack of limestone beds in the unit Ⅳ of the Xiaoyangqiao section (Fig. 5).

The present Cambrian-Ordovician boundary stratotype, which is marked exactly by the FAD of *Iapetognathus preaengensis* Landing in Fortey et al., 1982, separates the prominent change from the negative $\delta^{13}C_{carb}$-excursions in the latest Cambrian to the Early Ordovician positive $\delta^{13}C_{carb}$-excursion and the change from the reverse magnetic polarity in the latest Cambrian to the normal magnetic polarity in earliest Ordovician in the Xiaoyangqiao section. This implies that all the sediments with the rise of planktonic graptolites belong to the Ordovician.

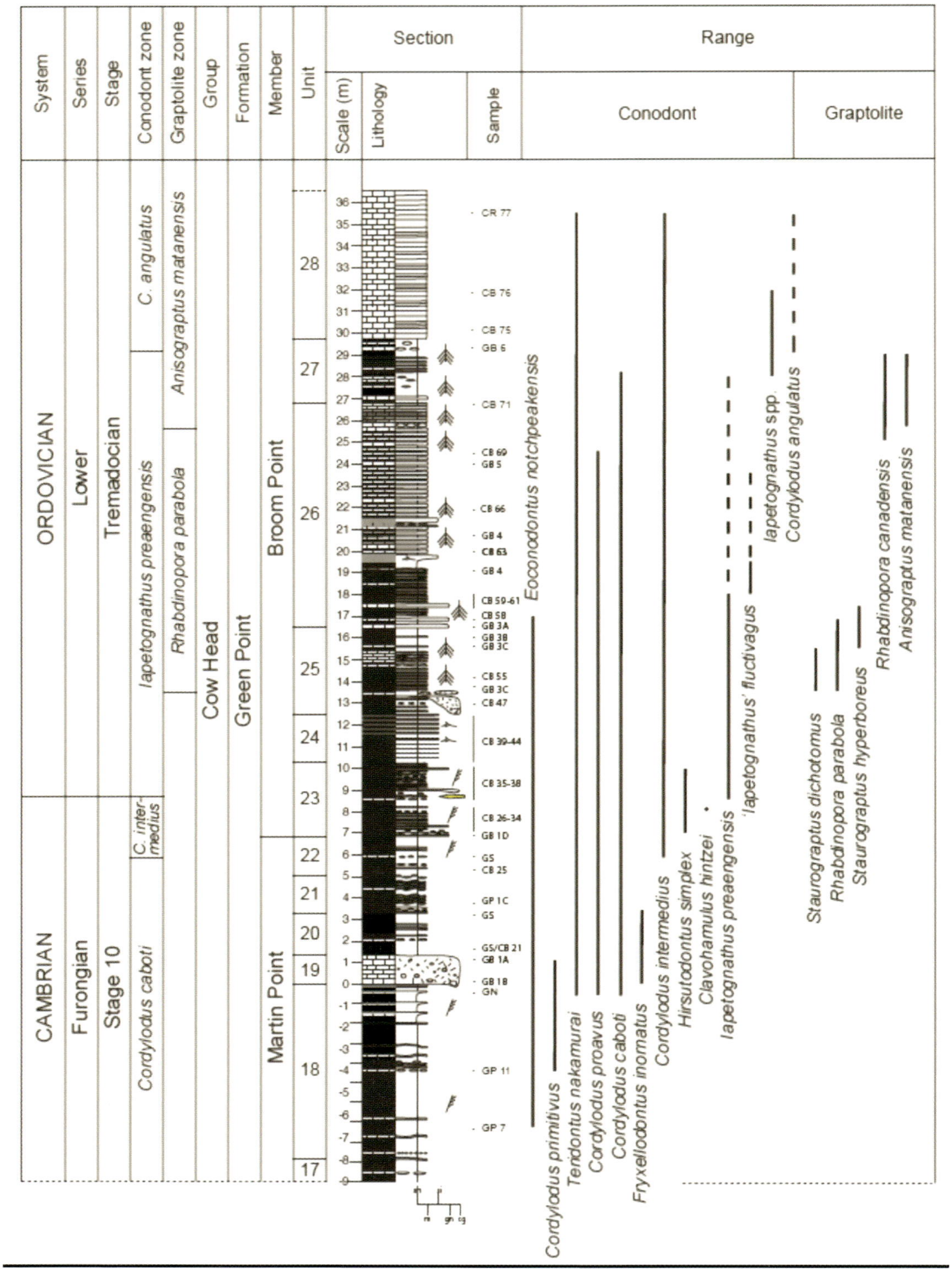

Figure 6. The Green Point GSSP section, Western Newfoundland, Canada.

Ranges of conodonts and graptolite species are shown. The 'Golden Spike' is placed in the upper unit 23 and at the first appearance of *Iapetognathus preaengensis*. The position of *Iapetognathus fluctivagus* in unit 26 is from Terfelt et al., (2012) and Barnes (1988) (slightly modified from Fig. 12 in Wang et al., 2019).

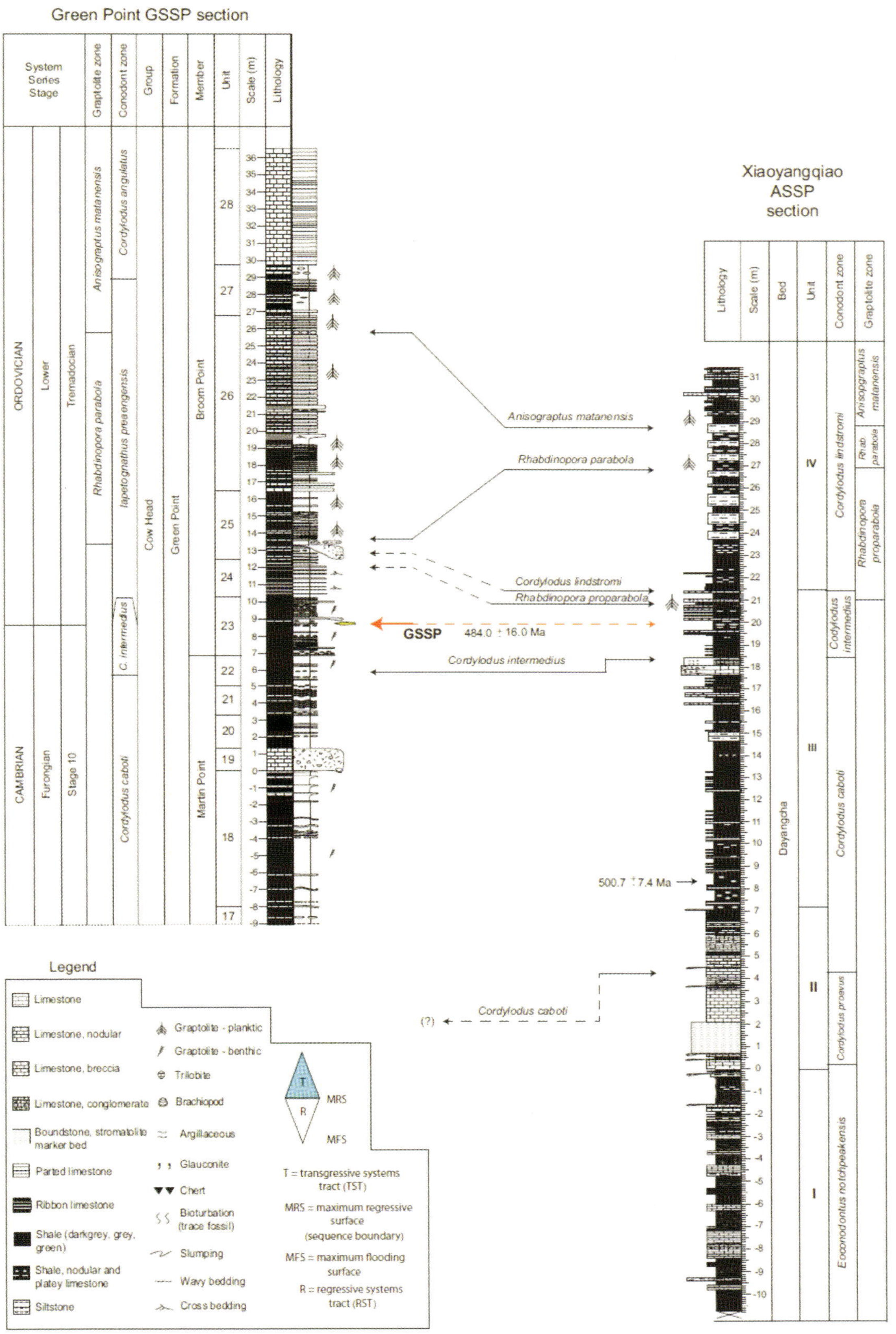

Figure 7. Biostratigraphic correlation of the Xiaoyangqiao section and the Green Point GSSP section; the dashed lines represent the likely position and interpreted correlation of axon that is represented in only one section (same as figure 16 in Wang et al., 2019).

Sealevel

The *Cordylodus proavus* Lowstand is coeval to the Lange Ranch Lowstand, the top *Cordylodus caboti*-basal *Cordylodus intemedius* Lowstand corresponds to the Basal House Lowstand, and the (top *Cordylodus intermedius*) base of the *Cordylodus lindstromi* Lowstand is coeval to the Drum Mountains Lowstand of the Lawson Cove ASSP section. The *Cordylodus lindstromi* Lowstand is also coeval to the global ARE Lowstand, which is recognized at unit 24 in the Green Point GSSP section (cf. Cooper, 1999; Cooper et al., 2001; Wang et al., 2019).

Proxies

The recognized proxies (Wang et al., 2019) provide means of correlating the candidate ASSP to the marine successions in other faunal provinces that lack conodonts and graptolites (Fig. 8). Trilobites and acritarchs provide only broad characterization of the ASSP level and are not proposed as proxies. Features in the magneto-and chemostratigraphic records provide non-biostratigraphic proxies.

The location of the ASSP level and stratigraphic completeness of the Xiaoyangqiao section

The ASSP for the base of the Ordovician System is identified by the negative $\delta^{13}C_{carb}$-isotope excursion (see Wang et al., 2019, Fig. 15) located in unit Ⅲ and placed at +19.9m above the reference level of the Xiaoyangqiao section. The ASSP or the Cambrian-Ordovician boundary lies within the upper part of the *Cordylodus intermedius* Zone. The boundary interval is a relatively monotonous succession composed of fossiliferous interbedded shale and nodular limestone, and below the cm scale storm deposits forming the top of unit Ⅲ, which is composed of carbonate breccia that derived from adjacent carbonate platform (Wang et al., 2019). The appearance of the first planktonic graptolite *Rhabdinopora proparabola* is at +20.9m above the reference level of the section, and is 1.0m above the proposed ASSP level at +19.9m.

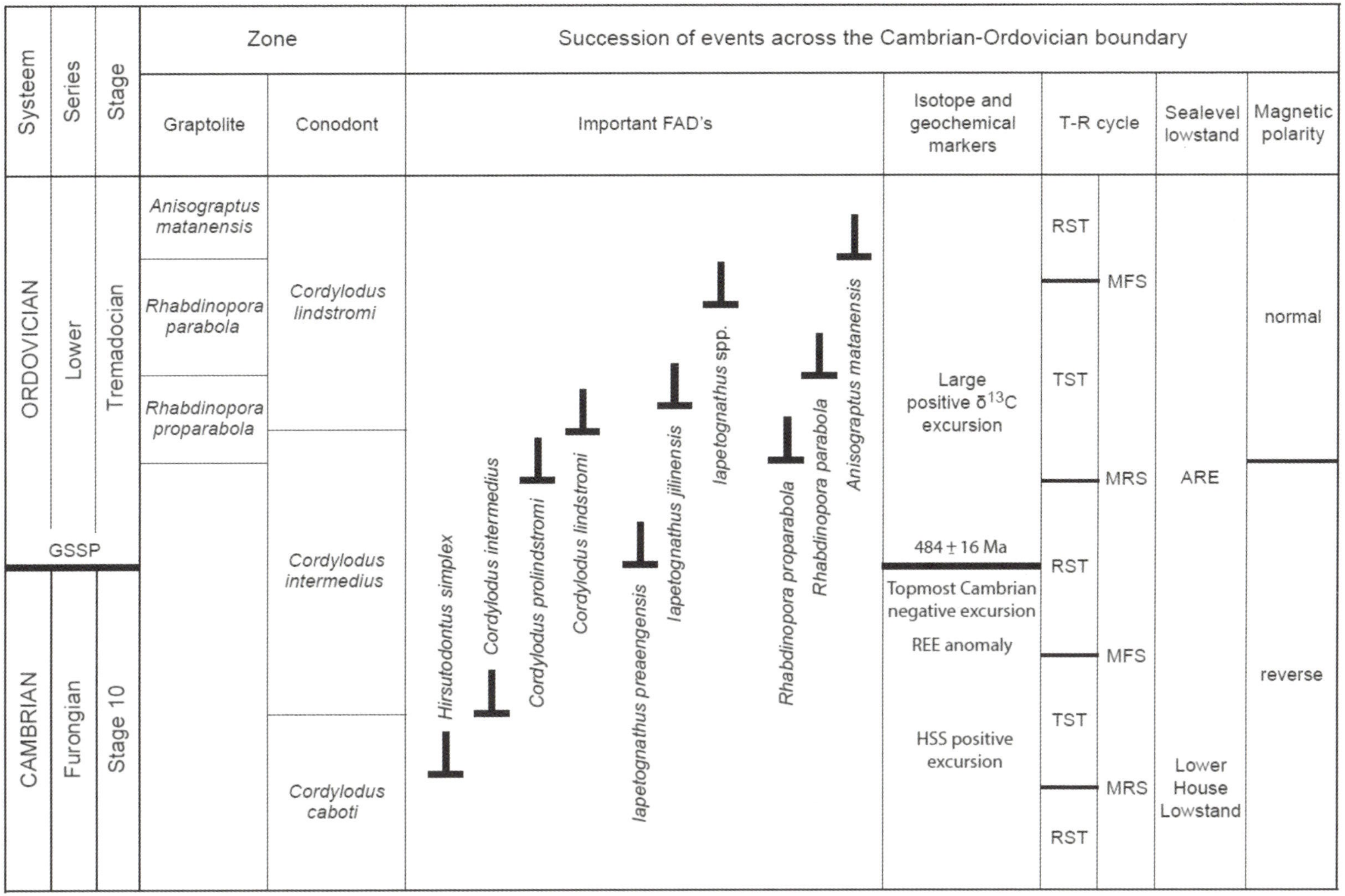

Figure 8. Succession of events in the late Cambrian and earliest Ordovician. All events are useful as proxies (same as fig.18 in Wang et al., 2019)

Sedimentation patterns represented by the strata containing the ASSP level of the Xiaoyangqiao section indicate a fairly stable carbonate-shale dominated environment next to the tropical outer platform. Deposition occurred below wave base and was not affected by significant lithofacies shifts, submarine erosion or non-deposition caused by sea-level fluctuations of eustatic or tectonic nature. The debris flow/tempestite breccias following above the ASSP level represented by lens-like bodies are not more than 25cm thick, and there is no evidence of significant erosion of underlying sediments at the time of deposition.

Detailed biostratigraphic (papers in Chen, 1985, 1986; Chen et al., 1988; Wang et al., 2019), lithostratigraphic (papers in Chen, 1986; Chen et al., 1988; Wang et al., 2019), sedimentologic (papers in Chen, 1986; Chen et al., 1988; Wang et al., 2019) and carbon-isotope chemostratigraphic studies (Ripperdan et al., 1992b, 1993; Chen et al., 1995; Wang et al., 2019) confirm uninterrupted sedimentation of deeper water carbonates through the upper Cambrian into Lower Ordovician.

The correlation of the Xiaoyangqiao section to the Lawson Cove ASSP section (Miller et al., 2015), the Green Point GSSP section (Cooper et al., 2001; Wang et al., 2019) and the Wa'ergang Section, Hunan, South China (Dong and Zhang, 2017) is shown in Figure 9. This correlation covers shallow water depositional setting (inner platform; Lawson cove), deeper water depositional setting (outer shelf to shelf margin; Xiaoyangqiao section), deep water setting (lower slope; Green Point GSSP section) and basinal deposition Wa'ergang section). The Xiaoyangqiao section occupies a 'strategic' position as it represents the important 'missing link' between the faunal successions of shallow water carbonate deposits (Lawson Cove ASSP section) and the deep water lower slope deposits (Green Point GSSP section) and the deepest water basinal succession (Wa'ergang section) and solves the longstanding problem correlating shallow water facies with shelly fossils with deep water facies with graptolites.

Suitability of the Xiaoyangqiao section as ASSP stratotype section

The level that precisely corresponds to the GSSP horizon in the Green Point Section and identified in the Xiaoyangqiao section (at +19.9m), is recorded within the upper *Cordylodus intermedius* Zone and below the FAD of planktonic graptolites (Wang et al., 2019). Several biotic and non-biotic proxies that are helping with the recognition of the Cambrian-Ordovician horizon, as it is fixed in the Green Point section, Western Newfoundland, Canada, have been precisely identified in the Xiaoyangqiao section and the

Green point GSSP section (Wang et al., 2019). These facts justify the proposal of Xiaoyangqiao section as global ASSP section for the base of the Ordovician System.

Conclusions

Recognition of the boundary between the Cambrian and Ordovician systems has been discussed globally over a long period (Papers in Geological Magazine 125, 1988). During the last couple of decades, several integrated studies of Cambrian-Ordovician boundary sections from different countries were published with the objective to show the presence of the chosen biological marker in these sections and the potential for correlation of the Cambrian-Ordovician boundary (e. g. Dubinina, 2000; Albanesi et al., 2015; Zhen et al., 2017). The formal paper introducing the Green Point GSSP section (Cooper et al., 2001) did not provide auxiliary sections to help the intercontinental correlation.

A GSSP section is never 100 percent perfect and the introduction of ASSP's provides means for precise intercontinental correlation to the global GSSP. The Cambrian-Ordovician boundary horizon is recorded from within the upper *Cordylodus intermedius* conodont Zone in the Xiaoyangqiao section (Wang et al., 2019), in the Lawson Cove ASSP section and the Wa'ergang section, South China (Dong and Zhang, 2017) (Fig. 9).

The succession of the Dayangcha beds at the Xiaoyangqiao section, Dayangcha, China, thus provides the means for the precise recognition of the GSSP horizon. This section is geographically, and was palaeogeographically, remote from the Green Point GSSP section. In comparison with coeval successions from Europe and Asia, the continuous Cambrian-Ordovician limestone-shale Dayangcha beds at the Xiaoyangqiao section in North China offers the best possibility to document the Cambrian-Ordovician transition over a wide area and on a global scale, because it comprises a complete conodont, graptolite, acritarch and trilobite succession. Moreover, the $\delta^{13}C_{carb}$-isotope data, the REE anomaly, sea-level curve, magnetostratigraphic information and sequence stratigraphy provide additional and important results, enabling precise comparison with the Green Point GSSP section (Fig. 8) and additional known key and widely spread sections in the world (Fig. 9).

The Xiaoyangqiao section, close to the township Dayangcha, is therefore recommended as global Auxiliary Boundary Stratigraphic Section and Point (ASSP) for the recognition of the base of the Ordovician System.

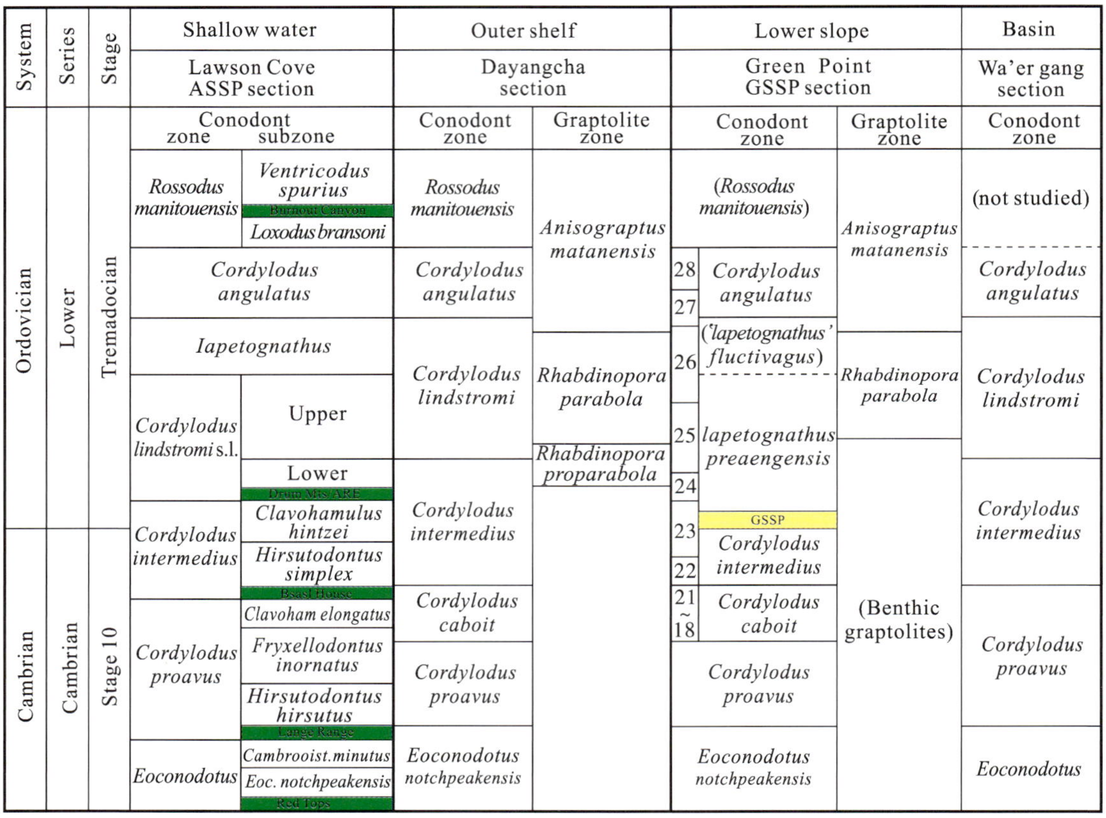

Figure 9. Correlation between Lawson Cove ASSP section, USA, (Miller et al., 2015), the proposed ASSP candidate Xiaoyangqiao section, North China (Wang et al., 2019), the Green Point GSSP section, Western Newfoundland, Canada (Cooper et al., 2001; Wang et al., 2019) and, the Wa'ergang section, Hunan, South China (Dong and Zhang, 2017). The Green marks in column of the Lawson Cove ASSP section represent lowstands (and gaps) and sequence boundaries (Miller et al., 2015). The yellow manks in the column of the Green Point GSSP section is the GSSP horizon in unit 23. (The numbers in the column for the Green Point GSSP section are lithological units of James and Stevens (1986).

Provisions for conservation, protection, and accessibility

The Xiaoyangqiao section (Figs. 1, 2) is located on public land, and is easily accessible for research without restriction. It is relatively close (less than 25km northeast) to the Baishan City, which is the main urban settlement of the region. The significance of the Xiaoyangqiao section is recognized by the Baishan and Jiangyuan Bureaus of Land and Resources of the Jiangyuan district and it has been included into the Cambrian-Ordovician protection zone since 1988, 1.5km to northeast of the Dayangcha town. Any building, landscaping or other activities related to landscape alteration or destruction are strictly prohibited, whereas access to the area for research purposes is unrestricted.

Acknowledgements

We are grateful to the China Ministry of Sciences and Technology and China Geological Survey for their financial support to the research project (No:2015FY310100-7;No:DD20160120-04). We also gratefully appreciate the support to the research project by Chinese Commission of Stratigraphy and Wuhan Center of China Geological Survey (WCCGS). Svend Stouge acknowledges financial support from the Carlsberg Foundation, Copenhagen, Denmark.

References

Albanesi G L M, Giuliano E, Pacheco F E, et al., 2015. Conodonts from the Cambrian-Ordovician Boundary in the Cordillera Oriental, NW Argentina. Stratigraphy, 12 (3-4): 237-256.

Azmy K, Stouge S, Brand U, et al., 2014. High-resolution chemostratigraphy of the Cambrian-Ordovician GSSP: Enchanced global correlation tool. Palaeogeography, Palaeoclimatology, Palaeoecology, 409: 135-144.

Bagnoli G, Barnes C R, Stevens R K, 1987. Lower Ordovician (Tremadocian) conodonts from Broom Point and Green Point, Western Newfoundland. Bollettino della Societa Paleontologica Italiana, 25(2): 145-158.

Barnes C R, 1988. The proposed Cambrian-Ordovician Global Boundary Stratotype and Point (GSSP) in Western Newfoundland, Canada. Geological Magazine, 125 (4): 381-414.

Bulman O M B, 1954. The graptolite fauna of the *Dictyonema* shales of the Oslo region. Norsk Geologisk Tidsskrift, 33 (1-2): 1-40.

Chen J Y, 1986. Aspects of the Cambrian-Ordovician Boundary in Dayangcha, China. China Prospect Publishing House, Beijing: 410.

Chen J Y, Gong W L, 1986. Conodonts. In: Chen J Y. Aspects of the Cambrian-Ordovician Boundary in Dayangcha, China. China Prospect Publishing House, Beijing: 93-223.

Chen J Y, Teichert C, Zhou Z, et al., 1983. Faunal sequence across the Cambrian-Ordovician Boundary in northern China and its international correlation. Geological et Palaeontologica, 17(5): 1-15.

Chen J Y, Qian Y Y, Lin Y K, et al., 1985. Study on Cambrian-Ordovician Boundary Strata and its Biota in Dayangcha, Hunjiang, Jilin, China. China Prospect Publishing House, Beijing: 139.

Chen J Y, Qian Y Y, Zhang J M, et al., 1988. The recommended Cambrian-Ordovician boundary stratotype of the Xiaoyangqiao section (Dayangcha, Jilin Province), China. Geological Magazine, 125 (4): 415-444.

Chen J Y, Zhang J M, Nicoll R S, et al., 1995. Carbon and oxygen isotopes in carbonate rocks within Cambrian-Ordovician boundary interval at Dayangcha, China. Acta Palaeontologica Sinica, 34 (4): 393-409.

Cho M, Lee Y, Kim T, et al., 2017. Tectonic evolution of Precambrian basement massifs and an adjoining fold-and-thrust belt (Gyeonggi Marginal Belt), Korea: Geosciences Journal, 21, 845-865.

Cooper R A, 1999. Ecostratigraphy, zonation and global correlation of earliest Ordovician planktic graptolites. Lethaia, 32 (1): 1-14.

Cooper R A, Maletz J, Wang H, Erdtmann B D, 1998. Taxonomy and evolution of earliest Ordovician graptoloids. Norsk Geologisk Tidsskrift, 78 (1): 3-32.

Cooper R A, Nowlan G S, Williams S H, 2001. Global Stratotype Section and Point for base of the Ordovician System. Episodes, 24 (1): 19-28.

Dong X P, Zhang H, 2017. Middle Cambrian through lowermost Ordovician conodonts from Hunan, South China. Journal of Paleontology 91, Memoir, 73: 1-89.

Dubinina S V, 1991. Upper Cambrian and Lower Ordovician associations from open ocean paleoenvironments, illustrated by Batyrbay and Sarykum sections in Kazakhstan. In C. R. Barnes and S. H. Williams (eds.). Advances in Ordovician Geology, Geological Survey of Canada, Paper: 90-9; 107-124.

Dubinina S V, 2000. Konodonty i zonal' naya stratigrafiya pogranichnykh otlozhenii kembriya i ordovika [Conodonts and zonal stratigraphy of the boundary interval of the Cambrian and Ordovician]. Transactions of the Russian Academy of Sciences, Geological Institute, 517: 1-239.

Embry A, Johannessen E, 1992. T-R sequence stratigraphy, facies analysis and reservoir distribution in the uppermost Triassic and Lower Jurassic succession, western Sverdrup Basin, Arctic Canada. In: Vorren T O, Bergsager E, Dahl-Stamnes Ø A, et al. Artic Geology and Petroleum Potential. Norvegian Petroleum Society, Special Publication, 2: 121-146.

Epstein A G, Epstein J P, Harris L, 1977. Conodont alteration-An index to organic metamorphism. United States Geological Survey Professional Paper, 995: 1-27.

Erdtmann B D, 1986. Review of lithofacies and graptolite-based biofacies of three critical Cambrian-Ordovician boundary stratotype sections. In: Chen J Y. Aspects of the Cambrian-Ordovician Boundary in Dayangcha, China. China Prospect Publishing House, Beijing: 374-391.

Erdtmann B D, 1988. The earliest Ordovician nematophorid graptolites: taxonomy and correlation. Geological Magazine, 125: 327-348.

Fortey R A, Landing E, Skevington D, 1982. Cambrian-Ordovician boundary sections in the Cow Head Group, western Newfoundland. In: Bassett M G, Dean W T. The Cambrian-Ordovician Boundary: Sections, Fossil Distributions, and Correlations. National Museum of Wales, Geological Series 3, Cardiff: 95-129.

Grabau A W, 1922. Ordovician fossils from North China. Palaeontology Sinica, Series B, No. 1: 1-127.

Hedberg H D, 1976. International Stratigraphic Guide. J. Wiley & Sons, New York: 1-200.

James N P, Stevens P K, 1986. Stratigraphy and correlation of the Cambro-Ordovician Cow Head Group, western Newfoundland. Geological Survey of Canada, Bulletin, 366: 1-143.

Kuo H C, Duan J E, An S L, 1982. Cambrian-Ordovician boundary in the North China Platform with description of trilobites. Journal of Jiling University, Earth Science Edition, 3: 9-28.

Lee J H, Chen J T, Chough S K, 2012. Demise of an extensive biostromal microbialite in the Furongian (late Cambrian) Chaomidian Formation, Shandong Province, China. Geosciences Journal, 16(3): 275-287.

Lee D C, Choh S J, Lee D J, et al., 2017. Where art thou "the great hiatus?"-review of Late Ordovician to Devonian fossil-bearing strata in thr Korean Peninsula and its tectonostratigraphic implications. Geosciences Journal, 21(6): 913-931.

Lin Y K, 1985. Graptolites. In: Chen J Y, Qian Y Y, Lin Y K, et al. Study of Cambrian-Ordovician boundary strata and its biota in Dayangcha, Hunjiang, Jilin, China. China Prospect Publishing House: 55-65.

Lin Y K, 1986. A new planktonic graptolite fauna. In: Chen J Y. Aspects of the Cambrian-Ordovician Boundary in Dayangcha, China. China Prospect Publishing House, Beijing: 224-254.

Maletz J, Wang X F, Wang C S, et al., 2017. The earliest planktic graptolites: taxonomy and correlation. In: Wang X F, Stouge S, Maletz J, et al. Field Guide and Abstracts for the Dayangcha International Workshop on the Cambrian-Ordovician Boundary. Wuhan Center of China Geological Survey, 2017, 9: 64-66.

Meng X, Ge M, Taylor M E, 1997. Sequence stratigraphy, sea-level changes and depositional systems in the Cambro-Ordovician of the North China carbonate platform. Sedimentary Geology, 114: 189-222.

Meyerhoff A A, Kamen-Kaye M, Chen C, et al., 1991. Stratigraphy, Palaeogeography and Tectonics. Kluwer Academic Publishers, Dordrecht: 188.

Miller J F, 1980. Taxonomic revisions of some Upper Cambrian and Lower Ordovician conodonts with comments on their evolution. University of Kansas, Paleontological Contributions, 99: 1-39.

Miller J F, 2016. The Auxiliary Boundary Stratigraphic Section and Point (ASSP) for the base of the Ordovician System at Lawson Cove, Ibex Area, Utah, USA. In: McIlroy, D. (ed.), International Symposium on the Ediacaran-Cambrian Transition 2017, Abstract Volume, 76.

Miller J F, Flokstra B R, 1999. Graphic correlation of important Cambrian-Ordovician boundary sections. Quo Vadis Ordovician-Short Papers of the Eigth International Symposium on the Ordovician System. Acta Universitatis Carolinae, Geologica, 43 (12): 81-84.

Miller J F, Evans K R, Loch J D, et al., 2003. Stratigraphy of the Sauk Ⅲ Interval (Cambrian-Ordovivian) in the Ibex area, Wesern Millard County, Utah and Central Texa. Brigham Young University Geology Studies, 47: 21-118.

Miller F F, Evans K R, Ethington R, et al., 2015. Proposed auxiliary Boundary Stratigraphic Section and Point (ASSP) for the base of the Ordovician System at Lawson Cove, Utah, USA. Stratigraphy, 12 (3-4): 219-236.

Nicoll R S, Miller J F, Nowlan G S, et al., 1999. *Iapetonudus* (n. gen.) and *Iapetognathus* Landing, unusual earliest Ordovician multielement conodont taxa and their utility for biostratigraphy. Brigham Young University Geology Studies, 44: 27-101.

Nowlan G. S, Nicoll R S, 1995. Re-examination of the conodont biostratigraphy at the Cambrian-Ordovician Xiaoyangqiao section, Dayangcha, Jilin Province, China. In: Cooper J D. Ordovician Odyssey: Short Papers for the Seventh International Symposium on the Ordovician System. Pacific Section of Society for Sedimentary Geology (SEPM), Book, 77: 113-116.

Pander C H, 1856. Monographie der fossilen Fische des silurischen Systems der Russich-Baltischen Gouvernements. Akademie der Wissenschaften, St. Petersburg: 91.

Qian Y Y, 1986. Trilobites. In: Chen J Y. Aspects of the Cambrian-Ordovician Boundary in Dayangcha, China. China Prospect Publishing House, Beijing: 255-306.

Remane J, Bassett M G, Cowie J W, et al., 1996. Revised guidelines for the establishment of Global chronostratigraphic standards by the International Commission on Stratigraphy (ICS). Episodes, 19(3): 77-81.

Ripperdan R L, Kirschvink J L, 1992a. Paleomagnetic results from the Cambrian-

Ordovician boundary sections at Black Mountain, Georgina Basin, western Queensland, Australia. In: Webby B D, Laurie J R. Global Perspectives on Ordovician Geology A A. Balkema, Rotterdam: 93-103.

Ripperdan R L, Magaritz M, Nicoll R S, et al., 1992b. Simultaneous changes in carbon isotopes, sea level, and conodont biozones within the Cambrian-Ordovician boundary interval at Black Mountain, Australia. Geology, 20: 1039-1042.

Ripperdan R L, Magaritz M, Kirschvink J L, 1993. Carbon isotope and magnetic polarity evidence for non-depositional events within the Cambrian-Ordovician boundary section near Dayangcha, Jilin Province, China. Geological Magazine, 130(4): 443-452.

Ruedemann R, 1937. A new North American graptolite faunule. American Journal of Science, 33(193): 57-62.

Stouge S, Bagnoli G, McIlroy D, 2017. Cambrian-Middle Ordovician Platform-slope Stratigraphy, Palaeontology and Geochemistry of Western Newfoundland. Geological Survey of Newfoundland and Labrador, Open File 012B/0692, 106 pp.

Terfelt F, Bagnoli G, Stouge S, 2012. Re-evaluation of the conodont *Iapetognathus* and implications for the base of the Ordovician System GSSP. Lethaia, 45: 227-237.

Wang H, Chu X, Liu B, et al., 1985. English explanation of the 'Atlas of the palaeogegraphy of China'. Pts I and Ⅱ, 25pp. Atlas of the palaeogeography of China. Cartographic Pub. House, Beijing, China (in Chinese with English summary): 1–82, 143 plates, Appendix Ⅰ, Ⅱ.

Wang X F, Erdtmann B D, 1987. Zonation and correlation of the earliest Ordovician graptolites from Hunjiang, Jilin Province, China. Bulletin of the Geological Society of Denmark 35, 245-257.

Wang X F, Chen X , Chen X H, et al., 1996. Stratigraphical Lexicon of China—The Ordovician System. Geological Publishing House, Beijing: 192.

Wang X F, Stouge S, Maletz J, et al., 2017. Field Guide and Abstracts for the Dayangcha International Workshop on the Cambrian-Ordovician boundary. Wuhan Center of China Geological Survey. Open file report 2017, 9: 90.

Wang X F, Stouge S, Maletz J, et al., 2019. Correlatiing the global Cambrian-Ordovician boundary: Precise comparison of the Xiaoyangqiao section, Dayangcha, North China with the Green Point GSSP sections, Newfoundland, Canada. Palaeoworld, 23: 43-275.

Wang Z H, Zhen Y Y, Zhang Y D, et al., 2016. Review of the Ordovician conodont biostratigraphy in the different facies of North China. Journal of Stratigraphy, 46(1): 1-16.

Yang Y D, Wang Y X, Tao X C, et al., 1986. Rb-Sr dating on the Cambrian-Ordovician boundary interval. In: Chen J Y. Aspects of the Cambrian-Ordovician Boundary in Dayangcha, China. China Prospect Publishing House, Beijing, :72-82.

Yin L M, 1985. Acritarchs. In: Chen J Y, Qian Y Y, Lin Y K, et al. Study on Cambrian-Ordovician Boundary Strata and Its Biota in Dayangcha, Hunjiang, Jilin, China. China Prospect Publishing House, Beijing: 101-112.

Yin L M, 1986. Acritarchs. In: Chen J Y. , Aspects of the Cambrian-Ordovician Boundary in Dayangcha, China. China Prospect Publishing House, Beijing: 313-373.

Zhang J M, 1986. Description of sections. In: Chen: J Y. Aspects of the Cambrian-Ordovician Boundary in Dayangcha, China. China Prospect Publishing House, Beijing: 7-14.

Zhang J M, Chen J Y. 1986. Lithofacies sequence. In: Chen J Y., Aspects of the Cambrian-Ordovician Boundary in Dayangcha, China. China Prospect Publishing House, Beijing: 15-34.

Zhang J M, Wang H F, Li G X, et al., 1996. Redescription of the Dayangcha section as a candidate for the Global Cambrian-Ordovician Boundary Stratotype, Jilin Province, China. Journal of Stratigraphy, 20 (2): 81-103.

Zhang W T, 1962. Ordovician of China. Symposium on Stratigraphy of China. Science Press, Beijing: 62. (in Chinese).

Zhang Y D, Erdtmann B D, 2004. Tremadocian (Ordovician) biostratigraphy and graptolites at Dayangcha (Baishan, Jilin, NE China). Paläontologische Zeitschrift, 78 (2): 323-354.

Zhen Y Y, Zhang Y D, Wang Z H, et al., 2016. Huaiyuan Epeirogeny—Shaping Ordovician stratigraphy and sedimentation on the North China Platform. Palaeogeography, Palaeoclimatology, Palaeoecology, 448: 363-370.

Zhen Y Y, Percival I G, Webby B D, 2017. Discovery of *Iapetognathus* fauna from far western New South Wales: towards a more precisely defined Cambrian-Ordovician boundary in Australia. Australia Journal of Earth Sciences, 64(4): 487-496.

Zheng Y F, Xiao W J, Zhao G C. , 2013. Introduction to tectonics of China. Gondwana Research 23, 1189-1206.

Zhou Z Y, Wang Z H, Zhang J M, 1984. Cambrian-Ordovician boundary and the proposed candidates for stratotype in North and Northeastern China. In: Nanjing Institute of Geology and Palaeontology, Academia Sinica (Ed.), Cambrian-Ordovician Boundary (2). Anhui Science and Technology Publishing House, Hefei: 1-62.

Zhu R X, Yang J H, Wu F Y, 2012. Timing of destruction of the North China Craton. Lithos, 149: 51-60.

附件 2

The Xiaoyangqiao section, Dayangcha, North China approved as ASSP and SABS by ISOS

（国际奥陶系分会批准中国北方大阳岔小洋桥剖面为全球辅助层型剖面和点位以及标准辅助层型的通知）

INTERNATIONAL COMMISSION ON STRATIGRAPHY

SUBCOMMISSION ON ORDOVICIAN STRATIGRAPHY

2019

Dr Wang Xiao-Feng
Wuhan Center of China Geological Survey (Wuhan Institute of Geology & Mineral Resources)

Dear Dr Wang,
We are happy to inform you that as a result of the ballot recently conducted among Voting Members of the Subcommission on Ordovician Stratigraphy, the proposal that **the Xiaoyangqiao section at Dayangcha of North China be approved as an Auxilliary Stratigraphic Section and Point (ASSP) for the base of the Ordovician System** has now been formally adopted by the Subcommission.

This means that the Xiaoyangqiao section is one of only two ASSPs approved worldwide (the other being in Utah of North America) that provide a regional reference section to correlate with the Global Stratigraphic Section and Point (GSSP) for the base of the Ordovician System. This is especially important for North China (one of three tectonic blocks comprising China during the Ordovician) as it was remote from the GSSP in Newfoundland.

Please convey this good news to the members of your international team, and also to local officials with responsibility for the Dayangcha area. It is crucial that this highly significant site be protected and access to it be maintained for the benefit of those in the international scientific community who may wish to visit the region and inspect this ASSP for themselves.

With our best regards,

For the Subcommission on Ordovician Stratigraphy

David Harper

Chair: Dr Andrei Dronov

Past Chair: Professor David Harper (U.K.)

Vice-Chair: Dr Thomas Servais (France)

Ian Percival

Secretary: Dr Ian Percival (Australia)

Subcommission on Ordovician Stratigraphy

Lille, October 2023

To
Prof. WANG Xiaofeng
and the Working Group on the Xiaoyangqiao section

Dear Prof. Wang and colleagues,

In 2019 the Subcommission on the Ordovician System approved the Xiaoyangqiao section, North China, as a new *Auxiliary Boundary Stratotype Section and Point* (ASSP) section for the base of the Ordovician System.

In 2022, the International Commission on Stratigraphy (ICS) approved the proposal by the ICS Subcommission on Stratigraphic Classification (ISSC) that the *Standard Auxiliary Boundary Stratotype* (SABS) should formally replace the *Auxiliary Boundary Stratotype Section and Point* (ASSP). All ASSPs already approved by the ICS subcommissions will be known as a SABS.

Thus, the Xiaoyangqiao section, that serves as an ASSP for the Cambrian-Ordovician boundary, approved by the SOS, is now formally recognized as a *Standard Auxiliary Boundary Stratotype* (SABS).

On behalf of the Subcommission on Ordovician Stratigraphy, I congratulate you and your working group for your work to get the Xiaoyangqiao section accepted as an ASSP and now a SABS.

Yours sincerely,

Dr. Thomas Servais
Research Director CNRS
CHAIR, SUBCOMMISSION ON ORDOVICIAN STRATIGRAPHY

UMR 8198 CNRS
Evolution, Ecology Paleontology Research Unit
Faculty of Sciences (FST)
Lille University
e-mail: thomas.servais@univ-lille.fr

附件 3

Approach to the Xiaoyangqiao section
——the New SABS of the Cambrian-Ordovician Boundary
(走进小洋桥剖面
——新的全球寒武-奥陶系界线标准辅助层型)

Xiaofeng Wang[1], Chuanshang Wang[1], Svend Stouge[2], Chunbo Yan[1], Jörg Maletz[3]

1. Wuhan Center of China Geological Survey, Wuhan, China; ycwangxiaofeng@ 163.com; wangchuanshang@ 163.com; yanchunbo123@ 163.com
2. Natural History Museum of Denmark, University of Copenhagen, Copenhagen, Denmark; svends@ snm.ku.dk
3. Institute of Geology, Free University of Berlin, Germany; yorge@ zedat.fu-berlin.de

Abstract: The new ASSP (now revised as SABS) (Martin et al., 2022a, b) for the Cambrian-Ordovician boundary exposed at the Xiaoyangqiao section, North China is presented in the overview. The distribution of stratigraphically important fossils in the Xiaoyangqiao ASSP section revealed several nearly coeval graptolite, conodont, trilobite, and acritarch bioevents in the uppermost Cambrian-lowermost Ordovician carbonate-siliciclastic sedimentary sequence. The precise correlation to the Green Point GSSP section, Western Newfoundland, Canada allows for the identification of the corresponding, but exact GSSP level in the Xiaoyangqiao section. High precise and integrated study from the Xiaoyangqiao section and the Green Point GSSP section provide a series of events that all can be applied as proxies for identification of the Cambrian-Ordovician boundary horizon outside the GSSP. Based on this, the Xiaoyangqiao section, Dayangcha, is approved in the May of 2019 by the Subcommission on Ordovician Stratigraphy for an Auxiliary Boundary Stratigraphic Section and Point section (ASSP) [now revised as Standard Auxiliary Boundary Stratotype (SABS) by ICS (Martin et al., 2022b)] for the base of the Ordovician System, because it provides one of the best and most complete Cambrian-Ordovician transitions in the world and because the first planktic graptolites are from the Xiaoyangqiao section. The Integrated study of the Xiaoyangqiao section indicated that the corresponding GSSP horizon for the Cambrian-Ordovician boundary fixed in the Green Point GSSP section is located at ca +19.9m (±0.2m) above the marked reference horizon—the massive stromatolites limestone, in the new SABS, or 1.6m above the base of *C. intermedius* Zone (Bed 22) at 18.3 (±0.2m), 1m below the FAD of *Rhabdinopora proparabola* at +20.9 m (BD 26a) and 1.5 m below the base of the *Cordylodus lindstromi* conodont Zone at +21.4 m (BD 27) (Wang et al., 2019, 2021). It is quite closely associated with the shift from prominent negative values towards the positive values of the $\delta^{13}C_{carb}$ profile and easy to recognized and correlated in anywhere of the world.

1 Introduction

In the past 20 years, there have been tremendous advances in understanding of the Cambrian-Ordovician boundary on the basis of the study of the GSSP fixed at Green Point, Newfoundland in 2001. Recent discoveries and knowledge of fossils (conodonts, graptolites, trilobites, acritarchs etc.), radiometric dates and chemo-stratigraphic data have been published at an unprecedented pace. In the meantime, because each research group has been working more or less independently, there have been numerous discrepancies and inconsistencies with regard to important biomarkers of the Cambrian-Ordovician boundary and its relation to chemostratigraphic excursions, and sequence stratigraphic surfaces. The new Xiaoyangqiao Standard Auxiliary Boundary Stratotype (SABS) for the base of the Ordovician System, Dayangcha Village, Baishan City, Jilin Province at a position of 42°3′24″N, 126°42′21″E (Fig. 1) provides a well-preserved, abundant and diverse fossil record across the boundary in association with a positive carbon isotopic excursion with the maximum peak (named HSS) below the boundary, a prominent unnamed negative peak immediately below the boundary and a prominent carbon isotope excursion with positive peaks above the boundary. The latter excursion is associated with the appearance of the first planktonic graptolites in the Ordovician. The strength of the unique Xiaoyangqiao SABS section is the perfect evolutional series of well-preserved conodonts and graptolites and their correspondence of sea-level lowstands, and the matches of geochemical parameters relevance to the Cambrian-Ordovician boundary interval (Figs.1,2).The field guide modified is based on the "Field Guide and Abstracts for the Dayangcha International Workshop on the Cambrian-Ordovician boundary." (Wang et al., 2017). It offers an information and data to visit the Xiaoyangqiao section and examine the New SABS and its boundary markers successfully used for correlation to the Green Point GSSP section in Western Newfoundland, Canada and the Lawson Cove ASSP section, USA and further demonstrates that the Xiaoyangqiao section provide a strong foundation for the recognizing of the global Cambrian-Ordovician boundary level and its international correlation (Wang et al., 2019, 2021), which is described herein near Dayangcha, together with the exploration of the feasibility of re-defining a set of criteria for subdivision and correlation of the Cambrian-Ordovician boundary, in China and beyond.

2 Geological setting

Based on the integrated studies of the Cambrian-Ordovician stratigraphy and its successions, lithological, lithofacies, biological assemblages and paleogeographic characters, it is shown that China in the Ordovician period, as for the Late Cambrian (Furongian), might be subdivided into the North China plate (NC) (or Sino-Korean plate), Yangtze plate (YC), Tarim plate and parts of Cathaysia (CTH), Hainan-Indo-China, Xizang-West Yunna Terrains, including Lhasa massif and part of continental shelf of Sibumasu (or Shan Thai) and part of continental margin (i.e. the Tianshan-Xing'an region of the Siberia plate [Fig. 2 (a)] (Wang et al., 1996, 2016, Pan, G. T. et al., 2016). They are separated by convergent zones, indicating the oceanic basins with different depths and widths existed during the Ordovician. These plates, therefore, are regarded as different tectono-paleogeographic regions based on their lithofacies, biofacies and paleographic characteristics.

Jilin Province is located in the central part of northeastern China about 650 km long and about 300km wide, a total of about 183000km^2 (Fig.3). It is bordered by Heilongjiang Province in the north, Liaoning Province in the South and Nei Mongol Zizhiqu (Autonomous region) in the west. lts south-eastern portion of Jilin Province is facing the Korean Peninsula at the Yalu and Tum rivers and the eastern end Russia.

During Cambrian-Ordovician Jilin Province may be divided into two tectono-paleogeographic units along the Changchun-Yanji, i.e. the Xing'an region of the Tianshan-Xing'an continental margin and the north shelf of the North China platform (JBGMR, 1988, 1998) [Fig. 2 (a), (b), 3 (b)]. They are separated by the convergent zone extending from Wenduermiao of Nei Mongol in the west to the Xar Moron River to the North of Changchun in the east. The Ordovician deposits in northern Jilin Province belongs to the active continental marginal belt of the Xing'an region. The relatively stable Ordovician deposits belonging to northern shelf of the North China platform is mainly exposed in southeast Jilin Province and the Tonghua-Baishan (Hunjiang) areas.

Figure 1. The Xiaoyangqiao SABS section, Dayangcha, Jilin Province and its markers of protection zone.

(a) The monument next to the Xiaoyangqiao SABS section in the Cambrian-Ordovician protection zone.

(b) Monument site. The Baishan City and Jiangyuan District Government erected the monument for the protection of Cambrian-Ordovician boundary section ;

(c) The Xiaoyangqiao SABS section lying along the northwest side of a small rivulet-a tributary of the Hunjiang (river), geographical coordinates are 42° 3′ 24″ N, 126° 42′ 21″ E. The yellow line shows the marked baseline of the section with the stromatolite horizon (1.6m thick).

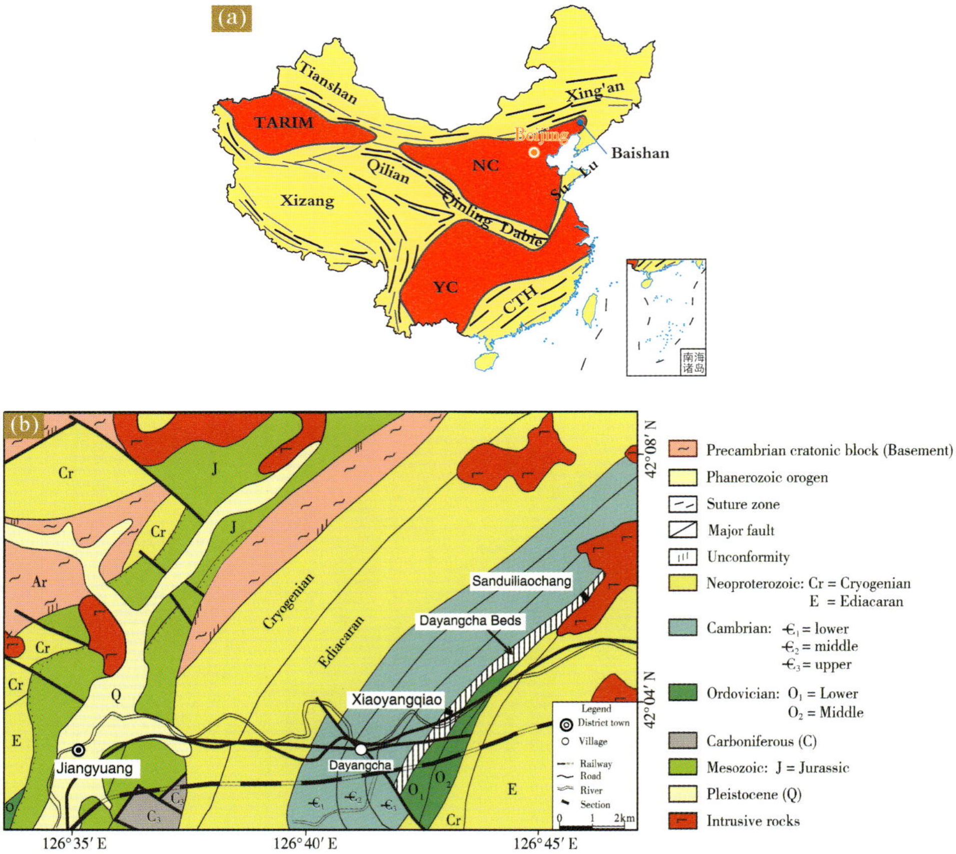

Figure 2. Geological map of Dayangcha area, Baishan City, Jilin China and the Xiaoyangqiao section

(a) The Ordovician tectono-paleogegraphic outline map in China. NC: North China plate; YZ: Yangtze Plate; CTH: Cathaysia Massif.

(b) Geological map of Dayangcha area, Jiangyuan [modified from Jinlin Bureau of Geology and Mineral Resources (JBGMR), 1988] and from Wang et al., 2019, Fig.1(b).

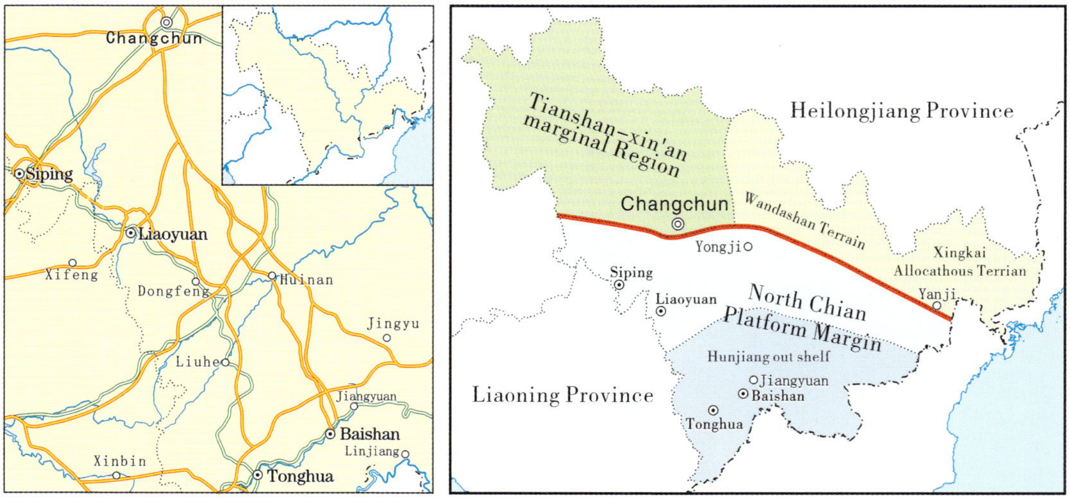

Figure 3. Early Palaeozoic tectono-paleogeographic regionalization of the Jilin, NE China with a sketch map of traffic and locality of Dayangcha, Jiangyuan, Jilin Province

(a) Traffic and locality sketch map of Dayangcha; (b) tectono-paleogeographic regionalization of the Jilin Province

The Cambrian in the Xing'an region is dominated by metamorphic volcanic rocks, siliciclastic and carbonate sediments with several thousand meters in thickness, and discontinuous outcrops in the Da-Xing'an and Xiao-Xing'an mountain areas. The rocks probably represent the continental margin arc-island deposits of the Siberian plate. A few trilobites and archaeocyathids fossils have been found in the shallow carbonaceous interbeds in Yichun and the Yi´ershi areas, indicating relationship to the Siberian plate (Jilin Bureau of Geology and Mineral Resources (JBGMR), 1988, 1998).

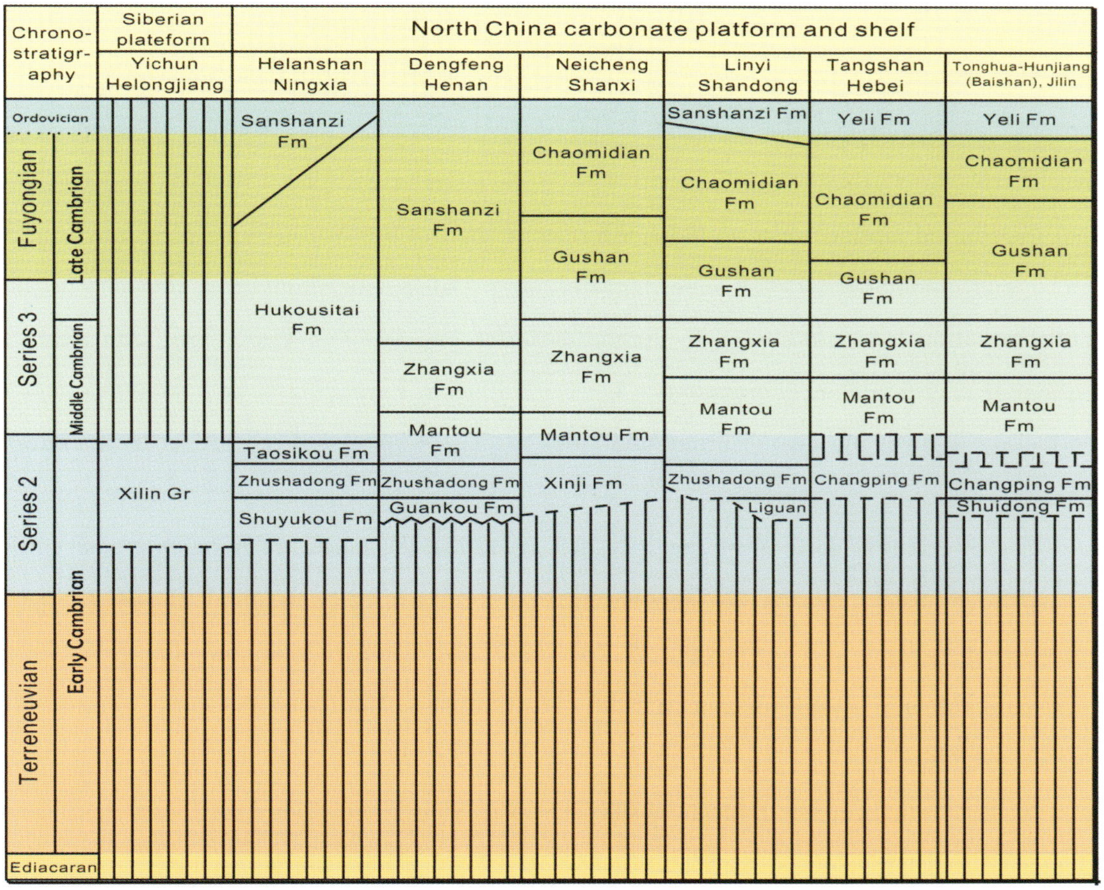

Figure 4. Principal Cambrian lithostratigraphic subdivision and correlation in the North China plate (Modified from Peng S.C., 2018)

The Cambrian belonging to the northern marginal shelf of the North China platform are discontinuous exposed in three elongated basins, named the Yalujiang river, Hunjiang river and Santonghe river along EW, NE and NNE direction. It is disconformably overlain on the Ediacaran strata and lacks the Early Cambrian, Terreneuvian deposits. Overlying Cambrian strata from Series 2 to Furongian are well exposed and characterized by the shallow shelf to outer-shelf carbonate and siliciclastic sediments, yielding abundant fossils (Figs.3, 4).

The active succession of Ordovician of Jilin Province are restricted to the north of the province and are exposed in the north of Changchun to Yanji along a line, showing volcanic arc-island sediments of the Xing'an continental marginal region [Figs.3(a)]. It is mainly composed of intermediate-acid volcanic sedimentary deposits intercalated with slate, marble and siliceous rocks, 2571-6500 m thick and usually absent of the lower and upper Ordovician deposits. Coral fossils, *Sinkiangolasm*, *Tamnopora*, *Leonasma*, have been recorded from the marble interbeds (JBGMR, 1988).

In SE Jilin Province, the Ordovician deposits are mainly present in the Yalujiang, Hunjiang and Santonghe areas along NE and EW direction [Figs.2(b), 3(b)], of which the Lower-Middle Ordovician in Tonghua-Hunjiang area is well-developed with plenty of various fossils, but usually lack the Middle-Late Ordovician and Silurian deposits. It is overlain by the Carboniferous deposits. The Ordovician in SE Jilin Province is similar to that distributed around western and southwestern shelf of the North China platform [Fig.3(b)] and dominated by carbonate deposits, intercalated with siliciclastic deposits in the Yeli Formation. It is subdivided in ascending order into the Yeli Formation, Liangjiashan Formation, Xiamajiagou Formation (Lower Majiagou Formation) and Shangmajiagou Formation (Upper Majiagou Formation), with a total of about 600 m-700 m in thickness (Fig.5).

The Silurian of North Jilin Province is scattered in the north of Changchun and Yanji areas. The Silurian deposits are accumulated in the Xing'an continental margin trough, surrounded by land, and are composed of flysch clastic deposits intercalated with volcanic rocks and volcanic clastic rocks with 5000 m in thickness. The lower and upper boundaries are not yet clear.

In the South Jilin, the Silurian mainly found in Siping and Rongji of Changchun areas located in the northernmost marginal slope of the North China platform [Fig.3(b)]. The Llandovery Taoshan Formation, consisting of metamorphic volcanic deposits of ca.3200 m in thickness, yields graptolites of the *Rastrites linnaei to Stomatograptus grandis-Oktavites spiralis* Zones from the grey-black shale interbeds of the Taoshan Formation in Yichun County closed to Changchun (JBGMR, 1998). The overlying Zhangjiatuan Formation exposed in the south of Rongji City is composed of silty mudstones and siltstones in the lower part, tuffaceous gravel sandstones and tuffs in the middle part and siliceous mudstones and siltystone in the upper part, a total of 1450 m, yielding brachiopods, trilobites and corals in the lower part. The overlying Erdaogou Formation yields the brachipods *Retziella* fauna in the limestone interbeds, indicating a Ludlow-Pridoli age. The lower and upper boundaries are not exposed (JBGMR, 1989).

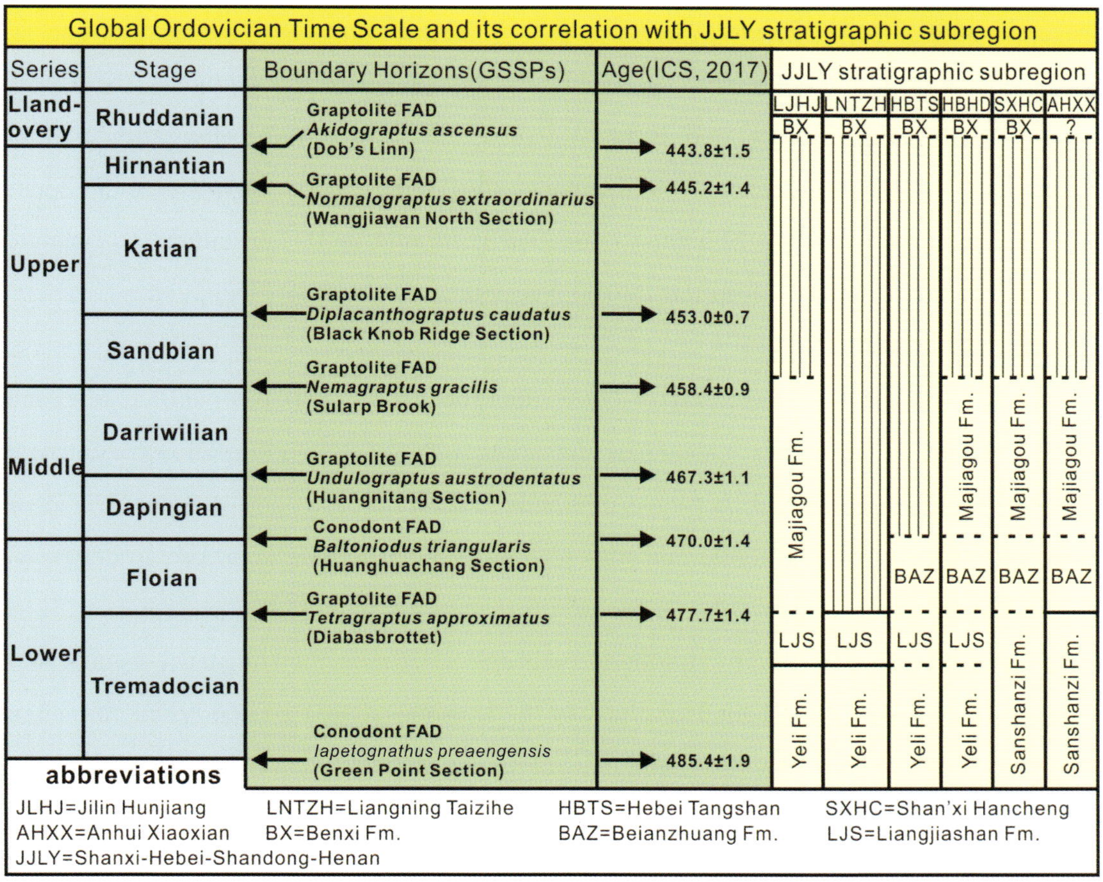

Figure 5. Ordovician lithostratigraphic subdivision and correlation in North China Platform

3 Stratigraphy

The Cambrian-Ordovician deposits belonging to the North China platform margin are mainly exposed in Tonghua-Jiangyuan (Hunjiang) areas [Figs.2(b), 3(b), 4, 5].

3.1 Cambrian

The Cambrian in South Jilin is made up by marine siliciclastic and carbonate sedimentary rocks. Based on the litho-, bio-and chorono-stratigraphic division made by JBGMR (1988), it can be subdivided in ascending order into the Shuitong and Changping (Jianchang) formations in Series 2, the Mantou and Zhangxia formations in Series 3 and the Gushan, Chaomidian formations in Furongian Series, with a maximum thickness of 2300 m. The Lower Cambrian Terreneuvian deposits are absent there [Figs. 3.6(a), 7(a)].

Shuidong Formation ($\text{Є}_2 s$)

It is composed of grey purple phosphatic sandstones and conglomerate sandstones, bearing small shelly fossils in the lower part, purple-yellow thin-bedded phosphorus conglomerate, silty phosphorites intercalated with fine grained sandstones containing glauconites in the middle part and purple-reddish and yellowish thin-bedded siltstones in the upper part, a total of several meters--45 m or so, showing restricted sea deposits of platform margin. It underlain disconformably by the Qinggouzi Formation of the Upper Ediacaran (Sinian) System, and is equivalent to the Upper Meishucun Formation in Yunnan Province or the Tianzhushan Member in the Yangtze Gorges area in South China. The stratotype section of the Shuidong Formation is located in Da'an village of Tonghua City and its reference section in the Liudaojiang village of Baishan (Hunjiang).

Changping Formation (Є_2c)

It is dominated by grey, grayish-black thick-bedded to massive mottled silty and micritic dolomitic limestones, calcareous dolomites and bituminous limestones with algal limestones and white banded limestone interbeds in the lower part and limestones bearing trilobites *Redlichia* in the middle and upper parts in the Hunjiang area. The stratotype of this formation is situated in Changping, Beijing, showing a tidal flat environment. It is usually 43-79m thick, gradually thining to eastwards to 30m in the Qinggouzi section near Baishan (Hunjinag) and about 16m thick in the Dayangcha area (Fig.6). This formation is conformably overlying on the Shuidong Formation and disconformably underlying the Mantou Formation (Fig.4).

Mantou Formation (Є_2m)

The Mantou Formation here includes the Mantou, Maozhuang and Xuzhuang formations defined by JBGMR (1988) and Peng S.C. (2018) based on the lithological similarity and subdivision principle of litho-stratigraphic division (Hedberg, H.D. (ed.), 1976, Salvador, A., 1994). The stratotype of this formation is located in the Mantou Hill to the south of Zhangxia Town, Changqing, Shandong Province. It is composed of a set of purple-reddish shales and siltstones with rare thin-bedded limestone interbeds. In Hunjiang area of Jilin Province the lower part (named Dongre Member) of this formation, about 45m to 150m thick, is composed of brick-red, purple, purple-red and variegated siltstones, shales intercalated with conglomeratic dolomites in the basal part and dolosiltites, mudy dolomites and laminated dolomites, bearing gypsum in the middle-upper parts, showing a sedimentary environment of restricted basin. The upper part of the formation (called Hekou Member) is characterized by clastic deposits consisting of purple-reddish mica siltstone, silty shales with thin-bedded limestones and oolitic limestones bearing plenty of trilobites (*Shantunggaspis*, *Kochaspis* etc.). Representative section is located in the Qinggouzi near Baishan (Hunjiang) (126°23′E, 41°56′N), with about 150m in thickness (Fig.6).

Zhangxia Formation($\epsilon_3 z$)

This formation, overlying conformably the yellow-greenish siltstones of the uppermost Mantou Formation and underlying the purple-red siltstones of the lowest Gushan Formation, is composed of light grey, thick-bedded and medium-thick bedded bioclastic limestone, oolitic limestone and glauconitic limestones as well as micritic and sparite intercalated with thin-bedded limestones and shales in lowest and uppermost parts, containing in ascending order trilobites of *Creticephalina*, *Amphoton*, *Taizeia*, *Leipeishania*, *Damesilla* Zones. This formation is widespread in the Hunjiang area. The type section with 100-120m thick is located in Qinggouzi (Hunjiang area) (126° 23′ E, 41° 56′ N) (Fig.6).

Figure 6. (a) Showing the section across the Cambrian Shuidong Formation to lowest Ordovician Yeli Formation at Qinggouzi near Badaojiang Town, Baishan (Hunjiang) (Modified from JIGRS 1988), (b) Geographic sketch location of original Qinggouzi (from Wang & Erdtmann, 1986), (c) The Uppermost Cambrian rock exposed near the dam of Qingshan artificial lake (original Qinggouzi Lake), (d) The Xiaoyangqiao section (to be taked in 1985) (from Wang & Erdtmann, 1987). R: the locality of the *Rhabdinopora campanulatum* (originally called *R. parabola*) band in the Xiaoyangqiao section near Dayangcha, A the *Anisograptus* band at the base of the *Anisograptus mataensis* Zone, (e) The Qinggouzi Cambrian-Ordovician boundary section exposed in the month sides of a cave close to the gate of the Qingsha Lake. R: the locality and horizon of the *R. campanulatum* band. The graptolites of *Anisograptus* Zone occur 2.5m above the *Rhabdinopora campanulatum* Zone (originally *R. parabola* Zone) (Wang X.F.& Erdtmann, B.-D. 1986, 1987).

Gushan Formation ($€_{3\text{-}4}g$)

The Gushan Formation revised in this area includes the original Gushan Formation and most parts or the whole part of overlying Changshan Formation (JBGMR, 1998; Peng S.C., 2018). It is dominated by a set of clastic rocks with thin-bedded limestone lens, about 130m thick in the Qinggouzi section of Hunjiang (Fig.6). Its lower part is composed of purple shale, siltstones with thin-bedded limestones or edgewise limestones and upper part of purple shales, siltstones with banded limestone interbeds, yielding plenty of trilobites of the *Prochuangia*, *Chuangia*, *Changshania*, *Maladiotella*, *Kaolishania* Zones. This formation is interpreted as relatively stable deposits of inter-tidal and sub-tidal environment.

Chaomidian Formation (Original Fengshan Formation) ($€_4c$)

This formation, used to be called the Chaomidian limestone, was established and named by Willis & Blackwelder (1907) in Chaomidian village near Gushan Town of Changqing County, Shandong Province. Lu and Dong (1952) subdivided it into the Changshan and Fengshan Formations. Since the Changshan Formation is combined with and referred to the Gushan Formation based on the lithological similarity and the Fengshan Formation was revised as a regional chronostratigraphic unit. The original Fengshan Formation, as a lithological unit, was replaced by the Chaomidian Formation (JBGMR, 1998). It is basically identical to the Fengshan Formation as it recognized in south Jilin and mainly composed of sand-clastic limestone, alge-limestone, micrite and sparite limestones, intercalated with yellow-green shale, yielding in ascending order trilobites, of the *Tsinania-Ptychaspis* Zone, *Changia* Zone, *Mictosaukia orientalis* Zone, *Pseudokoldinioidia perpeltis* Zone and *Yosimuraspis* Zone (lower part) and conodonts of the *Proconodontus tenuis seratus* Zone to the *Cordylodus intermedius* Zone, a total of 100 m in thickness.

It is worth noting that the uppermost Chaomidian Formation (=Fengshan Formation) (Furongian) to the lowest Yeli Formation is separated and named the Dayangcha beds in the Xiaoyangqiao section (Figs. 11, 14) (Erdtmann, 1986; Wang et al., 2019). It is composed of transitional deposition about 40m thick across the Cambrian-Ordovician boundary interval with conodonts of the *Eoconodontus notchpeakensis* to the *C. lindstromi* conodont zones and *graptolites of the Rhabdinopora proparapola*, *Rhabdinopora campanulatum* (= originally *R. parabola* Zone) and *Anisograptus matanensis* zones. The overlying Yeli Formation revised is composed of the medium-thin bedded limestone, bioclastic limestones, bioclastic limestones and bracciated limestones, intercalated with yellow-greyish siliciclastic shale, yielding conodonts of *Cordylodus angulatus* Zone in the limestone (Fig.4) (Chen (eds.),1986).

In the Qinggouzi section the earliest planktonic graptolites *Rhabdinopora proparabola* found from the lower Dayangcha beds situated in the uppermost Chaomidian Formation in the Xiaoyangqiao SABS section near Dayangcha (Fig.6) is cover by farmer land (Wang & Erdtmann, 1986, 1987). The *Rhabdinopora campanulatum* Zone (= originally *R. parabola* Zone) and *Anisograptus matanensis* Zones in the Qinggouzi section are easy to correlate to the same graptolite zones found in the Sanduiliaochang section near the Xiaoyangqiao section in Dayangcha village. New study shows that the yellow-greyish siliciclastic shale and thin-beded limestone, bearing graptolites of the *Rhabdinopora campanulatum* (= *Rhabdinopora parabola*) and *Anisograptus matanensis* Zones, in the Xiaoyangqiao section, is separately occur 5m and 7.15m above the moderately deep outer-shelf grayish to variegated thin-medium bedded limestones, bioclastic limestones with yellow-greenish shale interbeds and lens with graptolites of the *Rhabdinopora proparabola* Zone (Figs.8-10) (Wang et al.,2019,2021).

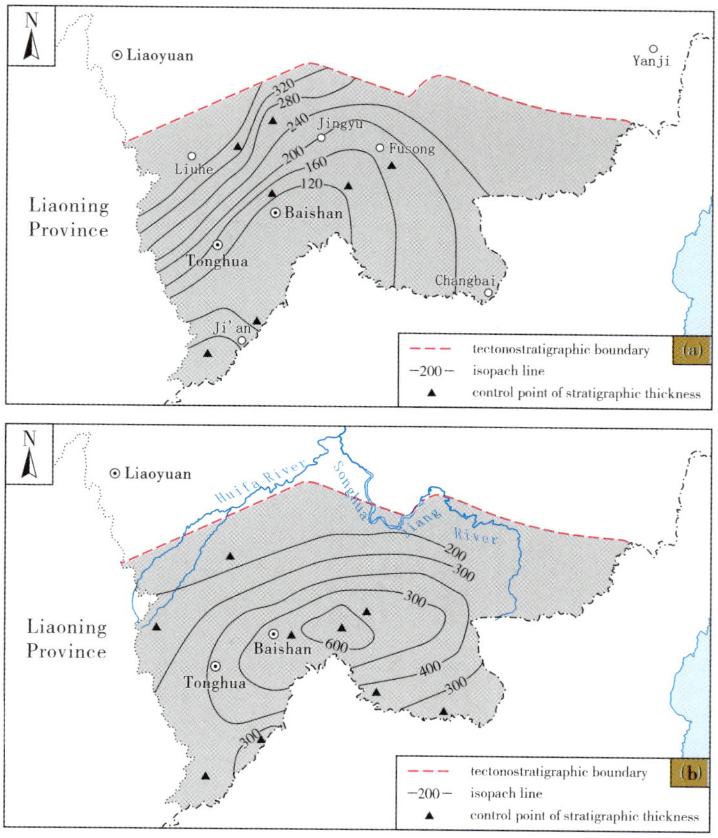

Figure 7. The variety of the Cambrian Gushan Formation (a) and Ordovician Majiakou (b) in South Jilin Province in thickness (Modified from JBGMR,1988,1998)

3.2 Ordovician

Ordovician in southern Jilin is situated in the northern margin of the North China platform. It is mainly distributed in the Santouhe (river), Hunjiang (river) and Yalujiang (river) drainage. It is subdivided into the Yeli Formation, Liangjiashan Formation, and Majiagou Formation. The Yeli Formation is characterized by several rhythmical cycles of grey thick-bedded calcirudites-thin-bedded calcisiltites and yellow-green shales, containing conodonts, graptolites, trilobites and acritarchs with a moderate abundance and variety (Figs. 1, 2, 6, 7). The overlying Liangjiashan Formation, and Majiagou (Shangmajiagou) Formation, including the Beianzhuan Formation (Xiamajiagou) in the lower part, are dominated by a set of carbonate sediments, about 800 m thick formed in a carbonate platform environment.

Figure 8. The Xiaoyangqiao Cambrian-Ordovician boundary section, Dayangcha, Jiangyuan, Baishan (persons for scale) (Modified from Fig. 2 of Wang et al., 2019)

(a) Top of lithological units Ⅰ and Ⅱ. The base of lithological unit Ⅱ is at BD 7a, the grey thick-bedded stromatolite limestone with conodonts of *Cordylodus proavus* Zone. Lithological unit Ⅱ comprises BD 7a and extends to just above BD 14. The higher beds belong to lithological unit Ⅲ.

(b) Upper part of lithological unit Ⅲ. The FAD of planktic graptolites is just above BD 26a at 20.9 m. The Cambrian and Ordovician boundary is located at ca +19.9m (±0.2m) in base of BD 24 above the marked massive stromatolites limestone. BD-22: grey thin-bedded nodular glauconitic bioclastic limestone and mudstone with the FAD of *C. intermedius*, 18.3m above the marked stromatolites limestone. BD-27: grey-green thin-medium glauconitic limestone with brecciated limestone lens with FAD of *Cordylodys lindstromi*, 0.50 m above the FAD of the earliest planktonic graptolites in BD 26 [see Fig.1(b)].

Yeli Formation

This formation is composed of several rhythmical cycles of grey thick-bedded calcirudites-thin-bedded calcisiltites and yellow-green shales intercalated with thin bedded limestone in a moderately deep outer shelf environment under the normal storm wave base (Chen (eds.), 1986; Chen et al., 1985, 1988). It is usually 143m to 137m thick in southern Jilin, however, in the Dayangcha sedimentary depression area, it increases to 250m. The lower part of the Yeli Formation in the Dayangcha area is classified as the Dayangcha beds (Figs. 8-11). It is composed of green, light grey shale to black shale, medium-thin bedded limestones, calcirudite-calcisiltite-shale about 15m thick, containing graptolites of *Rhabdinopora campanulatum* Zone (= *R. parabola* Zone) to *Anisograptus matanensis* zones. The medium-upper part of the Yeli Formation is dominated by the medium to thin bedded limestones intercalated with thin-bedded shales and edgewise limestones (breccias), containing the conodonts of *Chosonodina herfurthi* and *Rossodus manitouensis* zones exposed along the roadside of a new highway in Xiaolianghuangdi about 400m WS Xiaoyangqiao section (Figs.9-11). The former is approximately equivalent to or probably a bit higher than the *Cordylodus angulatus* Zone and the latter to the *Psigraptus* Zone reported from the Erdaopuzi cliff, 2.5km of NE Xiaoyangqiao SABS section. The Yeli Formation is easily distinguished from the overlying Liangjiashan Formation by the disappearance of yellow-grey shale with graptolites.

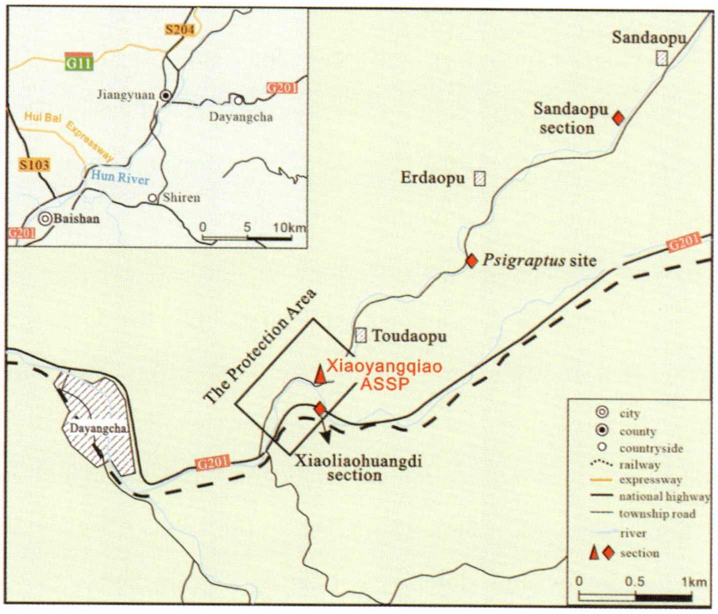

Figure 9. Map of traffic locations of Xiaoyangqiao and Xiaoliaohuangdi sections (Modified from Zhang & Erdtmann, 2004)

Figure 10. Xiaolianghuangdi section exposed along the new roadside about 400m of WS Xiaoyangqiao section. The limestone bearing conodonts of *Chosonodina herfurthi* and *Rossodus manitouensis* Zone

Liangjiashan Formation

It is characterized by the incoming of grey-greyish-white medium-thick bedded limestones with siliceous lenses and charts, bearing cephalopods, such as *Manchuroceras*, *Koreamenoceras*, Archaocyatha, *Archaeoscyphia*, receptaculitid and conodonts etc. It is about 300m thick in Zazizhen and Xiaolianghuangdi in Jiangyuan area. The Liangjiashan Formation is conformably overlain upon the thin-medium bedded yellow-green shales of the topmost Yeli Formation and unconformable lain under the breccia limestone at the base of Majiagou Formation.

Majiagou Formation

It was originally called the Machaokou Limestone by Grabau (1922) (see Sun, 1939) with the limestone exposed in the Majiagou, Kaiping Town, Tangshan, Hebei Province as named section, and also called the *Actioceras* Limestone because containing the cephalopods in the limestone. The JBGMRS (1988), however, subdivided the Majiaogou Formation into the Xiamajiagou Formation in the lower part with cephalopods of the *Ordosoceras-Kogenoceras* assemblage and the Shangmajiagou Formation in the upper part with the *Wutinoceras-Polydesmia* Assemblage, and later these two formations were merged by JBGMRS (1998) into one lithostratigraphic unit, called Majiagou Formation following the original meaning. In the Jiangyuan (Hunjiang) area close to basin center the Majiagou Formation is similar to the named section in lithological and biological assemblages. It is composed of grey thick bedded limestones of 530m in thickness (Fig.7), intercalated with dolomites, breccia limestones and dolomites, bearing cephalopods, gastropods, trilobites and conodonts. It rests conformably upon the Liangjiashan Formation and unconformable below the Upper Carboniferous Benxi Formation with coral deposits.

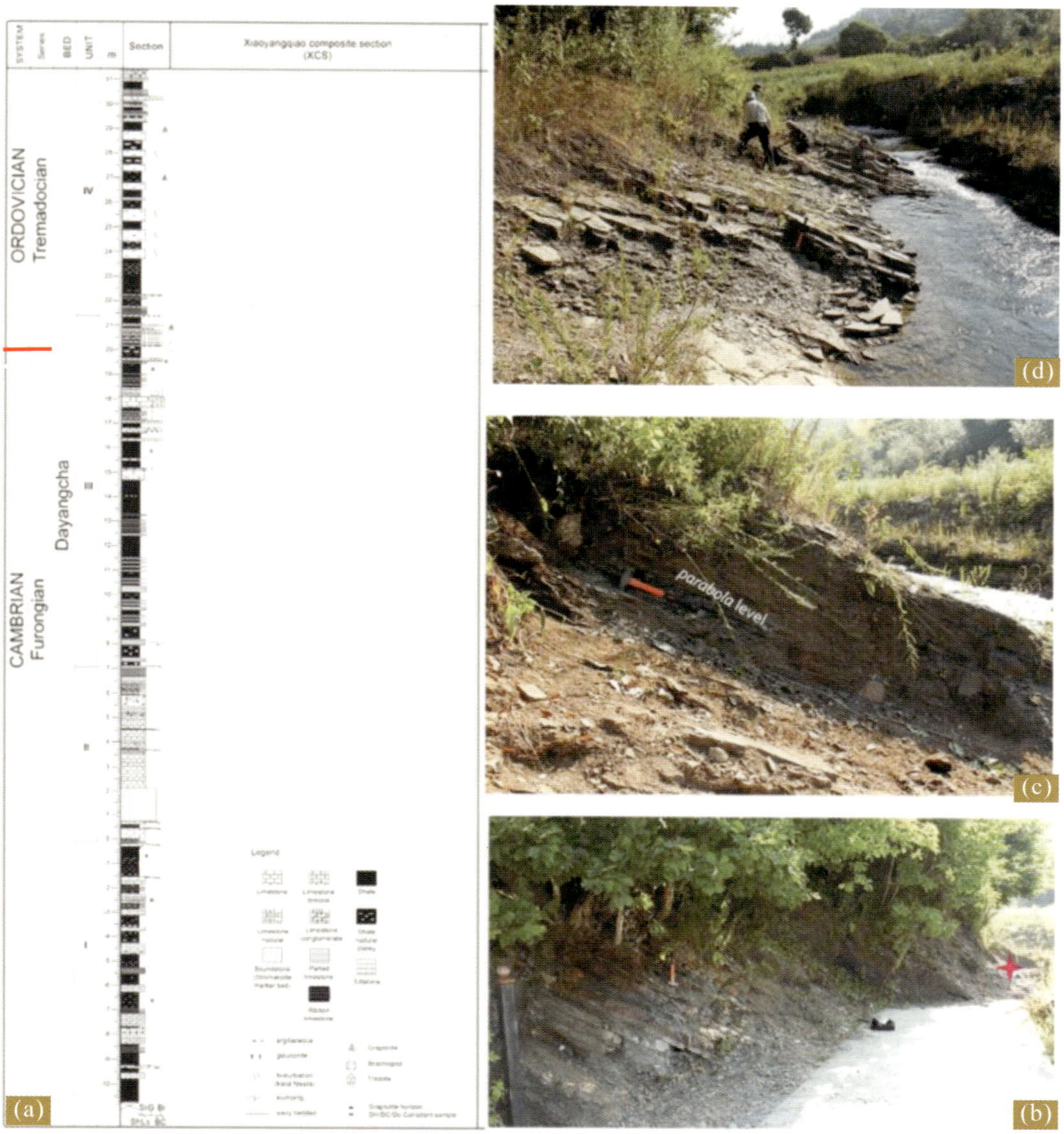

Figure 11. Xiaoyangqiao SABS section (abbreviations used for grainsize: sh = shale; si = siltstone; br = breccia = ; w = wackestone; g = grainstone; b = boundstone; c = conglomerate).

(a) The column section showing the Dayangcha BED with the boundary between the Cambrian and Ordovician System; the corresponding GSSP horizon for the Cambrian-Ordovician boundary fixed in the Green Point GSSP section is located at ca + 19.9m (± 0.2m) above the marked reference horizon—the massive stromatolites limestone. The redefined Cambrian-Ordovician boundary in the new SABS section is 1.6m above the base of *C. intermedius* Zone (Bed 22) at 18.3 (±0.2m), 1m below the FAD of *Rhabdinopora proparabola* at +20.9 m (BD 26a) and 1.5 m below the base of the *Cordylodus lindstrom* conodont Zone at +21.4 m (BD 27); (b) The lower Dayangcha bed recognized from the uppermost Chaomidian Formation with a hammer indicating the *Cordylodus lindstromi* conodont Zone, 0.5m above the *propararabola* level in BD 26a. The red star indicates the base of the original Yeli Formation with the graptolites of *Rhabdinopora campanulatum* (= *R. parabola*) as photo C with a hammer; (c) showing the base of the Yeli Formation and level with *Rhabdinopora campanulatum* (= *R. parabola*) in BD 29 and (d) BD 32 yielding graptolites of *A. matanensis* Zone with Dr. Maletz and Dr. Wang collected them.

3.3 Cambrian-Ordovician Boundary

The International Working Group on the Cambrian-Ordovician Boundary (COBWG) was established in 1974. In 1985 the COBWG proposed in the working meeting held in Canada that the Cambrian-Ordovician boundary appropriated should be drawn at the level close to the occurrence of lowest planktonic graptolites and marked by the FAD of some species of the complete phylogeny succession of *Cordylodus* and that the Green Point section, Newfoundland and the Xiaoyangqian section of Dayangcha, Hunjiang as two potential GSSPs for the Cambrian-Ordovician boundary (Barnes, C. R., 1988). Over a long period of negotiations and arguments the COBWG finally reached a decision and choosed the Green Point section as Global Stratotype Section and Point (GSSP) for base of the Ordovician System in January 1999. The decision was approved by the International Subcommission on Ordovician Stratigraphy (ISOS) in September 1999, by the Commission on Stratigraphy in November 1999, and by the International Union of Geological Sciences in January 2000 (Cooper et al., 2001). However, a restudy of the conodont and graptolite succession from the Green Point GSSP section, Newfoundland, Canada, shows that selected biomarker, i.e. *Iapetognathus fluctivagus*, is not present in the specified boundary layer and point in unit 23 / Bed 23, but in unit 26/ Bed 26 above the beds with the graptolite *R.* "*praeparabola*" -*parabola* assemblage in the Green Point Section (Fig.12) (Cooper et al., 2001; Terfelt et al., 2012; see also Miller et al., 2015, 2016; Wang et al., 2019, 2021). In addition, *Rhabdinopora parabola* (including its juvenile type, *R. praeparabola*), as auxiliary markers for definition of Cambrian-Ordovician boundary, are not the earliest planktonic graptolite of the world, but the descendant of *Rhabdinopora proparabola* [Fig. 12(b); Table 1]. As a consequence the section does not fulfil the bio-stratigraphic requirements of a GSSP (Cowie, 1986; Hedberg (ed), 1976; Salvado, 1994; Remane et al., 1996).

Figure 12. the correlation of the Xiaoyangqiao SABS section with the Green Point GSSP section for Cambrian/Ordovician boundary.

(a) The Green Point GSSP section: the *Iapetognathus fluctivagus*, the boundary biomark defined, is not present in unit 23 / Bed 23, but in unit 26 / Bed 26 above the beds with the graptolite *R.* "*praeparabola*" -*parabola* assemblage in upper unit 25 / Bed 25 and absence of the earliest planktonic graptolites *R. proparabola* in the corresponding lower unit 24-lower Bed 25 of the Green Point Section, instead the FAD of *I. preaengensis* marked the GSSP horizon cf Wang et al., (2021).

(b) The Xiaoyangqiao ASSP section with the horizons showing the FAD of principal zone fossils and the corresponding boundary at the base of BD 24 (±0.2m), +19.9m (±0.2m) above the marked massive stromatolites limestone or 1.6m above the base of *C. intermedius* Zone (BD 22) at 18.3 (±0.2m), 1m below the FAD of *Rhabdinopora proparabola* at +20.9 m (BD 26a) and 1.5 m below the base of the *Cordylodus lindstromi* conodont Zone at +21.4 m(BD 27).

System	Series	Stage	Green Point GSSP section, Newfoundland, Canada				Xiaoyangqiao (XCS) section, North China			
			Cooper *et al.* 2001		This study				Chen (ed.) 1986	
			Graptolites	Conodonts	Graptolites	Conodonts	Graptolites	Conodonts	Graptolites	Conodonts
ORDOVICIAN	Tremadocian		Assemblage 2: *A. matanensis*	*C. angulatus*; *angulatus* Fauna	*Adelograptus matanensis*	*Cordylodus angulatus*	*Adelograptus matanensis*	*Cordylodus angulatus*	*Dictuonema flabelliforme -Staurograptus dichotomus* Zone: *Adelograptus richardsoni*	*Cordylodus angulatus*
			Assemblage 1: *R. flabelliformis parabola*	*Iapetognathus fluctivagus*; *lindstromi- prion - Iapetognathus* Fauna	*Rhabdinopora flabelliformis parabola*	*Iapetognathus preaengensis*	*Rhabdinopora companulatum*	*Cordylodus lindstromi*	*Dictyonema flabelliforme sociale*	*Cordylodus lindstromi*
			praeparabola						*Dictyonema flabelliforme parabola*	
									Dictyonema praeparabola	
						GSSP	*Rhabdinopora proparabola*		*Dictyonema proparabola*	
CAMBRIAN	Furongian	Stage 10		*C. intermedius*; *intermedius* Fauna		*Cordylodus intermedius*		*Cordylodus intermedius*		*Cordylodus intermedius*
				C. proavus; *proavus* Fauna		*Cordylodus caboti*		*Cordylodus caboti*		*Cordylodus proavus*

Table 1. Comparison between the integrated zonation systems of Chen (1986) and Chen et al. (1988) and this study. The trilobite zonation is the same for both studies

The Xiaoyangqiao ASSP section lies about 2.5 km northeast of the town of Dayangcha, Baishan (formerly Hunjiang), Jilin Province, North China (Fig. 1; Chen, 1986; Chen et al., 1988; Wang et al., 2017, 2019, 2021). Geographical coordinates of the measured section are 42°3′24″N, 126°42′21″E, at an elevation of 642 m.

It lies along the northwest side of a small rivulet-a tributary of the Hunjiang (river) and is a cliff exposure within a monocline dipping evenly degrees missing (Figs. 11, 13). The easily accessible and well-exposed Xiaoyangqiao Cambrian-Ordovician boundary section at the Dayangcha is comprised of unmetamorphic deeper outer-shelf grey and variegated thin-medium bedded limestones, glauconitic limestones and nodular limestones with grey-green shales. Compared to the Green Point section it bears a perfect Cambrian-Ordovician boundary succession (e.g. Chen 1986, 1988; Wang et al., 2019, 2021) and more perfect important conodont and graptolite record that can be used for international correlation, along with plenty of trilobites, ostracods and acritarchs (Zhang et al., 1996;

Wang et al., 2019, 2021). In the investigated Cambrian-Ordovician boundary interval of 39 m of the Xiaoyangqiao section near the Dayangcha the following conodont biozones are distinguished in ascending order: *Eoconodontus notchpeakensis*, *Cordylodus primitivus*, *Cordylodus proavus*, *C. caboti*, *C. intermedius* and *C. lindstromi* in association with a complete phylogenetic lineage succession of *Cordylodus* species from *Eoconodontus notchpeakensis* to *C. lindstromi* (see below and Figs. 13-16, 22, 23). Three graptolite-bearing horizons are recorded from the upper *C. intermedius* biozone to the *C. lindstromi* biozone and referred to the *Rhabdinopora proparapola*, *Rhabdinopora campanulatum* (= original *R. parabola*) and *Anisograptus matanensis* biozones (Table 1, Fig. 14). In the Xiaoyangqiao section the *R. campanulatum* (= *R. parabola*) Biozone includes the revised species *R. campanulatum* and conodont genus *Iapetognathus* represented by species *I. jilinensis*, appears together with the early graptolite fauna. Moreover, there are also a plenty of trilobites coexisting with ostracods and acritarchs in the Xiaoyangqiao section (Table 1) (Chen et al., 1988; Zhang et al., 1996; Wang et al., 2019, 2021).

Combining high-resolution carbon and oxygen isotope studies further show that the corresponding GSSP horizon for the Cambrian-Ordovician boundary fixed in the Green Point GSSP section is located at +19.9m (±0.2m) above the marked reference horizon--the massive stromatolites limestone, in the Xiaoyangqiao SABS section, or 1.6 m above the base of *C. intermedius* Zone (Bed 22) at 18.3 (±0.2m), 1m below the FAD of *Rhabdinopora proparabola* at +20.9 m (BD 26a) and 1.5 m below the base of the *Cordylodus lindstromi* conodont Zone at +21.4 m (BD 27) (Fig. 14, Tables 1-2) (Wang et al., 2019, 2021). It is closely associated with the shift from prominent negative values towards the positive values of the $\delta^{13}C_{carb}$-profile (Fig. 13-14, 31). If the Cambrian-Ordovician boundary would continuously follows the original proposal from the COBWG in 1985 the global Cambrian-Ordovician boundary would be either fixed at the FAD of *Cordylodus intermedius* or at the FAD of *C. lindstromi*. It means the boundary would be defined at the base of the *C. intermedius* Zone, 2.6 m (±0.2m) below the level of BD-26a with the earliest *Rhabdinopora proparabola* in the Xioayangqiao section or the nodular and detrital limestones with FAD of *C. lindstrom* (Figs. 12, 14; Tables 1-2), 0.5 m above the FAD of the earliest planktonic graptolites in Xiaoyangqiao section. These levels, however, might be easy recognized and correlated in more wide areas of the world.

Figure 13. Dayangcha village and Xiaoyanqiao section (a) Xiaoyangqiao section exposed along the NW side of a small rivulet, (b) The Xiaoyangqiao section taken by Peng S.C. in 2002 autumn, (c) Dayangcha village.

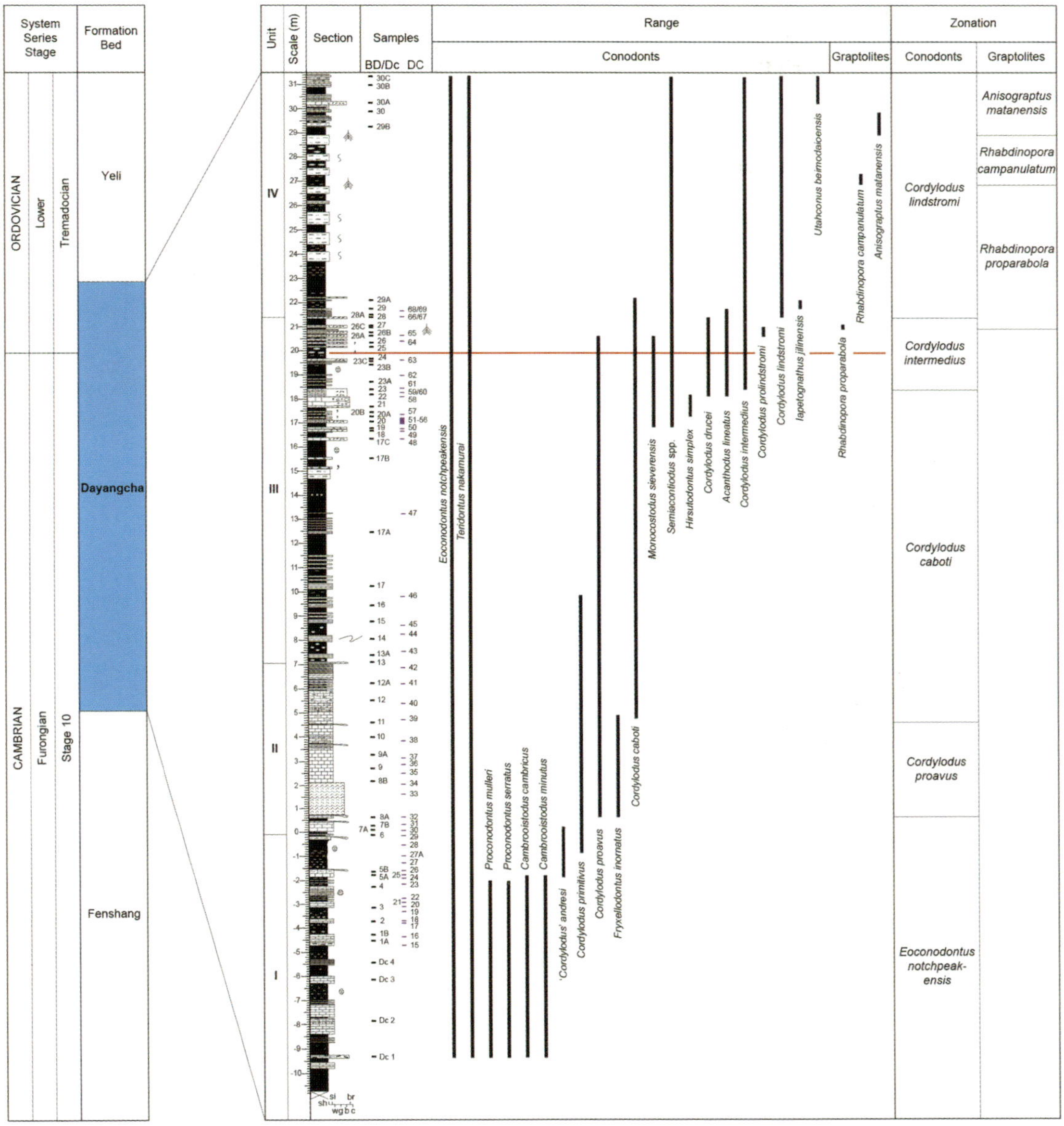

Figure 14. Stratigraphical column of the Cambrian-Ordovician deposits of the Xiaoyangqiao ASSP section, showing lithostratigraphical subdivision, position of sampled fossiliferous horizons, ranges of significant conodont and graptolite species and biozones (modified from Wang et al., 2019, fig.3) (For legend see. Fig.17). Abbreviations used for grainsize: sh = shale; si = siltstone; br = breccia = ; w = wackestone; g = grainstone; b = boundstone; c = conglomerate).

4 The Xiaoyangqiao SABS section, Dayangcha

The section is convenient for transportation (Figs. 2, 6). It takes 5 min by car from Dayangcha Town or by train from Baishan about 30min. Accommodation is available at Baishan City Hotel or several cheaper hotels in Jiangyuan County. The Baishan and Jiangyuan Bureaus of Natural Resources set up a gate and steel fence for protection of the

Xiaoyangqiao section (Fig. 15). Local farmers have also come to realize that protecting geological sites and culture is protecting ourselves.

Figure 15. Xiaoyangqiao Cambrian-Ordovician boundary protection zone. (a) The gate of the Dayangcha precious and rare geological relics reserve with a house and monument, (b) Chinese and foreign geologists attending the 2017 International Conference and Workshop pose for a photo in front of the protection sign, (c) showing the uppermost Cambrian Furongian succession composed of grey thick bedded limestone, the stromatolitic limestone (shown by a yellow arrow), and the Cambrian-Ordovician boundary interval with 2 geologists, (d) The Middle-Upper Furongian succession exposed in small road side.

Figure 16. the Xiaoyangqiao section. (a) Examining the marked stromatolitic limestone indicated by red dashed line, (b) Protective monument of Cambrian-Ordovician strata, (c) Fish-eye view of the Xiaoyangqiao section of Dayangcha, Baishan, Jilin, the red dashed line shows same horizon as (a)

4.1 Research History

The Xiaoyangqiao section, located in the Dayangcha village, 1.5km NEE Dayangcha Town, was successively described and studied by Guo Hongjun et al. (1982), Zhou et al., 1984, Chen et al. (1985, 1986, 1988), Zhang et al. (1996) (Figs.9, 15, 16; Table 1). The graptolites from the section have been studied by Lin Yao-kun (1986), Wang & Erdtmann (1986, 1987) (Fig.6) and Zhang & Erdtmann (2004) (Table 2, Fig.9), respectively. The Xiaoyangqiao section was ever proposed as a candidate for a stratotype section of the Cambrian-Ordovician Boundary for North China by Zhou et al. (1984), and recommended as a candidate GSSP for Cambrian-Ordovician Boundary at Calgary Plenary Session by Chen et al. in 1985. It has been accepted as the only candidate section for Global Cambrian-Ordovician Boundary Stratotype by the International Cambrian-Ordovician Working Group (ICOBWG) in Sixth International Symposium on Ordovician System held in Sydney, Australia in 1991. However, with the change of the boundary marker and selection of *Iapetognathus fluctivagus* as marker for the base of Ordovician and the species has been not recorded in the Xiaoyangqiao section the ICOBWG Ⅱ logically selected the Green Point section, Newfoundland, Canada, as the Global Stratotype Section and Point (GSSP) for the base of the Ordovician System in January 1999, although this species was still a newly released new species (Nicoll et al., 1999). Due to research and selection of the global Cambrian-Ordovician boundary stratotype and point have already dragged on for more than 20 years most members of the ICOBWG had lost patience and hoped to clean about the task as soon as possible, so that the decision from the ICOBWG Ⅱ was soon approved by the International Subcommission on Ordovician Stratigraphy (ISOS) in September 1999 and the Commission on Stratigraphy (ICS) in November 1999, and finally ratified by the International Union of Geological Sciences (IUGS) in January 2000 (Cooper et al., 2001).

4.2 High precise integrated study

In order to make up for the defects of the global Cambrian-Ordovician GSSP system, and improve the precise comparison of the Cambrian-Ordovician boundary between different continents and facies regions, an international cooperative research group, consisting of 9 geologists from China, Denmark, Germany, Italy and Russia respectively, has re-sampled and re-studied of the Xiaoyangqiao and relevant sections in the Dayangcha area by centimeter-level during 2015—2019, on the basis of previous more than 30 years works mentioned above and correlation problems discovered from the Green Point GSSP (Cooper et al., 1998, 1999, 2001) to the Lawson Cove ASSP, Utah (Miller et al., 2015, 2016) (Fig.17, Table 2). The integrated study shows that the Xiaoyangqiao section is the key section for the intercontinental correlation between shallow water shelly facies (Lawson Cove ASSP section), the deep-water lower slope graptolite facies (Green Point GSSP section) and the deepest water lower slope to basinal facies (Wa'ergang section) and thus the longstanding problem in correlating the Cambrian-Ordovician boundary from shallow water facies with shelly fossils to deep water facies with graptolites was solved because the Xiaoyangqiao section comprises a complete conodont, graptolite, acritarch and trilobite succession (Wang et al., 2019, 2021, Table 2). Moreover, the $\delta^{13}C_{carb}$-isotope data, sea-level proxies, magnetostratigraphic information and sequence stratigraphy provide additional and important results, enabling precise comparison with the Green Point GSSP section and other key and widespread sections in the world (Figs. 14, 17, Tables 1, 2; Wang et al., 2019, 2021).

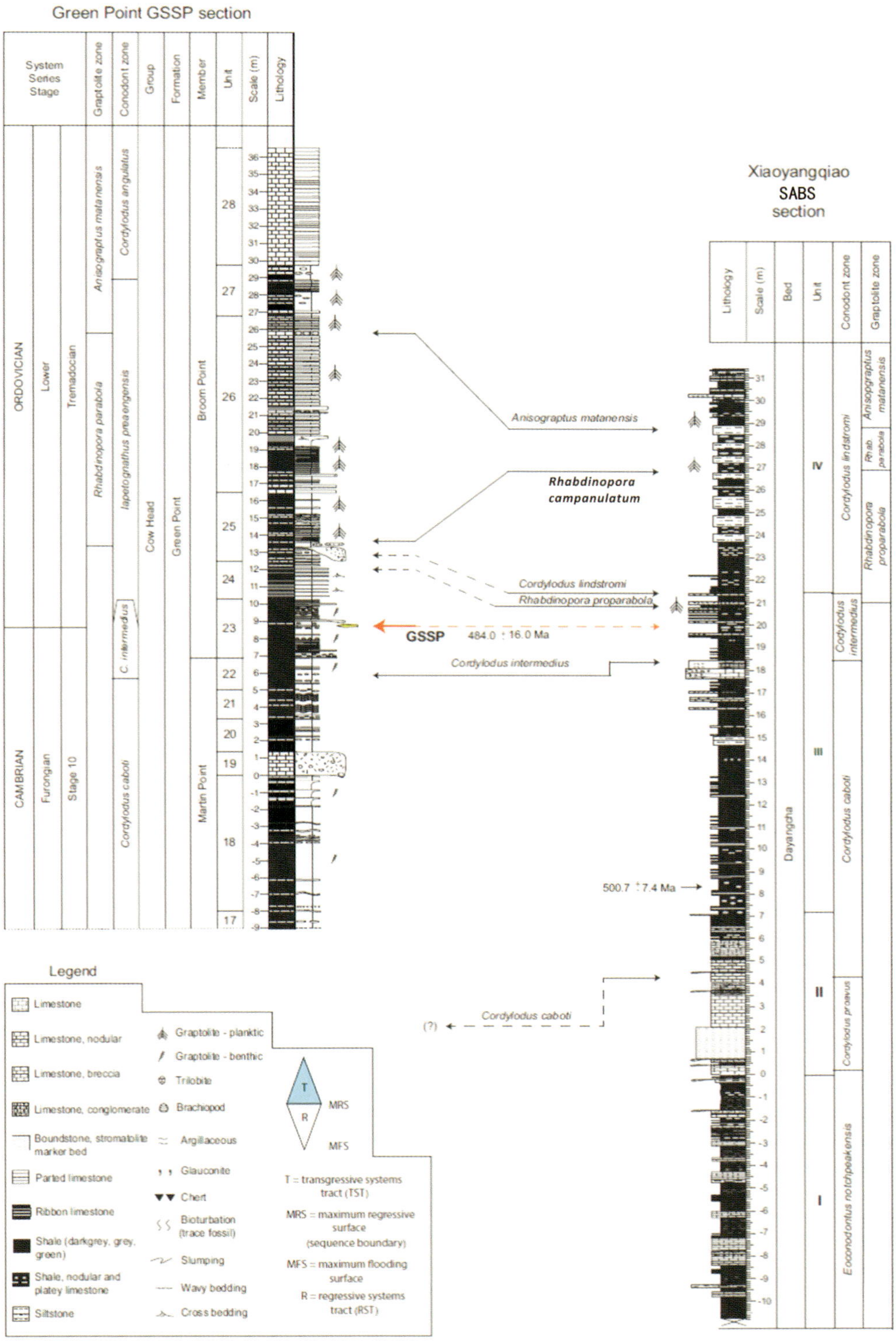

Figure 17. Biostratigraphic correlation of the Xiaoyangqiao SABS section and the Green Point GSSP section; red dashed lines represent the proposed correlation of the GSSP horizon and correlation of a taxon that is represented in only one of the two sections (modified from Wang et al., 2019, 2021). The absolute ages are respectively from Yang et al. (1986) and Tripathy et al. (2014) and the Graptolite *Rhabdinopora parabola* is considered as a synonym of *Rhabdinopora campanulatum*.

System	Series	Stage	Shallow water: Lawson Cove ASSP section, Conodont zone	Shallow water: Lawson Cove ASSP section, Conodont subzone	Outer shelf: Dayangcha section, Conodont zone	Outer shelf: Dayangcha section, Graptolite zone	Lower slope: Green Point GSSP section, Unit	Lower slope: Green Point GSSP section, Conodont zone	Lower slope: Green Point GSSP section, Graptolite zone	Basin: Wa'ergang section, Conodont zone
ORDOVICIAN	Lower	Tremadocian	*Rossodus manitouensis*	*Ventricodus spurius*	*Rossodus manitouensis*	*Anisograptus matanensis*		(*Rossodus manitouensis*)	*Anisograptus matanensis*	(not studied)
				Burnout Canyon						
				Loxodus bransoni						
			Cordylodus angulatus		*Cordylodus angulatus*		28, 27	*Cordylodus angulatus*		*Cordylodus angulatus*
			Iapetognathus		*Cordylodus lindstromi*	*Rhabdinopora* **campanulatum**	26	('*Iapetognathus*' *fluctivagus*)	*Rhabdinopora parabola*	*Cordylodus lindstromi*
			Cordylodus lindstromi s.l.	Upper			25	*Iapetognathus preaengensis*		
				Lower	*Cordylodus intermedius*	*Rhabdinopora proparabola*	24		(Benthic graptolites)	*Cordylodus intermedius*
				Drum Mts/ARE						
CAMBRIAN	Furongian	Stage 10	*Cordylodus intermedius*	*Clavohamulus hintzei*			23	GSSP		
				Hirsutodontus simplex			22	*Cordylodus intermedius*		
				Basal House						
			Cordylodus proavus	*Clavoham. elongatus*	*Cordylodus caboti*		21–18	*Cordylodus caboti*		*Cordylodus proavus*
				Fryxellodontus inornatus	*Cordylodus proavus*			*Cordylodus proavus*		
				Hirsutodontus hirsutus						
				Lange Ranch						
			Eoconodontus	*Cambrooist. minutus*	*Eoconodontus notchpeakensis*			*Eoconodontus notchpeakensis*		*Eoconodontus*
				Eoc. notchpeakensis						
				Red Tops						

Table 2. The correlation between the Lawson Cove ASSP section, USA (Miller et al., 2015), the Xiaoyangqiao ASSP section, North China (Wang et al., 2019, 2021), the Green Point GSSP section, western Newfoundland, Canada (Cooper et al., 2001; Stouge et al., 2017; Wang et al., 2019) and the Wa'ergang section, Hunan, South China (Dong and Zhang, 2017) (From Wang et al., 2021). The green boxes in the column with the Lawson Cove ASSP section represent lowstands (and gaps) and sequence boundaries (adopted from Miller et al., 2015 with references). The yellow line in the column with the Green Point GSSP section marks the position of the GSSP horizon in unit 23 (the numbers in the column for the Green Point GSSP section are the lithological units of James and Stevens, 1986). The *Cordylodus angulatus* and *Rossodus manitouensis* conodont zones in the column 'Outer shelf' are from sections in the area (Chen, 1986; Yan et al., 2019).

The Xiaoyangqiao section is exposed over a distance of about hundred meters in an outcrop along the cliff on the western side of the road and rivulet (Figs. 13-17). Chen et al. (1985, 1988), Zhang et al. (1996) and Wang et al. (2017, 2019, 2021) have carefully documented the succession at the Xiaoyangqiao SABS section.

A general view of the outcrop to the east is shown in Figs 13-16 and a lithostratigraphic log in Figs. 11, 17. The succession is predominantly a mixed carbonate-argillaceous sequence with a varying amount of carbonate fraction (referred to as the Dayangcha beds by Wang et al. 2019, 2021). The base is drawn near the beginning of the trail along the rivulet; the zero datum in this account is just below the prominent stromatolite marker in the section [Figs. 15(c), 16(c), 17, 18]. The upper Cambrian-Lower Ordovician Dayangcha beds, are exposed in the area along strike to either side of the measured section. The additional section at Sanduiliaochang comprises the same facies of the Dayangcha beds and exposes the boundary to the overlying Yeli formation [Figs. 2 (b), 9-11, 14]. It displays a well-preserved graptolite fauna and well-developed graptolite succession (Maletz et al., 2017; Wang et al., 2017, 2019, 2021).

4.2.1 Lithostratigraphic unit

Dayangcha beds (Furongian, upper Cambrian-Tremadocian, Lower Ordovician)

The marine mixed siliciclastic-carbonates and carbonates of the Dayangcha beds with 40 m thick are transitional between shallow-water carbonate platform deposits and deeper-water siliciclastic deposits [Fig. 2 (a), 14, 17] (cf. Erdtmann, 1986; Wang et al., 2019). The succession represents upward-deepening and upward shallowing rhythmic sedimentation on the outer platform to the margin of the carbonate platform (Zhang W.T., 1962; Zhang and Chen, 1986; Zhang et al., 1996; Chen et al., 1988; Wang et al., 2019, 2021).

There is a series of lithologic units of regional extent (Figs. 6, 12, 14-17) (Wang et al., 2019). These are:

· Unit Ⅰ. −11.0 m thick series of rhythmic bedded shale and limestone, interbedded shale and limestone and shale (Fig. 18).

Figure 18. Photos from the Xiaoyangqiao ASSP section. (a). Top of lithological unit Ⅰ characterized by rhythmic deposition of limestone, siltstone and shale and a base of unit Ⅱ. The yellow line marks the baseline for the log in Figures 14, 17, (b). Lower part of lithological unit Ⅱ, showing the stromatolite horizon at bottom (1.6 m thick)

· Unit Ⅱ. −7.3 m of carbonate platform deposits characterized by a strata-bound stromatolite marker horizon, 1.4-1.6 m thick, at the base of the unit (Figs. 14, 18). It is an easily recognizable lithofacies of the shallow to deeper water carbonate platform and followed by a sequence composed of shallow to deep-water carbonate deposits.

Figure 19. (a) upper Units Ⅱ and Ⅲ. Unit Ⅲ: Siliciclastic deposition composed of deeper water deposition and glauconite, storm deposits, (b) Upper lithologic unit Ⅲ below the yellow line and lower lithologic unit Ⅳ, showing the approximate position (yellow line) of the GSSP level for the Cambrian-Ordovician boundary [approximating to the base of BD 24 between BD 23 and BD 25, as shown in Fig.20(a)].

· Unit Ⅲ. – Unit Ⅲ is composed of shale, siltstone interbedded with minor thin argillaceous, commonly nodular, limestone beds. Glauconite becomes common in the upper part of unit Ⅲ (Fig. 19). Input of carbonate conglomerate and imbricated limebreccia horizons is recorded in the middle of the unit and a series of strata bound limebreccia beds defines the top of the unit. Trilobites are the most common allochems in unit Ⅲ. It is ca. 14. 0 m thick.

· Unit Ⅳ. – Unit Ⅳ comprises siliciclastic sedimentary rocks, composed of green, light grey shale to black shale, and grey to light grey siltstone and few fine-grained sandstone beds (Fig.20). A few beds of limestone are recorded at the top of the unit. Unit Ⅳ yield a prolific graptolite fauna. Unit Ⅳ is more than 9.8 m thick. The upper boundary of unit Ⅳ is covered in the Xiaoyangqiao ASSP section.

***Yeli Formation** (**lower Tremadocian**)*

The Yeli Formation (Grabau, 1922; Zhang, 1962; Wang et al., 1996; Zhang and Erdtmann, 2004; Wang et al., 2019) is composed by carbonate rocks interbedded with shale (Zhang, 1962; Wang et al., 1996, 2019). And characterized by appearance of yellow-grey shale with graptolites. However, the lowest part of the original Yeli Formation above-mentioned composed of yellow green shale intercalated with thin-medium limestone with graptolites of *Rhabdinopora campanulatum* (=original *R. parabola*) and *Anisograptus matanensis* Zones has been classified as upper Dayangcha bed (Fig. 11). The middle-upper Yeli Formation is exposed in the other small rivulet [Fig. 2 (b)] and extending westward, immediately to the south of the Xiaoyangqiao section, along the road heading to the northeast (Wang et al., 2019, 2021) at the Laotougou Quarry section near the Erdaopuzi village and also exposed along the main road in Xiaolianghuangdi (Figs. 9-10, Table 3) (Zhang and Erdtmann, 2004; Yan et al., 2019).

Figure 20. Lithologic unit Ⅳ, Silt-shale unit containing graptolite horizons, (a) Lower part of lithologic unit Ⅳ, the SABS level for the Cambrian-Ordovician boundary shown by yellow dotted line, close to the base of BD 24 ±2mm and the position with the FAD of the first planktonic graptolite at +20.9 m above the marked base of the section, shown by a hammer on the upper part of the photo, (b) upper Lower part of unit Ⅳ, bearing the earliest planktonic *R.proparabole* and *Rhabdinopora campanulatum* (= *R.parabola*) (indicated by red allow), (c) upper part of lithologic unit Ⅳ, yielding the *Rhabdinopora campanulatum* (= *R. parabola*) position as same as the red arrow shown in Fig.20(b), (d) Uppermost part of lithologic unit Ⅳ and the position with *A. matanensis*.

4.2.2 Biostratigraphy

The biostratigraphic subdivision of the Xiaoyangqiao ASSP section is based on the characteristic and well-known conodont evolutionary lineages and the planktonic graptolite evolution (Wang et al., 2019, 2021).

Conodont

A total of 6 conodont biozones and 3 graptolites biozones in investigated 38m strata, including 6.5m grey medium bedded limestones intercalated with yellow green shale below the stromatolitic limestones (Figs. 11, 12, 14, 20, 21), can be recognized in ascending order: *Eoconodontus notchpeakensis*, *Cordylodus primitivus*, *Cordylodus proavus*, *C. caboti*, *C. intermedius*, *C. lindstromi* and the *Rhabdinopora proparapola*, *Rhabdinopora campanulatum* (=*R. parabola*) and *Anisograptus matanensis* biozones in association with a complete phylogeny succession of *Cordylodus* species from *Eoconodontus notchpeakensis* to *C. lindstromi* via *C. primitivus*-*C. proavus*-*C. caboti*-*C. intermedius* (Figs. 17, 21, 22, 24).

Codylodus intermedius first appears in BD 22, 16.8 m above the base of thick-bedded column stromatolitic limestone and 4. 5m below the FAD of the earliest planktonic graptolites in BD 26, that is 3.0m below the FAD of *C. lindstromi* in BD 27. Three graptolite-bearing horizons are separately recorded from the low (BD 26), middle (BD 32, 25-25.5m) and upper (BD 34, 27.6-28.1m) of the *C. lindstromi* Biozone (Figs. 19-21, Table 4-5).

Figure 21. The photo showing the Xiaoyangqiao ASSP section

(a) The part of the Xiaoyangqiao section, red star indicating the bed bearing the earliest graptolites in BD26, (b) the Cambrian-Ordovician boundary interval with a red star as same level as (a), (c) yellow-green shale of 0.5m (BD 32) bearing a number of *campanulatum* (= *R. parabola*) shown by red allow, (d) showing the levels bearing *R. lindstromi* (scale: 100μm) in BD 27 and *R. campanulatum* (= *R. parabola*) in BD 32 [same position as Fig. 20 (b), (c)], (e) Enlargement of Fig. 20 (a), showing the exact level with the earliest planktonic graptolites-*R. proparabola* in BD 26, and conodonts of *C. lindstromi* in BD27, respectively. the SABS level for the Cambrian-Ordovician boundary shown by white dotted line, close to the base of BD 24±2mm

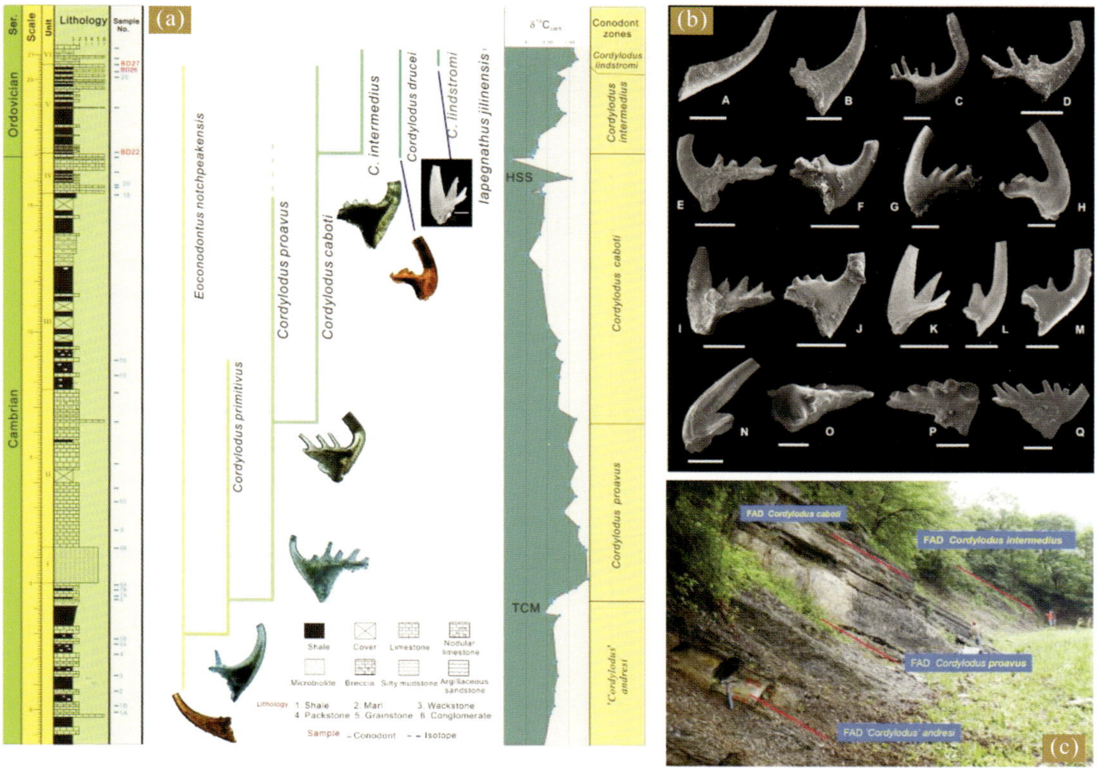

Figure 22. showing the relation of bio-, chemo-and litho-stratigraphic boundaries in the Xiaoyanqiao section, Dayangcha, Baishan (original Hunjiang), China

(a) Showing phylogenetic evolution lineage of *Cordylodus*;

(b) Representative conodont species from the Xiaoyangqiao section (from Wang et al. 2019, Fig. 4). (A) *Eoconodontus notchpeakensis* (Miller, 1969), lateral view, BD 15, NIGP 171035. (B) *Cordylodus primitivus* Bagnoli, Barnes and Stevens, 1987, lateral view, BD 15, NIGP 171036. (C, D) *Cordylodus proavus* Miller, 1969, rounded elements, lateral view, BD 8B, NIGP 171034 and, BD 15, NIGP 171037. (E, F) *Cordylodus caboti* Bagnoli, Barnes and Stevens, 1987, rounded elements, lateral view; (E) BD 23A, NIGP 171042; (F) BD 22, NIGP 171039. (G, H) *Cordylodus drucei* Miller, 1980, outer lateral view, BD 22; (G) NIGP 171040; (h) NIGP 171041. (I, J) *Cordylodus intermedius* Furnish, 1938, lateral view; (i) compressed element, BD 23A, NIGP 171043; (j) rounded element, BD 24, NIGP 171044. (k-m) *Cordylodus lindstromi* Druce and Jones, 1971, lateral view; (K) compressed element, BD 30, NIGP 171048; (L) rounded element, BD 30, NIGP 171049; (M) rounded element, BD 28B, NIGP 171045. (N) *Utahconus beimadaoensis* Chui and Zhang in An et al., 1983, lateral view, BD 30A, NIGP 171050. (O, P) *Iapetognathus jilinensis* Nicoll, Miller, Nowlan, Repetski and Ethington, 1999, left and right elements, upper view, BD 29, NIGP 171046 and NIGP 171047. (Q) *Cordylodus prion* Lindström, 1955, *sensu* Nicoll (1991), rounded element, outer lateral view, BD 19, NIGP 171038. Scale bars represent 200μm. All figured specimens are housed in Nanjing Institute of Geology and Palaeontology, Chinese Academy of Sciences, Nanjing, China (acronym: NIGP);

(c) showing the levels with first appearance of these characteristic conodont in the section.

System	Series	Stage	Section	Lithostratigraphy	Zone / Subzone / Assemblage: Conodonts	Graptolites	Trilobites		Acritarchs
ORDOVICIAN	Lower	Tremadocian	Xiaoyangqiao ASSP section	Yeli Formation	(*Cordylodus angulatus*)		Unnamed zone		
				Dayangcha beds	*Cordylodus lindstromi*	*Anisograptus matanensis*	*Yosimuraspis*	*Yosimuraspis* (*Metayosimuraspis*)	
						Rhabdinopora companunatum		*Yosimuraspis* (*Yosimuraspis*)	
						Rhabdinopora proparabola		*Yosimuraspis* (*Eoyosimuraspis*)	
					Cordylodus intermedius				
CAMBRIAN	Furongian	Stage 10						*Leiostegium* (*Manitouella*)	Assemblage 3
					Cordylodus caboti		*Richardsonella* - *Platypeltoides*		
					Cordylodus proavus		*Mictosaukia* - *Fatocephalus*	*Alloleiostegium latilum* - *Pseudokoldinioidia perpetis*	Assemblage 2
					Eoconodontus notchpeakensis			*Mictosaukia striata*	
								Mictosaukia angustilimbata	Assemblage 1

Table 3. Integrated zonation systems of the Cambrian and Ordovician boundary interval modified from Chen (1986; trilobites), Chen et al. (1988; trilobites) and Wang et al. (2019, fig. 9; 2021, fig. 4). The red line is the interpreted position of the GSSP horizon

Important taxa may be considered as potential biostratigraphic markers from uppermost Cambrian to lowest Ordovician interval: the FAD of *C. intermedius*; *C. lindstromi* and the FAD of the earliest planktonic graptolites, *R. proparabola* (modified from Cooper et al., 2001; Terfelt et al., 2012; Dong et Zhang, 2017). The level equivalent to the GSSP horizon is located in the middle-upper *C. intermedius* Zone (red line), 1m below the level with *R. proparabola* and 1.5 m below the base of the *Cordylodus lindstromi* conodont Zone. Graptolite: original *Rhabdinopora parabola is* a synonym of *Rhabdinopora campanulatum*.

Acritarchs

The acritarch assemblages from the Xiaoyangqiao ASSP section is recollected Cambrian-Ordovician boundary interval, following the new classification concept (Fig. 24). The acritarch assemblages are currently under systematic revision, but they show great potential for correlation (Table 3) (Wang et al., 2019).

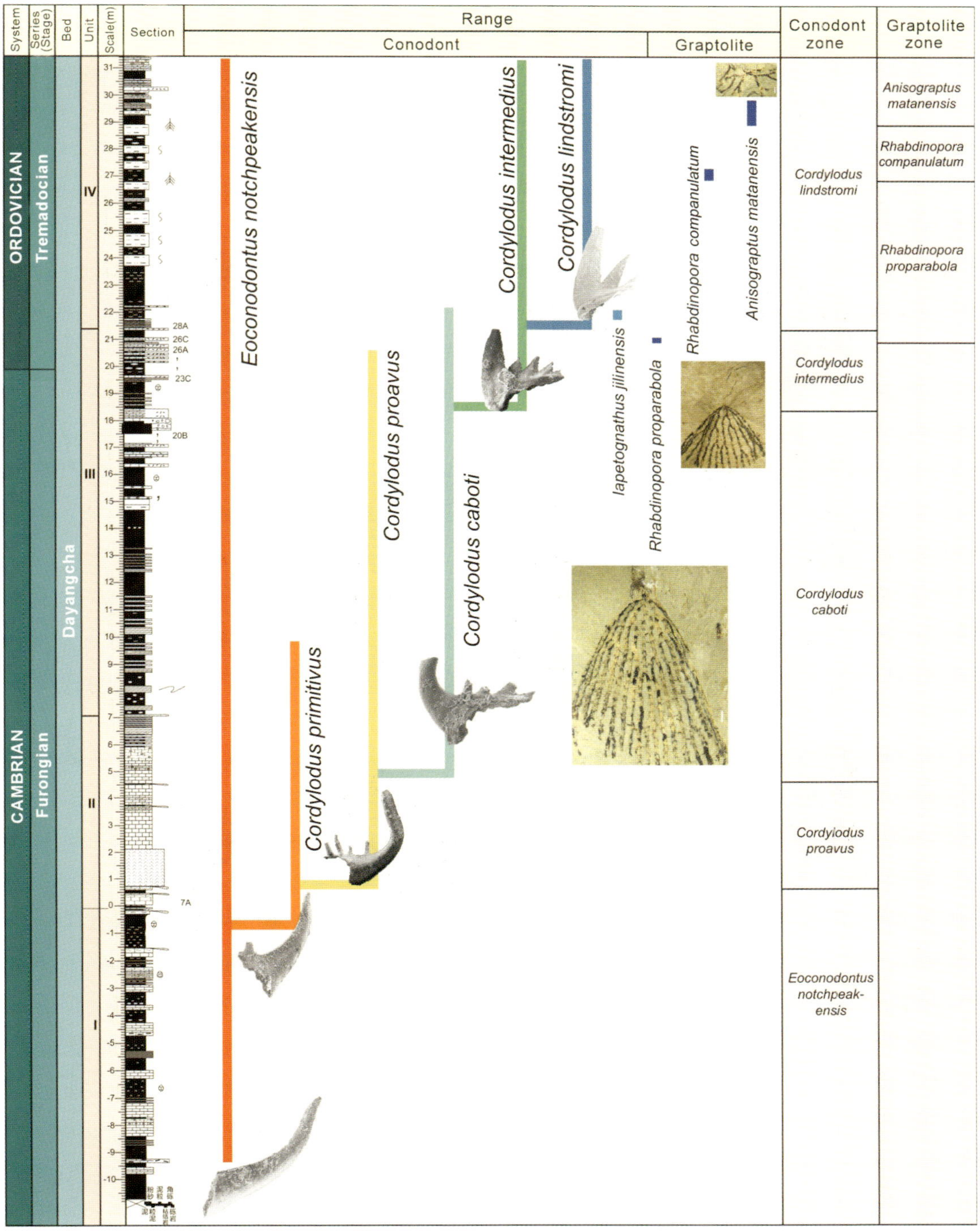

Figure 23.the conodont phylogeny recorded from the Xiaoyangqiao section For legend, see Figs.17

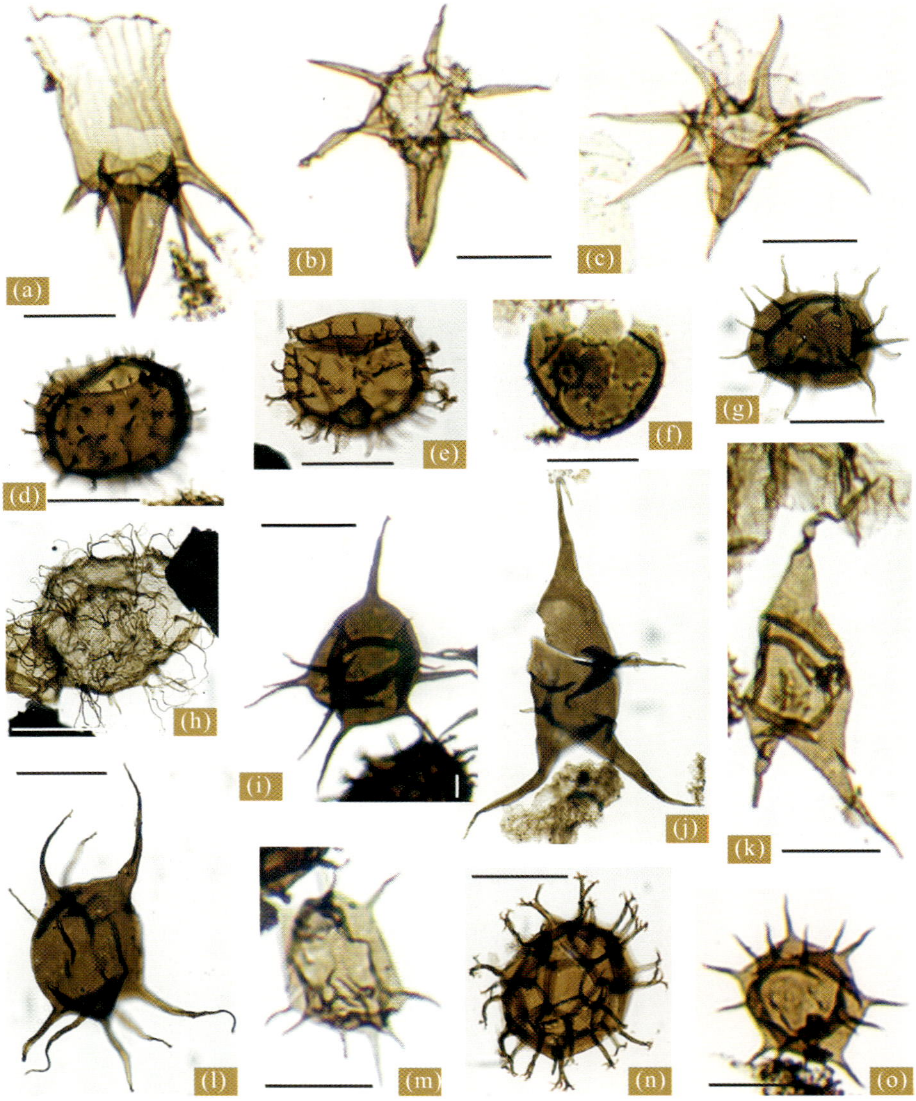

Figure 24. Representative late Cambrian (Furongian) to Lower Ordovician acritarchs species from the Xiaoyangqiao section (Fig. 8 in Wang et al., 2019). The sample/slide number and England Finder coordinates are indicated for all specimens. [(a)-(c)] *Corollasphaeridium wilcoxianum* Martin in Martin and Dean, 1983; (a) specimen in lateral view, sampleDA 36, E31/3; [(b), (c)] specimens in compressed transverse view, sample DA 36, B51/1 (b), P55/1 (c). (d) *Stelliferidium stelligerum* (Gorka, 1967) Deunff et al., 1974, sample DA 15, T42/2. (e) *Cymatiogalea* aff. *C. bouvardii* Martin, 1973, sample DA 15, H27/1. (f) *Cymatiogalea cuvillieri* (Deunff, 1961) Deunff, 1964, sample DA 37, V39/2. (g) *Actinotodissus achrasi* (Martin, 1983) Martin and Dean, 1988, sample DA 15, F31/1, 3. (h) *Vulcanisphaera africana* (Deunff, 1961) Rasul, 1976, sample DA 15, L23/3, 4. (i) *Ninadiacrodium caudatum* (Vanguestaine, 1973) Raevskaya and Servais, 2009, sample DA 15, C42. (j) *Ninadiacrodium*sp. A, sample DA 15, F29/2, 4. (k) *Ninadiacrodium dumontii* (Vanguestaine, 1973) Raevskaya and Servais, 2009, sample DA 15, S51/3. [(l), (m)] *Dasydiacrodiumobsonum* Martin in Martin and Dean, 1988; (l) sample DA 15, L47/3; (m) sample DA 15-1, L46/2. (n) *Timofeevia phosphoritica* Vanguestaine, 1978, sample DA4, H34/2. (o) Acritarch ex. gr. *Polygonium-Solisphaeridium*, sample DA 4, K48. Scale bars represent 20 m.

The new study confirms that the acritarchs change their diversity pattern through the Cambrian-Ordovician interval and their distribution through the Xiaoyangqiao section is not homogeneous. Highly fossiliferous levels are followed by intervals with a gradual decrease in abundance and taxonomical diversity of the acritarchs. At some levels the acritarch assemblages are almost monospecific and represented predominantly by simple sphaeromorphs [*Leiosphaeridia*, *Granomarginata* (=*Annulum*), etc.]. Probably the cyclic pattern, from favorable to poor, is one response to their petitive changes of the depositional environment. Three acritarch assemblages are distinguished in the upper Cambrian-Lower Ordovician succession of the Dayangcha beds, including *Assemblage* 1 (*Timofeeviaphosphoritica-Polygonium-Solisphaeridium*), *Assemblage* 2 (*Vulcanisphaeraafricana-Ninadiacrodium*) and *Assemblage* 3 (*Corollasphaeridium wilcoxianum*) (Figs. 24; Table 3). (Wang et al., 2019, Fig.7). Assemblage 1 is recorded in the lower part of the studied section, i. e. from −10.7 m to ca. −5.8 m (samples DA 1-DA 8) (Fig. 25). It is characterized by the association of simple acanthomorph acritarchs belonging to the *Polygonium-Solisphaeridium* [Fig. 24 (o)] plexus together with *Timofeevia phosphoritica* Vanguestaine, 1978 [Fig. 24 (n)] and less numerous representatives of the galeate taxa *Cymatiogalea* sp. and *Stelliferidium*sp. Assemblage 2 comprises almost all of these taxa listed from Assemblage 1, but in varying quantities at different levels (i.e., samples DA 9-DA 24), however diacrodian acritarchs become remarkably more diverse and numerous. Assemblage 3 is recognized by the appearance of the very distinctive palynomorph *Corollasphaeridium wilcoxianum* Martin in Dean and Martin, 1982. This taxon is accompanied by *Acanthodiacrodium*, *Actinotodissus*, *Cymatiogalea*, *Globosphaeridium*, *Polygonium* and *Solisphaeridium*. The change in composition is clearly associated with the lithological change from unit Ⅱ to unit Ⅲ.

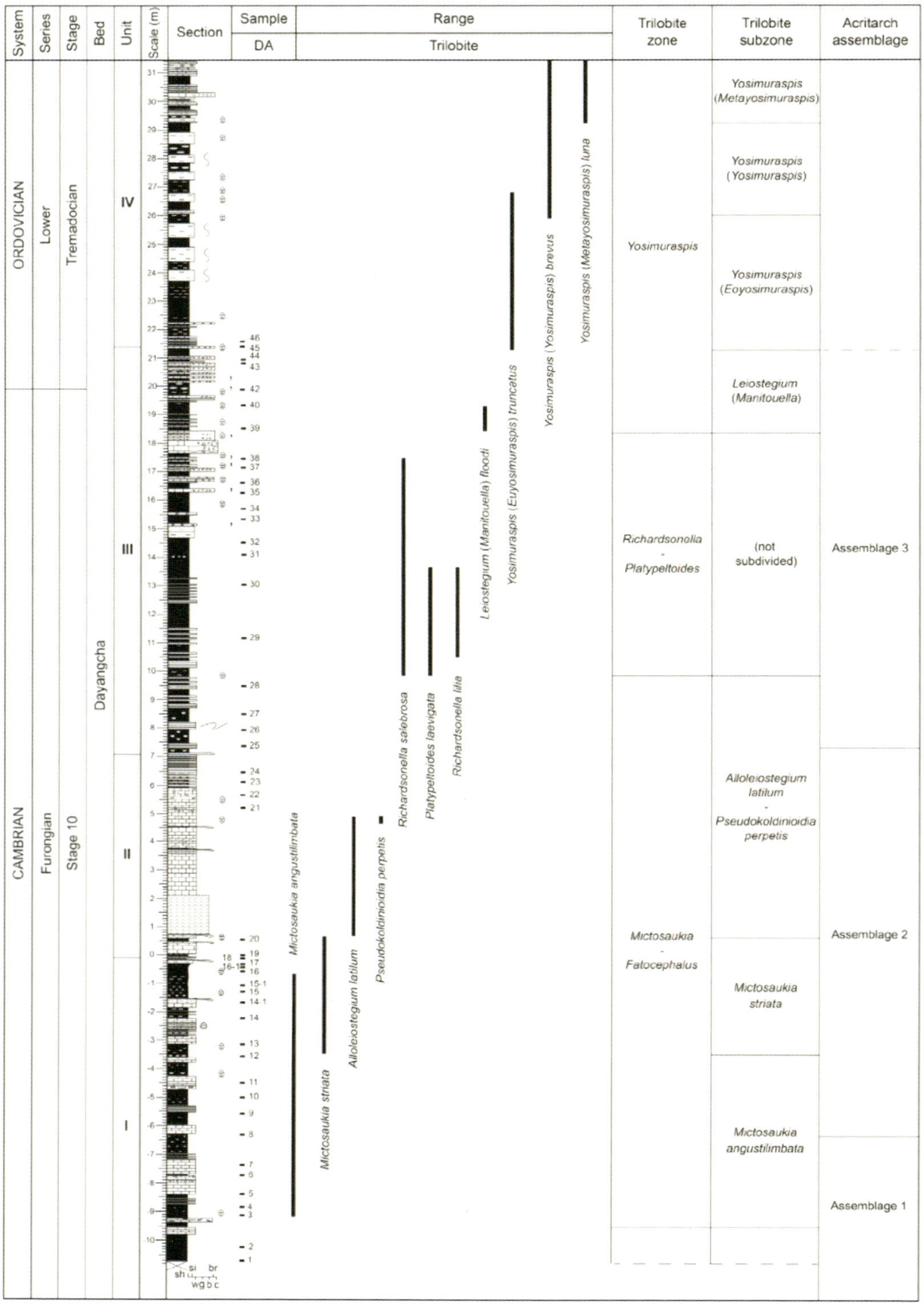

Figure 25. Upper Cambrian to Lower Ordovician (Tremadocian) acritarch and trilobite biostratigraphy of the Xiaoyangqiao section (From Wang et al., 2019, Fig.7). For legend, see Figs.11, 17. Abbreviations used for grainsize: sh = shale; si = siltstone; br = breccia; w = wackestone; g = grainstone; b = boundstone; c = conglomerate.

Graptolites

Three graptolite biozones are recognized in the upper part of the Xiaoyangqiao SABS section (unit Ⅳ) with well-preserved early Tremadocian graptolites. The fauna comprises *Rhabdinopora proparabola* (Lin, 1986), *Rhabdinopora campanulatum* (= original *Rhabdinopora parabola* (Bulman, 1954) and *Anisograptus matanensis* Ruedemann, 1937 and all of these are eponymous species of their graptolite biozones (Figs. 19-23, 26-28; Tables 3, 4). *Rhabdinopora proparabola* characterized by a proximal end with distinctive three-vanned lobes and the lack of a nema appears in BD 26 at +20.9 m above the marked base of the Xiaoyangqiao SABS section. Lin (1986) described a number of taxa from the *Rhabdinopora proparabola* level at Dayangcha. These can all be identified as preservation aspects and growth stages of a single species that is here identified as *Rhabdinopora proparabola* (Lin, 1986) (Maletz et al., 2017, Wang et al., 2017, 2019).

Figure 26. the earliest planktonic graptolites and their position, (a)-(c) *Rhabdinopora proparabola* (Lin), sample no: WHGS 170316-011-13; (d) the photo showing the horizon of *R. proparabola* collected from HD 26, 20.9m above the marked base of the massive stromatolite limestone and 1 m above the corresponding GSSP horizon close to the base of BD 24 in the middle-upper *C. intermedius* Zone and 1.5m below the *C. lindstromi* Zone in BD 27.

Rhabdinopora parabola is a species that is widely distributed and known from Norway, Newfoundland, Canada and, Australia (Victoria) (Table 4). The holotype (PMO 61772 Bulman, 1954, pl. 1, Fig. 3) of *Rhabdinopora parabola* originates from the lowermost level 770-775 with planktic graptolites at Tøyen, Oslo, Norway (Bulman, 1954, text-Fig. 9). The type specimen, however, does not show a branched nema and appear to be incomplete proximally. Based on a number of specimens of *R. parabola* from the Xiaoyangqiao, Sanduiliaochang and Qinggouzi sections (Wang et al., 2017; Wang X. F. and Wang C. S., 2001, Fig. 3) it is suggested that this taxon is considered to be of a synonym of *Rhabdinopora campanulatum* identified by Harris & Keble in 1928 (Figs. 21, 23, 27-30; Tables 3, 4) (Maletz et al., 2017, 2022). In the Xiaoyangqiao ASSP section

Rhabdinopora parabola, the synonym of *Rhabdinopora campanulatum*, has been found in an interval at about 5 meters above *R. proparabola* (Figs. 27, 28; Tables 3, 4). A more detailed discussions on *R. parabola* are made up by Maletz et al(2022).

Figure 27. yellow-green shale with thin-bedded and nodular limestone, bearing plenty of *Rhabdinopora campanulatum* in BD-32, belonging to Middle *C. lindstromi* Zone and 25.00-25.5m above the stromatolitic limestone. (a) showing the level of the yellow-green shale with *R. companulatum*, (b), (d), (e) specimens of *R. campanulatum* collected by Maletz et al., 2017, (c) showing the stolon system composed of autotheca, bitheae and stolon thecae.

Figure 28. *Rhabdinopora campanulatum* (Harris & Keble, 1928) with discoidal preservation of proximal ends, except for (g), which is in lateral preservation. (a) DA-PA 18, fragment showing quadriradiate development. (b) DA-PA 29, broken dissepiments. (c) DA-PA 27, small specimen with few dissepiments. (d) SH-10.2. (e) SH-03, juvenile showing quadriradiate development with circular cross section of sicula. (f) SH-10. 1, large specimen showing quadriradiate development. (g) SH-01, juvenile in lateral preservation with branched nema. (h) SH-08, specimen showing dense dissepiments. Scale bar is 1 mm in each photo.

Anisograptus matanensis in the Xiaoyangqiao section is present in several horizons composed of yellow-greyish thin-bedded limestone with calcareous shales interbeds about one and a half meters thick (around +29.8 m±), together with conodonts of most part of the *Codylodus lindstromi* Zone and lowest *C. angulatus* Zone, that is also found in the Xiaolianghuangdi section (Figs. 9-10, 29). Combined, these taxa is likely representing

Assemblage 2 or the *Anisograptus matanensis* Zone (Erdtmann, 1986; Cooper et al., 1998; Cooper, 1999; Cooper et al., 2001). The *Rhabdinopora campanulatum* (original R.*parabola*) and *Anisograptus matanensis* zones those authors mentioned above may clearly correlate with the zones of the Xiaoyangqiao SABS section, whereas the first planktonic graptolite *Rhabdinopora proparabola* has not been recorded in the Green Point GSSP section(Table 4). Figs.12, 17 and Table 1 separately shows the correlation between the Green Point GSSP section and the Xiaoyangqiao SABS section, while Tables 4 and Fig.30 summarize the distribution and correlation of the Early Tremadoc graptolites zones between the Xiaoyangqiao section and another continents of the world.

In summary, the FAD of *Rhabdinopora proparabola* is in the upper *Cordylodus intermedius* conodont Zone and 0.5 m below the base of the *Cordylodus lindstromi* conodont Zone (at +21.4 m). *R. campanulatum* (original *parabola*) appears within the Lower *Cordylodus lindstromi* conodont Zone and *Anisograptus matanensis* is recorded from an interval that is equivalent to the upper *Cordylodus lindstromi* and perhaps a bit lowest *C. angulatus* conodont Zone (Figs. 17, 22, Tables 2-3). The upper Lower Tremadoc graptolites belonging to *Psigraptus* Zone are found in Erdaopuzi about 2.5 km NE from Xiaoyangqiao section and probably equivalent to the Upper *R. manuitensis* conodont zone (Figs.9, 30, 34, Table 4).

	Australasia	Baltica	China	North America	Gondwana
Lower Tremadocian	La 1.5 *Psigraptus*	*?Adelograptus tenellus*	*Psigraptus*	*Psigraptus*	no fauna
	no fauna	*Rhabdinopora f. anglica*	*Rhabdinopora f. anglica*	*Rhabdinopora f. anglica*	*Rhabdinopora f. anglica*
	no fauna	*Anisograptus matanensis*	*Anisograptus matanensis*	*Anisograptus matanensis*	*Anisograptus matanensis*
	La 1 *Rhabdinopora campanulatum*	*Rhabdinopora campanulatum*	*Rhabdinopora campanulatum*	*Rhabdinopora campanulatum*	*Rhabdinopora campanulatum*
	no fauna	no fauna	*Rhabdinopora proparabola*	no fauna	
	Lower-Middle Cordylodus intermedius - no planktic graptolites				

Table 4. Early Tremadocian graptolite successions and their correlation between different areas (Modified from Wang X.F. and Wang C.S., 2001; Maletz et al., 2017)

Figure 29. the grey-yellow thin bedded limestone with yellow-green shale interbeds in BD34, yielding graptolites of *A. matanensis* Zone, 2.15m above the *R. parabola* Zone in Xiaoyangqiao section. (a)-(c) *Anisograptus matanensis* Ruedemann, 1937, the present specimens with triradiate proximal part, horizontal to subhorizontal tubarium and distal dichotomies irregularly spaced, sample no: WHGS 170316-020-23; (d) photo showing the horizon with *A. matanensis* (BD 34)

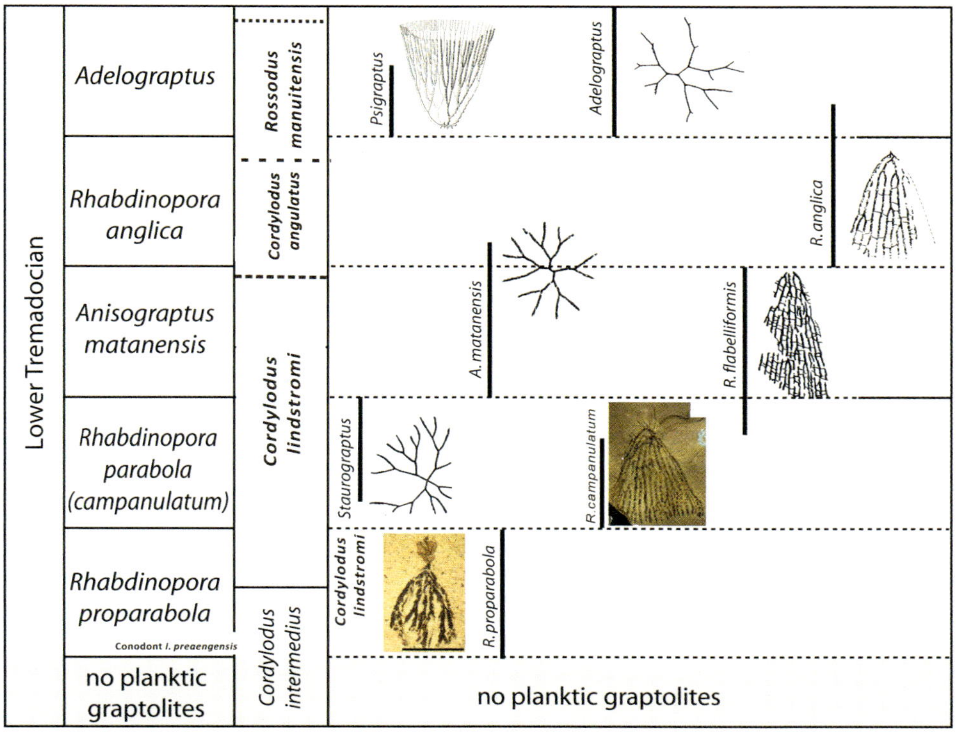

Figure 30. Cambrian-Ordovician boundary and early Tremadocian graptolite succession (in part revised from Maletz, 2017).

Trilobites

Trilobites are moderately common throughout the succession of the Xiaoyangqiao section and are of Asian-Australian affinity (Fig.25, Table 3). Most of them are endemic, a few of them provide, more or less, correlation tools of regional or intercontinental scale and allow tie lines to be established into some other Cambrian faunal realms. Particularly useful guide fossils are the few pandemic forms such as *Mictosaukia* spp., which are shared with Laurentia (Qian, 1986; Chen et al., 1988; Wang et al., 2019).

4.2.3 Sequence, chemo- and magneto- stratgraphic study

The high-resolution $\delta^{13}C_{carb}$-isotope curve from the Xiaoyangqiao SABS section (Fig. 31) and its comparing with the Green Point GSSP section (Figs.9, 11, 17, Azmy et al., 2014; Stouge et al., 2017; Wang et al., 2019) show a similar $\delta^{13}C_{carb}$-isotope pattern and the positive excursions recorded from the Xiaoyangqiao ASSP section (Wang et al., 2019) as from the Green Point GSSP. The positive $\delta^{13}C_{carb}$ excursion of the Green Point GSSP section with a positive maximum peak at ca +6 m is similar to the positive HSS spike of the Xiaoyangxiao ASSP section and the following decrease towards the negative values (1 and 2 on Figs.31, 32) can be matched. The upper of the two negative spikes (i.e.2 on Fig.31) is situated below the GSSP horizon. The following positive excursion with the prominent increase in $\delta^{13}C_{carb}$-isotope values of the Green Point GSSP section to the maximum positive values of spikes 3 and 4 above the GSSP horizon is characteristic (Figs.31, 3). This general C isotope curve outline was also noted by Cooper et al. (2001), Azmy et al. (2014), Stouge et al. (2017) and Wang et al. (2019, 2021). The $\delta^{13}C_{carb}$-isotope peak 3 is the largest positive value in the two sections and corresponds to the first appearance of planktonic graptolites in the Green Point GSSP section. The upwards following C isotope excursion (4 on Fig.31) also provides a match between the two sections (Fig.31). The Cambrian-Ordovician boundary stratotype horizon separates the negative nos.3 and 4 of the Lower Ordovician. The change from the reverse magnetic 2 the normal magnetic polarity in earliest Ordovician is observed only in the Xiaoyangqiao ASSP section (Fig. 31). However, this match suggests that all the sediments with the rise of planktonic graptolites belong to the Ordovician. A REE anomaly lies between HSS and the negative C-isotope excursions in both sections. As mentioned above the significance of these REE anomalies are not known (cf., Azmi et al., 2014). Comparison of Sea Level in the Green Point GSSP section the record of sea-level lows (Fig.32) shows similar pattern as for the Xiaoyangqiao ASSP section (Figs.17, 31, 32). The Dayangcha lowstand 2 at the zonal transition from the *Cordylodus caboti*-basal *Cordylodus intermedius* zones of the Xiaoyangqiao SABS

Section corresponds to the lowstand displayed by units 19 and 20 in the Green Point GSSP section and is named the Basal House lowstand (Cooper et al., 2001). The Dayangcha lowstand 3 or regressive event from the top of the *Cordylodus intermedius* to the base of *C. lindstromi* zones in the Xiaoyangqiao SABS Section is coeval with the silt and fine sandstone lowstand deposits of unit 24 of the Green Point GSSP section, which is assigned to the global ARE eustatic lowstand in the Green Point GSSP section (cf. Cooper, 1999; Cooper et al., 2001; Wang et al., 2019).

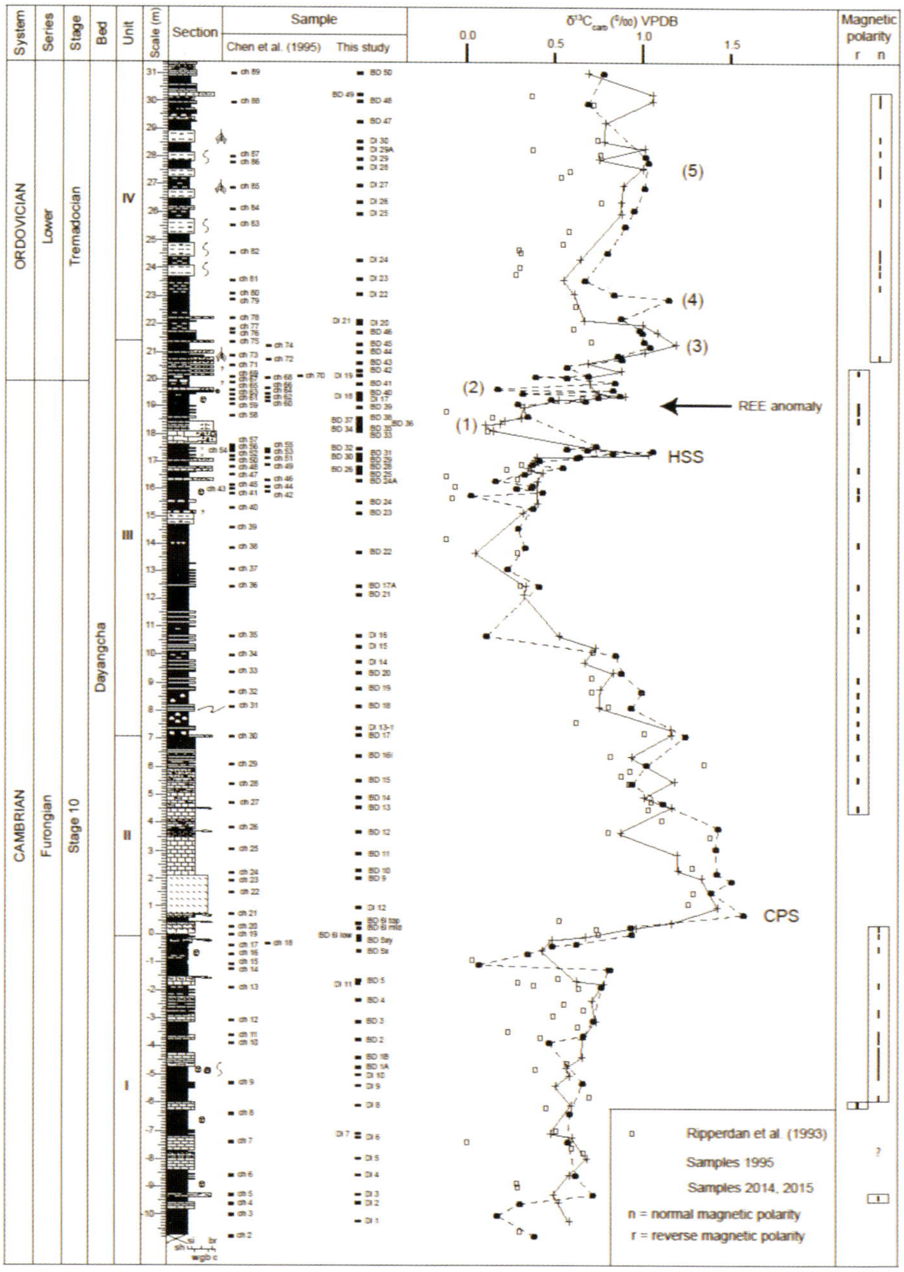

Figure 31. C-isotopes and magnetic polar reversal from the Xiaoyangqiao section (same as Fig.11 in Wang et al., 2019, Fig.10 in Wang et al., 2021). (For abbreviations, see caption to Figure 17).

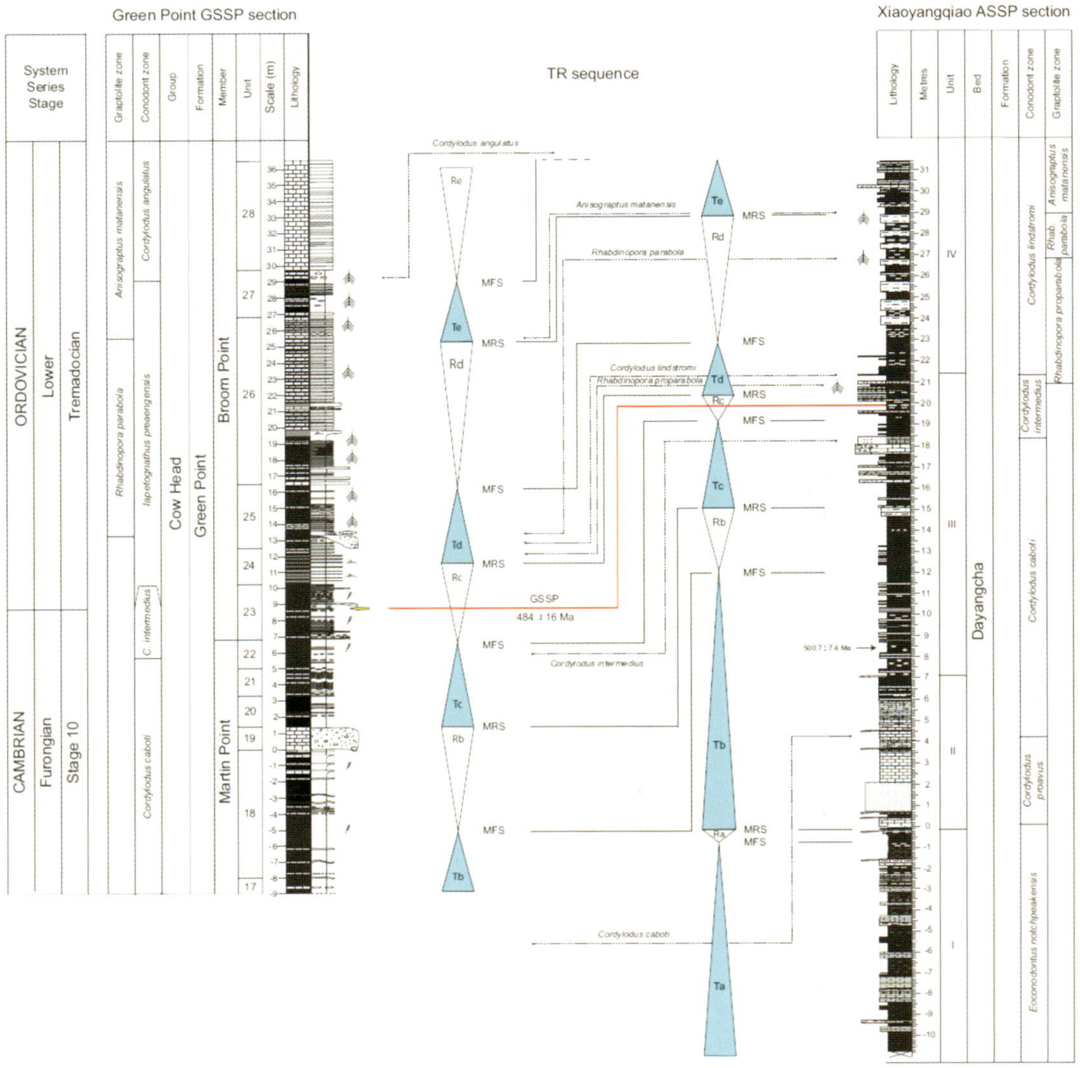

Figure 32. TR sequences, C-isotopes curve and sea-level lowstand from the Green Point GSSP section. The red line is the position of the GSSP horizon. The names of the lowstands are from Cooper et al. (2001); NN = no name (modified from Stouge et al. 2017; Wang et al., 2019, Fig. 11). (For abbreviations, see caption to Figure 17).

In comparison with coeval successions from North America, Europe and Asia, the continuous Cambrian-Ordovician limestone-shale of the Dayangcha beds at the Xiaoyangqiao ASSP section in North China offer the possibility to document the Cambrian-Ordovician transition over a wide area and on a global scale, because it comprises a complete conodont, graptolite, acritarch and trilobite succession. Moreover, the $\delta^{13}C_{carb}$-isotope data, sea-level proxies, magnetostratigraphic information and sequence stratigraphy provide additional and important results, enabling precise comparison with the Green Point GSSP section and other key and widespread sections in the world (Fig. 33).

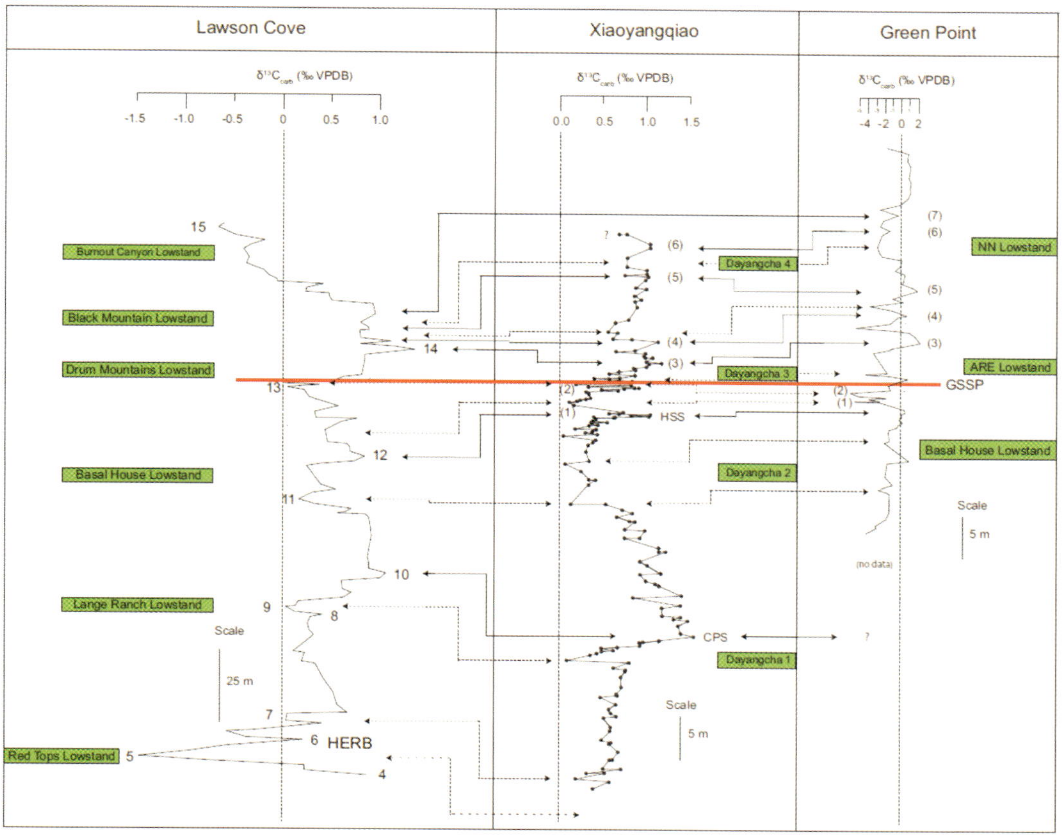

Figure 33. Interpreted match between the Lawson Cove ASSP section, Xiaoyangqiao SABS section and the Green Point GSSP section. The C isotope profile from the Lawson Cove ASSP section, Utah, USA is based on Miller et al. (2015); the C isotope curves from Xiaoyangqiao ASSP section and Green Point GSSP section are from Stouge et al. (2017) and Fig.9 of Wang et al. (2021)

Figure 34. the Erdaopuzi quarry exposed in a cliff along a small stream.

(a) Erdoupuzi quarry section, 2.5km NE of the Xiaoyangqiao section, (b) *Psigraptus jacksoni* Richards & Stain [Wang X.F. & Wang C.S., 2001, Fig.5(a)]

4.3 The graptolite of the *Psigraptus* Zone

In Dayangcha area the late Early Tremadoc graptolite fauna represented by the reclined and horizontal biradiate *Psigraptus* with isolated thecal aperture appear in Erdaopuzi quarry, about 2.5 km NE from Xiaoyangqiao section (Figs. 2, 9, 34). The section is well exposed in a rock-fall quarry along a small stream and close to the so called Laotougou quarry (Zhao X.L.et Zhang S.X.1985, 1986, Zhao et al., 1988; Wang X.F.& Erdmann, B.-D.1986, 1987, Wang X.F.& Wang C.S., 2001; Zhang, Y.D., & Erdtmann, B.D., 2004). The *Psigraptus* graptolite fauna is recorded in the white-gray medium-bedded micrite with mudstone and shale interbeds and referred to the *Psigraptus jacksoni* Zone of the upper Yeli Formation (Figs.30, 34). The Erdaopuzi section with psigraptid graptolites was first described in China by Zhao X.L.& Zhang S.X.(1985, 1986). Subsequently the taxonomy and zonation of these specific graptolites, biradiate proximal development, reclined stipes and isolated thecae, are discussed by Wang X. F. & Erdtmann, B.-D. (1986), Wang X.F.& Wang C.S.(2001) and Zhang & Erdtmann (2004), respectively. Psigraptid graptolites had earlier been reported from Tasmania and Victoria, Australia (Cooper & Stewart, 1979, Rickards & Stait, 1984, 1991) and South Korean (Kim J.-Y, Cho, H.S.& Erdtmann, B-D 2006) since first discovery from the Yukon Terriory, Cananda (Jackson, 1974; Jackson & Lenz, 2003). Based on graptolite succession of underlying and overlying strata the *Psigraptus jacksoni* Zone from Erdaopuzi, Dayancha is correlate with the *Psigraptus* Zone from Victoria, Australia and Yukon, Canada and the "*Clonograptus tenellus*" of Baltic, belonging to late Early or early Late Tremadocian age (Table 4).

4.4 The Sanduiliaochang quarry (i.e.No.3 Team's quarry)

The quarry (126°73′82″E, 42°07′83″N) located in the Sandaopuzi of Dayangcha village, 3 km NE of Erdaopuzi section (Figs. 2, 9). It is composed of five or more sedimentary rhythms of grey, grey-yellow thin bedded siltstone, grey-green mudstone with silty limestone lens and grey thin bedded siltstone intercalated with dark limestone lens and grey thin-bedded siltstone with nodular limestone, yielding *Rhabdinopa campanulatum* (original *R. parabola*) in yellow-green shale, 4.25m above the base of the section and *Anisograptus*, 6.45m above the base (Fig. 35). Nearly the whole rocks exposed in the quarry is equivalent to the upper part of the Xiaoyangqiao section [Fig. 11(c), (d), Fig. 20(b), (c), (d)] and to the Qingguozi section (Fig.6) with same graptolites of the *Rhabdinopora campanulatum* Zone to *Anisograptus matanensis* Zone (Fig.35), but then the thin-middle bedded limestone exposed in the topmost part of the Sanduiliaochang quarry [Figs. 35 (a), (b)]. It may be correlated with the limestone exposed in the roadside of the Laolianghuangdi, bearing conodonts of *Chosonodina herfurthi* and *Rossodus manitouensis* Zone (Figs.9, 10).

Figure 35. Sanduiliaochang section (From Wang et al., 2017)

(a)-(b). Section full view, red point indicating the level with *Anisograptus*; (c)-(d). The level with *Rhabdinopora campanulatum* (original *R. parabola*); (e)-(f). *R. campanulatum* of different preservation status collected from the level of Fig.35(c).

5 The principal and auxiliary features for identification of global Cambrian-Ordovician boundary

5.1 Multipurpose feature

Approach to the Xiaoyangqiao section and reviewing the history of more than 40 years of research, especially the high-precision integrated research result in the latest 5 years above-mentioned and its comparison with the Green Point GSSP section, the Lawson Cove

ASSP section, and another related sections in the world, it is indicated that the new Xiaoyangqiao ASSP section approved by the International Ordovician Subcommission in May of 2019(and now defned as SABS by IOS and ICS (Martin et al., 2022b), offers a rare opportunity to examine the most perfect biological, chemical, sequence and event records identified in the Cambrian-Ordovician boundary section (Fig.36):

(1) The *Eoconodontus notchpeakensis* and *Cordylodus primitivus* Bagnoli et al., 1987 association. This is the start of the significant *Cordylodus* evolutionary lineage, the members of which are used as global markers.

(2) The first appearance of *Cordylodus proavus*. *Cordylodus proavus* is cosmopolitan in marine settings and widely distributed in both Midcontinent and North Atlantic realms.

(3) The first appearance of *Cordylodus caboti*. The species is cosmopolitan in marine settings beyond the inner shelf in all biogeographic realms.

(4) The first appearance of *Cordylodus intermedius*. This species is cosmopolitan in marine settings at middle shelf and greater depths with occurrences in all biogeographic realms.

(5) The first appearance of *Cordylodus lindstromi*. The species is cosmopolitan and widely distributed in marine settings. It is a close proxy for the FAD of planktonic graptolites.

(6) The first appearance of *Iapetognathus jilinensis*. This characteristic species is an early member of the *Iapetognathus* evolutionary lineage. The currently known distribution of *Iapetognathus jilinensis* is a deep-water palaeo-subtropical site in the Wa'ergang section, South China. It has been questionably identified in the Green Point GSSP section. Despite being rare, it is useful as a proxy for the appearance of planktonic graptolites, while *Iapetognathus preaengensis* could be the first representative of the *Iapetognathus* evolutionary lineage (Stouge et al., 2020). At present the species is not well known, but probably is widely distributed as it is recorded also from Baltica.

(7) The first appearance of *Rhabdinopora proparabola* at +20.9 m above the marked base of the section. Although it is rarely found, and thus not widely spread, it is significant, because it represents the first planktonic graptolite and marks the lowermost Ordovician.

(8) The first appearance of *Rhabdinopora campanulatum* (original *R. parabola*). This species is well represented in the section; it has a worldwide distribution and is a key taxon for global correlation in deep-water settings.

(9) The first appearance of the planktonic graptolite *Anisograptus matanensis*.

(10) The trilobites and acritarchs provide broad characterization of the SABS level though they are not at this stage proposed as proxies.

(11) The maximum values of the positive excursion of $\delta^{13}C_{carb}$ at ca. +0.6 m (CPS). This is a global phenomenon and marks precisely the basal part of the Cambrian

Cordylodus proavus conodont Zone.

(12) The positive spike (HSS) at +17.4 m. The excursion from high negative values to the high positive values is significant as it is a global signal.

(13) The minimum C isotope peak 2 at +19.6 m. It lies immediately below the GSSP horizon.

(14) The maximum peak (no.3) of the positive excursion of $\delta^{13}C_{carb}$ at +21.4 m. This peak is a global phenomenon. The interval may be represented by two or more high positive peaks in the deep-water settings, the Cambrian-Ordovician boundary horizon lies in the middle of the transition from low negative (no.2) to positive values as it is fixed in the Green Point GSSP section.

(15) Possibly the REE anomaly at ca. +18.2 m. A corresponding REE anomaly is also recorded in the Green Point GSSP section.

(16) The Cambrian-Ordovician boundary lies above the Basal House lowstand and beneath the Drum /ARE lowstand.

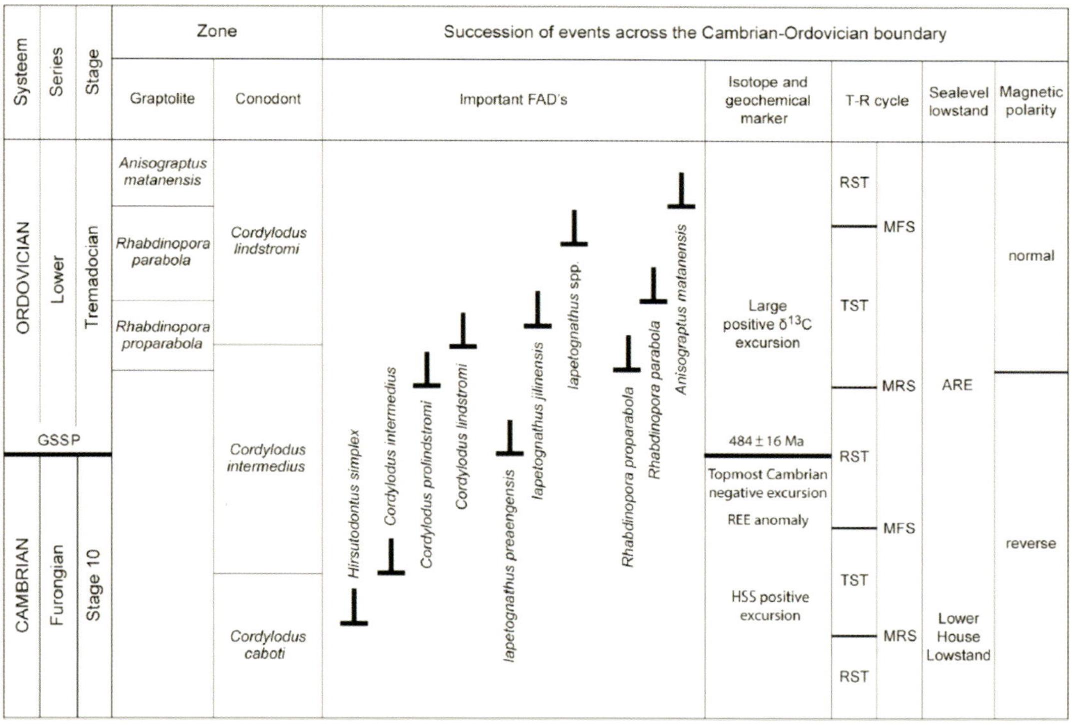

Figure 36. Succession of events in the late Cambrian and earliest Ordovician. All events are useful as proxies for the recognition of the base of the global Ordovician System (From Wang et al., 2019, Fig.18).

5.2 The key points of boundary recognition and contrast

Summarize the aforementioned research of high-precision integrated bio-, sequence-, chemo-and magneto-stratigraphy for the Xiaoyangqiao section and its related sections in

Dayangcha, China (Wang et al.2019, 2021), it further demonstrate that the key points of division and comparison for global Cambrian-Ordovician boundary as below:

(1) The first planktic graptolite, *Rhabdinopora proparabola*, is recorded from the Xiaoyangqiao section and not found in the GSSP section.

(2) The FAD of *Cordylodus lindstromi* is just above the appearance of the earliest planktic graptolite *Rhabdinopora proparabola*.

(3) The Cambrian-Ordovician boundary is situated between the eustatic global Basal House Lowstand and the eustatic global 'Acerocare Regressive Event'.

(4) The earliest Ordovician maximum positive $\delta^{13}C_{carb}$-isotope peak is recorded at the base of the *Rhabdinopora campanulatum* (original *R.parabola*) graptolite Zone.

(5) The GSSP horizon designated global Cambrian-Ordovician boundary (Cooper et al., 2001) lies immediately above a distinct negative excursion in the two investigated sections.

(6) The prominent positive $\delta^{13}C_{carb}$ excursion named *Hirsutodontus simplex* spike (= HSS; i.e., Chen et al., 1995) and the REE anomaly, within the *Cordylodus intermedius* Zone, lie immediately below the Cambrian-Ordovician boundary in Green Point GSSP and Xiaoyangqiao SABS sections. All the points mentioned above can be applied as proxies — globally — for the identification of the Cambrian-Ordovician boundary (Figs.36, 37).

Conclusion

This review and revisit of the high-resolution integrated bio-, sequence-, chemo-and magneto-stratigraphic research of the Xiaoyangqiao section, Dayangcha, China and it's the precise comparison to the Green Point GSSP section, Newfoundland, Canada. The current "Golden Spike", fixed in unit 23 of the GSSP section, is represented in fact by the FAD of *Iapetognathus preaengensis* Landing *in* Fortey et al., 1982 (i.e. Bed 23) (Terfelt et al., 2012; Azmy et al., 2014). It is situated in the Acerocare Lowstand, just above the prominent negative excursion and above the REE geochemical anomaly in the *Cordylodus intermedius* Zone. New research suggests that the Xiaoyangqiao section occupies a 'strategic' position as it represents the important 'missing link' between the faunal successions of shallow water carbonate deposits (Lawson Cove ASSP section) and the deep water lower slope deposits (Green Point GSSP section) and the deepest water basinal succession (Wa'ergang section), thus, it is eligible to solves the longstanding problem correlating shallow water facies with shelly fossils with deep water facies with graptolites. The current boundary horizon defined in the GSSP section is in the upper *C. intermedius* Zone and ca 1m below the first planktic graptolite *R.proparabola* levels, that is at +20.9 m above the reference level of the section, or 1.5 m below the base of the *Cordylodus lindstromi* Zone in the Xiaoyangqiao section, being in Acerocare Lowstand, along with the negative $\delta^{13}C_{carb}$-isotope and REE excursion identified at +19.9 m, and easy to be correlated globally. According to this, the present authors convinced that the Xiaoyangqiao section as the new Auxiliary Boundary Stratotype Section and Point (ASSP) and SABS will greatly improve the subdivision and comparison accuracy of the global Cambrian-Ordovician boundary.

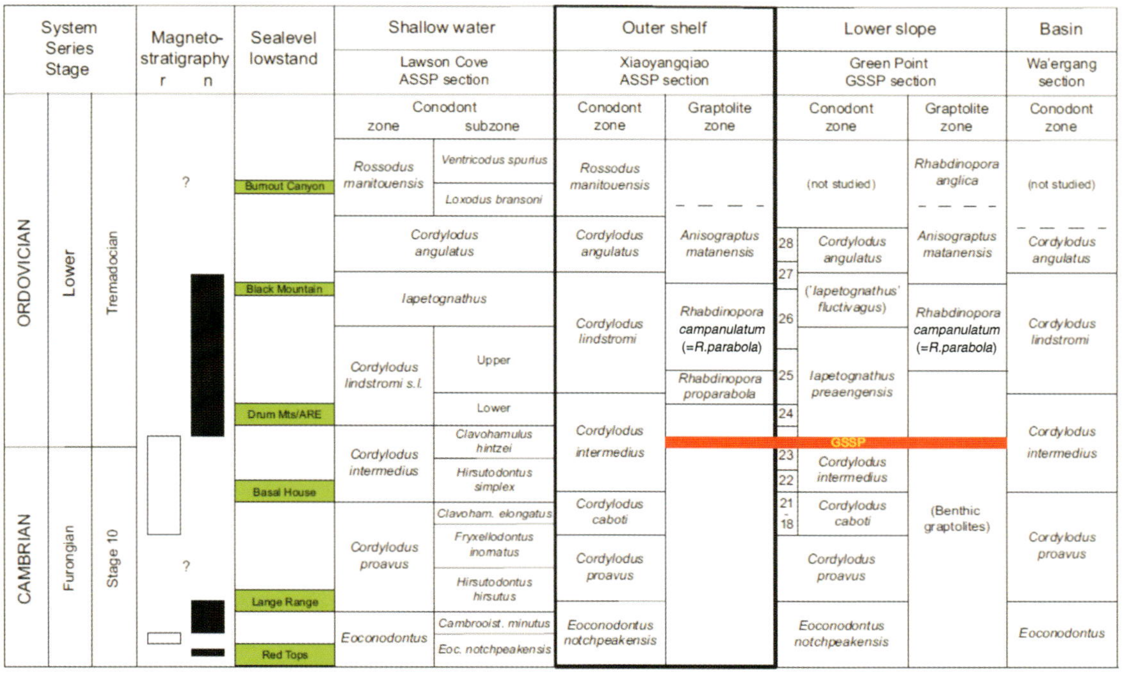

Figure 37. Synthesis of upper Cambrian to Lower Ordovician chronostratigraphy, lithostratigraphy, conodont biostratigraphy, sea-level lowstand and magnetostratigraphy events. The correlation between the Lawson Cove ASSP section, USA, (Miller et al., 2015), the Xiaoyangqiao SABS section, North China (Wang et al., 2019), the Green Point GSSP section, western Newfoundland, Canada (Cooper et al., 2001; Stouge et al., 2017; Wang et al., 2019) and the Wa'ergang section, Hunan, South China (Dong & Zhang, 2017). The green boxes in the column with the Lawson Cove ASSP section represent lowstands (and gaps) and sequence boundaries (adopted from Miller et al., 2015 with references). The red line in the column with the Green Point GSSP section marks the position of the GSSP horizon in unit 23 (the numbers in the column for the Green Point GSSP section are the lithological units of James &Stevens, 1986). The *Cordylodus angulatus* and *Rossodus manitouensis* conodont zones in the column 'Outer shelf' are from sections in the area (Chen, 1986; Yan et al., 2019).

Acknowledgments

Present authors are much indebted to China Ministry of Sciences and Technology and China Geological Survey for their financial support to the basic research project (No: 2015FY310100-7; No: 121201102000150010-04) and very appreciate to Wuhan Center of China Geological Survey (WCGS) for its support to the research project. We also wish to thank the Geochemistry Laboratory of WCGS for their analysis and dating of rock and microfossils collected and thank to Zhihong Wang, Zuoming Zhou, Zhongqin Peng and Wang Baozhong for their help on drawing and printing.

References

AN T X, ZHANG F, XIANG W D, et al., 1983. The Conodonts of North China and the Adjacent Regions[M]. Beijing: Science Press: 223 (in Chinese, with English abstract).

AZMY K, STOUGE S, BRAND U, et al., 2014. High-resolution chemostratigraphy of the Cambrian-Ordovician GSSP: Enchanced global correlation tool[J]. Palaeogeography, Palaeoclimatology, Palaeoecology, 409, 135-144.

BAGNOLI G, BARNES C R, STTEVENS R K, 1987. Lower Ordovician (Tremadocian) conodonts from Broom Point and Green Point, Western Newfoundland[J]. Bollettino della Societa Paleontologica Italiana, 25(2): 145-158.

BARNES C R, 1988. The proposed Cambrian-Ordovician Global Boundary Stratotype and Point (GSSP) in Western Newfoundland, Canada[J]. Geological Magazine, 125, 381-414.

BULMAN O M B, 1954. The graptolite fauna of the Dictyonema shales of the Oslo region [J]. Norsk Geologisk Tidsskrift, 33(1-2): 1-40, 8 plates.

CHEN J Y, QIAN Y, LIN Y, et al., 1985. Study on Cambrian-Ordovician boundary strata and its biota in Dayangcha, Hunjiang, Jilin, China. Beijing: China Prospect Publishing House: 138, pls1-39.

CHEN J Y, 1986. Aspects of Cambrian-Ordovician boundary in Dayancha, China. Contribution to Dayangcha International Conference on Cambrian-Ordovician Boundary [J]. Beijing: China Prospect Publishing House: 1-410, 98plates.

CHEN J, QIAN Y, ZHANG J, et al., 1988. The recommended Cambrian-Ordovician boundary stratotype of the Xiaoyangqiao section (Dayangcha, Jilin Province), China [J]. Geological Magazine, 125: 415-444.

CHEN J Y, ZHANG J M, NICLL R S, et al., 1995. Carbon and oxygen isotopes in the carbonate rocks within the Cambrian-Ordovicina boundary interval at Dayangcha, China [J]. Acta Palaeontologica Sinica, 34(4): 393-427.

COOPER R A, 1979. Sequence and correlation of Tremadoc graptolite assemblages[J]. Alcheringa, 3: 7-19.

COOPER R A, STEWART I R, 1979. The Tremadoc graptolite sequence of Lancefield, Victoria[J]. Palaeontology, 22 (4): 767-797, 102-103.

COOPER R A, MALETZ J, WANG H, et al., 1998. Taxonomy and evolution of earliest Ordovician graptoloids[J]. Norsk Geologisk Tidsskrift, 78(1), 3-32.

COOPER R A, NOWLAN G S, 1999. Proposed Global Stratotype Section and Point for the base of the Ordovician System[J]. Ordovician News 16. COBWG Report March 1999, 21.

COOPER R A, NOWLAN G S, WILLIAMS S H, 2001. Global stratotype section and point for base of the Ordovician System[J]. Episodes, 24: 19-28.

DEUNFF J, GORKA H, RAUSCHER R, 1974. Observations nouvelles et précisions sur les Acritarches a large ouverture polaire du Paleozoique inférieur[J]. Geobios, 7(1): 5-18.

COWIE J, 1986. Guidelines for boundary straatypes[J]. Episodes, 9(2): 78-82.

DEUNFF J, 1961. Un microplanctonà Hystrichosphères dans le Tremadoc du Sahara[J]. Revue de micropaléontologie, 4(1): 37-52.

DEUNFF J, 1964. Systématique de microplancton fossileá Acritarches; révision de deux genres de l' Ordovicien inférieur[J]. Revue de micropaléontologie, 7(2): 119-124.

DONG X P, ZHANG H Q, 2017. Middle Cambrian through lowermost Ordovician conodonts from Hunan, South China[J]. Journal of Paleontology, 91(73): 1-89.

DRUCE E C, JONES P J, 1971. Cambnian-Ordovician conodonts from the Burke River structural belt Queensland. Bureau of Mineral resources[J]. Geology and Geophysics, Bulletin, 110: 1-159.

DUAN J Y, AN S L, ZHAO D, 1986. Cambrian-Ordovician Boundary and its interval biotas, southern Jilin, Northeast China[J]. Journal of Changchun Callege of Geolo, Special Issue of Stratigraphy and Palaeontology: 1-135.

ERDTMANN B D, 1986. Review of lithofacies and graptolite-based biofacies of three critical Cambrian-Ordovician boundary stratotype sections[M]//CHEN J Y. Aspects of the Cambrian-Ordovician Boundary in Dayangcha, China. Beijing: China Prospect Publishing House: 374-391.

FURNISH W M, 1938. Conodonts from the Prairie du Chien (Lower Ordovician) of the upper Mississippi Valley[J]. Journal of Paleontology, 12(4): 318-340.

GORKA H, 1967. Quelque nouveaux acritarches des silexites du Trémadocien supérieur de la région de Kielce (Montagne de Ste. Croix, Pologne) [J]. Cahiers demicropaléontologie, 1(6): 1-8.

GUO H J, DUAN J Y, AN S L, 1982. Cambrian-Ordovician boundary in the North China Platform with description of trilobites[J]. Bulletin of Changchun College, 3: 9-28.

HARRIS W J, KEBLE R A, 1928. The *Staurograptus* bed of Victoria[J]. Proceedings of the Royal Society of Victoria, 40 (N.S.) (2), 91-95.

HEDBERG H D, 1976. International stratigraphic guide: a guide to stratigraphic classification terminology and procedure[M]. New York: John Wiley & Sons: 1-200.

LIN Y K, 1986. A new planktonic graptolite fauna[M]// CHEN J Y. Aspects of Cambrian-Ordovician boundary in Dayancha, China. China Prospect Publishing House: 224-254.

LU Y H, DONG N T, 1952. Revision of the Cambrian type sections in Shandong[J]. Acta Geologica Sinica, 32 (3): 164-201.

JACKSON D E, 1974. Tremadoc graptolites from Yukon territory, Canada [M]// Graptolite studies in Honour of O. M. Bulman, R. B. Rickards, D. E. Jackson & C. P.

Hughes eds, Special Paper in Palaeontology 13:35-58.

JACKSON D E, LENZ A C, 2003. Taxonomic and biostratigraphical significance of the Tremadoc graptolite fauna from northern Yukon Territory, Canada [J]. Geological Magazine, 140:131-56.

JAMES N P, STEVENS P K, 1986. Stratigraphy and correlation of the Cambrian-Ordovician Cow Head Group, western Newfoundland[M]. Geological Survey of Canada:1-127.

JING X C, DENG S H, ZHAO Z J, et al., 2008. Carbon isotope compositionand correlation across the Cambrian-Ordovician boundary in Kalpin Region of the Tarim Basin, China [J]. Sci. China Earth Sci., 51:1317-1359.

Jilin Bureau of Geology and Mineral Resources, 1988. Reginal Geology in Jilin [M]. Beijing: Geological Publishiong House: 1-694.

Jilin Bureau of Geology and Mineral Resources, 1998. Stratigraphy (Lithostratigraphy) of Jilin Province. Multiple classification of Stratigraphy of China (22) [M]. Wuhan: China University of Geosciences Press: 1-311.

KIM J Y, CHO H S, ERDTMANN B D, 2006. *Psigraptus jacksoni* from the Early Ordovician Mungok Formation, Yeongwol area, Korea: taxonomy and development [J]. Alcheringa, 30:11-22.

LINDSTROM M, 1955. Conodonts from the lowermost Ordovician of south-central Sweden [J]. Geologiska Föreningens i Stockholms Förhandlingar, 76:517-604.

MALETZ J, WANG X F, WANG C S, et al., 2017. The earliest planktic graptolites: taxonomy and correlation[R]//WANG X F, STOUGE S, MALETZ J et al. Field Guide and Abstracts for the Dayangcha International Workshop on the Cambrian-Ordovician Boundary. Wuhan Center of China Geological Survey, 2017:64-66.

MALETZ J, WANG X F, WANG C S, 2022. Early Tremadocian (Ordovician) graptolite biostratigraphy and correlation[J]. Palaeoworld. https://doi.org/10.1016 HYPERLINK

MARTIN F, 1983. Chitinozoires et Acritarches Ordoviciens de la plate-forme du Saint-Laurent (Québec et sud-est de l'Ontario) [J]. Geological Survey of Canada, 310:1-59.

MARTIN F, DEAN W T, 1983. Late Early Cambrian and Early Middle Cambrian acritarchs from Manuels River, eastern Newfoundland [J]. Current Research, part B. Geological Survey of Canada, Paper 83-1B:353-363.

MARTIN J H, MARIE-PIERRE A, WERNER E P, et al., 2022a. The Standard Auxiliary Boundary Stratotype: a proposed replacement for the Auxiliary Stratotype Point in supporting a Global boundary Stratotype Section and Point (GSSP) [J]. Episodes, https://doi.org/10.18814/epiiugs/2022/022012:1-11.

MARTIN J H, MARIE-PIERRE A, WERNER E P, et al., 2022b. Standard Auxiliary Boundary Stratotype (SABS) approved to support the Global boundary Stratotype Section and Point(GSSP) [J]. Episodes, 2023, 46(1):99-100.

MILLER J F, 1969. Conodont fauna of the Notch Peak Limestone (Cambro-Ordovician),

House Range, Utah[J].Journal of Paleontology, 43:413-439.

MILLER J F, 1980. Taxonomic revisions of some Upper Cambrian and Lower Ordovician conodonts with comments on their evolution[J]. University of Kansas, Paleontological Contributions, 99:1-39.

MILLER J F.1988.Conodont as biostratigraphic tools for redefinition and correlation of the Cambrian-Ordovician boundary[J].Geological Magazine, 125(4):349-362.

MILLER J F, EVANS KR, ETHINGTON R L, et al., 2015.Proposed Auxiliary Boundary Stratigraphic Section and Point (ASSP) for the base of the Ordovician System at Lawson Cove, Utah, USA[J].Stratigraphy, 12:219-236.

NICOLL R S, 1991. Differentiation of Late Cambrian-Early Ordovician species of Cordylodus (Conodonta) with biapical basal cavities[J]. BMR journal of Australian Geology & Geophysics, 12(3):223-244.

NICOLL R S, MILLER J F, NOWLAN G S, et al., 1999. *Iapetonudus* (n. gen.) and *Iapetognathus* Landing, unusual earliest Ordovician multielement conodont taxa and their utility for biostratigraphy[J].Brigham Young University Geology Studies, 44:27-101.

PAN G T, LU S N, XIAO Q H, et al., 2016. Division of tectonic stages and tectonic evolution in China[J].Earth Sciences Frontiers, 23(6):1-23 (in Chinese with English abstract).

Peng S C, 2018. Cambrian [M]//Chinese Commission on Stratigraphy. Regional Stratigraphic chart and instructions. Beijing: Geological Publishing House: 73-100 (in Chinese).

QIAN Y Y, 1986. Trilobites[M]//Chen J Y, 1986. Aspects of the Cambrian-Ordovician boundary in Dayangcha, China . Beijing: China Prospect Publishing House: 255-306.

RAEVSKAYA E G, 2000. Akritarkhi i biostratigraphija verkhov kembrija-srednego ordovika severo-zapada Vostochno-Evropejskoj Platformy[D]. PhD thesis.

RAEVSKAYA E G, SERVAIS T, 2009. *Ninadiacrodium*: a new late Cambrian acritarchgenus and index fossil[J]. Palynology, 33(1):219-239.

RASUL S M, 1976. New species of the genus *Vulcanisphaera* (Acritarcha) from the Tremadocian of England. Micropaleontology, 22(4):479-484.

RASUL S M, 1976. New species of the genus *Vulcanisphaera* (Acritarcha) from the Tremadocian of England[J].Micropaleontology, 22(4):479-484.

RICKARDS R B, STAIT B A, 1984.*Psigraptus*, its classification, evolution and zooid[J]. Alcheringa, 8:101-111.

RICKARDS R B, PARTRIDGE P L, BANKS M R, 1991.*Psigraptus jacksoni* Rickards & Stait—systematics reconstruction, distribution and preservation [J]. Alcheringa, 15: 243-254.

REMANE J, BASSETT M G, COWIE J W, et al., 1996. Revised guidelines for the establishment of Global chronostratigraphic standards by the International Commission on Stratigraphy (ICS)[J].Episodes,19:77-81.

ROSS R J JR., HINTZE L F, ETHINGTON R L, et al., 1997. The Ibexian, lowermost series in the North American Ordovician [M]//Taylor M E. Early Paleozoic Biochronology of the Great Basin, Western United States. U. S. Geological Survey Professional Paper,1579:50.

RUDEMANN R,1937. A new North American graptolite faunule[J]. American Journal of Science,33(193):57-62.

SALVADO A, 1994. International Stratigratigraphic Guide (2nd ed) [M]. Trortdheim: Norway and Bould Co:1-214.

STOUGE S, BAGNOLI G, MCLLROY D, 2017. Cambrian-Middle Orodovician platform-slope stratigraphy, palaeontology and geochemistry of Western Newfoundland[R].Field Trip 2 of the International Symposium on the Ediacaran—Cambrian Transition for the International Subcommission on Ediacaran & The International Subcommission on Cambrian Stratigraphy.Newfoundland:Memorial University:1-118.

STOUGE S,BAGNOLI G,RASMUSSEN J A,2020, Late Cambrian (Furongian) to mid-Ordovician euconodont events on Baltica: Invasions and immigrations [J]. Palaeogeograpphy, Palaeoclimatology, Palaeoecology, 549, doi. org/10. 1016/j. palaeo. 2019.04.007.

SUN Y Z,1939.On the occurrence of Fengshanian (late Upper Cambrian) trilobite faunas in western Yunan [J]//the Fortieth Anniversary Papers of Nantional University of Peking.Peking:Peking University:29-24.

TERFELT F,BAGNOLI G,STOUGE S,2012.Re-evolution of the conodont *Iapetognatus* and implications for the Ordovician System GSSP[J].Lethaia,45:227-237.

TRIPATHY G R, HANNAH J L, STEIN H S, et al., 2014, Re-Os age and depositional environment for black shales from the Cambrian-Ordovician boundary, Green Point, western Newfoundland[J].Geochemistry,Geophysics,Geosystems,15:1021-1037.

VANDENBERG A H M, COOPER R A, 1992. The Ordovician graptolite sequence of Australasia[J].Alcheringa,16 (1-2):33-85.

VANGUESTAINE M, 1973. New acritarchs from the Upper Cambrian of Belgium// Microfossils of the oldest deposits [J]. Proceedings of the Third International Palynological Conference Novosibirsk,Nauka,Moskva:28-31.

VANGUESTAINE M,1978.Critères palynostratigraphiques conduisant a la reconnaissance d'un plicouche revinien dans le sondage de Grand-Halleux[J]. Annales de la Société géologique de Belgique,100:249-276.

WANG,H.F.1997.The sequence and correlation of the earliest Ordovician graptolites from Dayangcha and its surrounding area,Jilin Province,China[J].Journal of Stratigraphy, 21 (4):293-299.

WANG H Z,MO X X,1995.An outline of the tectonic evolution of China[J].Episodes,

18 (1-2):6-16.

WANG X F, ERDTMANN B D, 1986. The earliest Ordovician graptolite sequence from Hunjiang, Jilin Province, China[J]. Acta Geologica Sinica, 3:226-236.

WANG X F, ERDTMANN B D, 1987. Zonation and correlation of the earliest Ordovician graptolites from Hunjiang, Jilin province, China[J]. Bulletin of the Geological Society of Denmark, 35:245-257.

WANG X F, ERDTMANN B D, CHEN X H, 1992. Ordovician choronostratigraphy—a Chinese approach [M]//WEBBY, LAORIE. Globbal Perspective on Ordovician Geology. Balkema, Australia:35-58.

WANG X F, CHEN X, CHEN X H, et al., 1996. Stratigraphic Lexicon of China (Ordovician System)[M]. Beijing: Geological Publish House:1-126 (in Chinese).

WANG X F, WANG C S, 2001. Tremadocian (Ordovician) graptolite diversification events in China[J]. Alcheringa, 25:155-168.

WANG X F, 2016. Tectono-paleogeography in South China and chrono-, bio-stratigraphic subdivision and correlation[J]. Earth Science Frontiers, 23(6):253-267 (in Chinese with English abstract).

WANG X F, STOUGE S, MALETZ J, et al., 2017, Field Guide and Abstracts for the Dayangcha International Workshop on the Cambrian-Ordovician boundary[R]. Wuhan Center of China Geological Survey. Open file report:90.

WANG X F, STOUGE S, MALETZ J, et al., 2019. Correlating the global Cambrian-Ordovician boundary: Precise comparison of the Xiaoyangqiao section, Dayangcha, North China with the Green Point GSSP sections, Newfoundland, Canada [J]. Palaeoworld, 28:243-275.

WANG X F, STOUGE S, MALETZ J, et al., 2021, The Xiaoyangqiao section, Dayangcha, North China: the new global Auxiliary Boundary Stratotype Section and Point (ASSP) for the base of the Ordovician System[J]. Episodes, 44, 4:359-383..

WANG Z H, BERGSTRöM S M, ZHEN Y Y, et al., 2014. New conodont data from the Lower Ordovician of Tangshan, Hebei Province, North China [J]. Acta Micropalaeontologica Sinica, 31(1):1-14 (in Chinese with English abstract).

WANG Z H, ZHEN Y Y, ZHANG Y D, et al., 2016. Review of Ordovician conodont biostratigraphy in the different facies of North China[J]. Journal of Stratigraphy, 40 (1):1-16 (in Chinese, with English abstract).

WILLIS B, BLACKWELDER E, SARGENT R H, 1907. Research in China, Vol, 1, Part 1, Descriptive topography and geology [R]. Washington: Carnegie Institution of Washington:19-58.

YANG Y D, WANG Y X, TAO X C, et al., 1986. Rb-Sr dating on the Cambrian-Ordovician boundary interval [M]//Chen J Y. Aspects of the Cambrian-Ordovician Boundary in Dayangcha, China. Beijing: China Prospect Publishing House:72-82.

YAN C B, STOUGE S, WANG X F et al., 2019. Upper lower Tremadocian (Lower Ordovician) conodonts from the upper Yeli Formation of Dayancha, Jilin Province, North China [C]//Obut O T, Sennikov N V, Kipriyanova T P, 13th International symposium on the Ordovician System Novosibirsk, Russia, Contributions: 235-238.

YIN G M, LI S H, 2000. Thermo luminescence dating of the last volcanic eruption in Changbai Mountain [J]. Acta Petrologica Sinica, 16 (3): 353-356 (in Chinese with English abstract).

ZHANG J M, 1986. Description of sections [M]//CHEN J Y. Aspects of the Cambrian-Ordovician Boundary in Dayangcha, China. Beijing: China Prospect Publishing House: 7-14.

ZHANG J M, CHEN J Y, 1986. Lithofacies sequence [M]// Chen J Y. Aspects of the Cambrian-Ordovician Boundary in Dayangcha, China. Beijing: China Prospect Publishing House: 15-34.

ZHANG J M, WANG H F, LI G X, et al., 1996. Redescription of the Dayancha section as a candidate for the Global Cambrian-Ordovician Boundary Stratotype, Jilin Province, China [J]. Journal of Stratigraphy, 20(2): 81-103 (in Chinese, with English abstract).

ZHANG W T, 1962. Ordovician of China. Symposium on Stratigraphy of China [M]. Beijing: Science Press: 62 (in Chinese).

ZHANG Y D, ERDTMANN B D, 2004, Tremadocian (Ordovician) biostratigraphy and graptolites at Dayangcha (Baishan, Jilin, NE China) [J]. Paläontologische Zeitschrift, 78: 323-354.

ZHAO X L, ZHANG S X, 1985. Reclined graptolites of Xinchangian [J]. Bulletin of Changchun College of Geology, 2: 13-26.

ZHAO X L, ZHANG S X, 1986. On discovery of *Psigraptus* in China. Ed. Selected papers from the 13rd and 14th Annual Conventions of Palaeontogical Society of China [C]. Hefei: Anhui Science and Technology Publishing House: 79-88.

ZHAO X L, LIN Y K, ZHANG S X, 1988. Xinchangian (Early Ordovician) graptolite sequence in Hunjiang area of Jilin with comments on Camrian-Ordovician boundary [J]. Acta Palaeontologycal Sinica, 27 (2): 188-204 (in Chinese with English abstract).

ZHEN Y Y, PERCIVALA I G, WEBBY B D, 2017. Discovery of *Iapetognathus* fauna from far western New South Wales: towards a more precisely defined Cambrian-Ordovician boundary in Australia [J]. Australia Journal of Earth Sciences, 64 (4): 487-496.

ZHOU Z Y, WANG Z H, ZHANG J M, 1984. Cambrian-Ordovician boundary and the proposed canditates for stratotype in North and Northeastern China [M]//Nanjing Institute of Geology and Palaeontology, Academia Sinica ed., Cambrian-Ordovician Boundary (2). Hefei: Anhui Science and Technology Publishing House: 1-62.